本书出版获河海大学社科精品文库项目资助,是国家社科基金后期资助项目:(项目编号:19FJYB029)"我国水权市场治理研究"、国家社科基金重大项目:(项目编号:17ZDA064)"跨境水资源确权与分配方法及保障体系研究"的阶段性成果之一

河海大学社科精品文库

中国水权实践与改革方略

田贵良◎著

河海大学出版社

·南京·

图书在版编目(CIP)数据

中国水权实践与改革方略 / 田贵良著. -- 南京：河海大学出版社，2019.12
 ISBN 978-7-5630-6233-1

Ⅰ.①中… Ⅱ.①田… Ⅲ.①水资源管理－研究－中国 Ⅳ.①TV213.4

中国版本图书馆 CIP 数据核字(2019)第 288087 号

书　　名	中国水权实践与改革方略 ZHONGGUO SHUIQUAN SHIJIAN YU GAIGE FANGLÜE	
书　　号	ISBN 978-7-5630-6233-1	
责任编辑	沈　倩	
特约编辑	谢　璐	
特约校对	董　涛　王春兰	
封面设计	赵晋锋	
出版发行	河海大学出版社	
地　　址	南京市西康路 1 号(邮编:210098)	
电　　话	(025)83737852(总编室)　(025)83722833(营销部)	
经　　销	江苏省新华发行集团有限公司	
排　　版	南京布克文化发展有限公司	
印　　刷	苏州市古得堡数码印刷有限公司	
开　　本	710 毫米×1000 毫米　1/16	
印　　张	22.75	
字　　数	338 千字	
版　　次	2019 年 12 月第 1 版	
印　　次	2019 年 12 月第 1 次印刷	
定　　价	108.00 元	

前言
PREFACE

水是基础性的自然资源和战略性的经济资源,是生态与环境的重要控制性要素,对维系和促进人类经济社会可持续发展具有不可替代的作用。2015年联合国发布了一则警示性报告,报告称,如果严重的水资源浪费现象不能够被有效扼制,到2030年全球将有大约40%的国家或地区会面临干旱问题。世界气象组织与联合国水机制负责人指出,各国应尽快对本国的水资源进行监测,并制订合理的使用计划,以保证水资源可持续性使用。随着气候变化、经济发展和人口持续增长,工农业用水以及生活用水不断增加,我国水资源缺乏问题日益严重。目前,我国农业,特别是北方地区农业面临干旱缺水的状况加重;城市缺水现象于20世纪70年代起逐年增多。而我国的用水效率并不高,农业灌溉平均用水利用系数为0.45,工业用水的重复利用率为70%左右,多数城市仅自来水公司的水损失率就达15%~20%。面临这一严峻的形势,中国政府把水资源治理制度建设摆在国民经济发展和经济体制改革的重要位置,提出了水资源可持续利用的重要战略。2010年"中央一号文件"在水资源管理方面,明确提出实行最严格的水资源管理制度,划定用水总量、水资源利用效率控制、水功能区限制纳污为"三条红线"。水资源利用与经济发展密切相关,我国经济发展的阶段性特点和区域水资源禀赋差异提高了最严格水资源管理目标的实现难度:一方面,我国的产业结构调整步入了关键时期,工业重心由东部向中西部、由南向北转移,加剧了北方水资源的紧缺状况;另一方面,区域间经济发展的差异以及自然禀赋的不同,导致各地区在提高水资源利用率上的责任、能力等存在很大的区别。

水资源稀缺已经对我国经济社会的发展构成阻碍,提高水资源利用效率和效益是缓解水资源短缺的重要途径,但各地区用水效率存在着巨大差异,如何通过政府和市场两种方式或手段提高水资源的利用效率成为了学者们的关注点。然而,围绕水资源效率提升的政府手段和市场手段之争从未停息。政府行政管理上,我国建立了较为完善的水资源管理制度,包括水资源规划制度、水量分配制度、水资源论证制度、总量与效率的双控制度、取水许可制度、水资源有偿使用制度等。水资源行政管理手段在促进水资源利用效率提升上发挥了重要作用,但同时也存在行政管理成本高、管理效率低、难以适应不同地区水情特点等突出问题。开展水权交易市场的建设,利用市场机制优化水资源配置、促进水资源的可持续利用,已有成功的国际经验,如澳大利亚墨累—达令河流域、美国科罗拉多河流域等,并逐渐被其他国家和地区水资源管理部门研究、模仿与推广。中国作为拥有独特水情的发展中国家,需要在发挥政府引导作用的同时,积极探索适合国情的水权市场制度体系,发展中国特色水权市场。另一种声音指出,理论上利用市场配置水资源,发挥水价的杠杆作用,可以优化水资源管理,但许多现实因素包括交易成本、市场势力、回流、第三方影响、技术条件、不确定性和风险等削弱了市场配置效率。因此,水权在水资源利用效率提升方面究竟能否发挥其市场配置作用,尚处于激烈的争辩之中,需要从理论演绎和实证检验中科学回答这一问题。

世纪之交,我国水行政管理部门和学者逐渐关注水权水市场,如时任水利部部长汪恕诚2000年在中国水利学会年会上,发表了《水权和水市场——谈实现水资源优化配置的经济手段》讲话,首次提出了水权交易在促进水资源向更高效益和更高效率利用方向转变中的重要作用。进入新时代,随着市场机制在资源配置中发挥决定性作用这一改革总基调的提出,如何在我国水资源配置管理中利用市场手段再一次迎来研究热潮,水权水市场的配置理念被提出并展开了第一轮的研究热潮,1994年"水改革框架"、2004年"国家水计划"明确规定了允许长期水权交易,并建立了交易规则和监管制度,为水权市场的后续发展奠定了基础。而大规模的、正式的国家水权试点则是从2014年展开,2014年水利部在宁夏、湖北、江西、内蒙古、广东、甘肃、河南7个省(自治区)开展了全国水权试点工作,此外,新疆、河北、山东、山西、浙江、陕西等省(自治区)也自行开展了省级水权改革探索。2016年水权交易领域的第一份专门的管理办法《水权交易管理暂行办法》出台,同年,中国水权交易所正式成立,至2019年7月,将北京、内蒙古、山西、河南、河北、宁夏等省(自治区)作为交易平台发布交易信息,指导交易规则,组织签约、交易价款支付及交易鉴证等一系列业务,累计促成152项水权交易项目,总交易水权量27.79亿 m^3,水权交易总金额16.85亿元,交易类型涵盖了区域水权交易、取水权交易以及灌溉用水户水权交易等多种模式,充分发挥了国家水权交易平台的示范和引领作用,推动了水权交易的运行。

然而,也应看到我国水权制度体系尚不完善,初始水权配置和确权登记工作尚未完全覆盖,水权交易市场仍不活跃,水权交易的动力使用仍不强劲,公众对水权的认识仍显不足,参与度仍不高。

为促进水资源的市场化配置,提升其配置效率和效益,发挥政府和市场在水资源配置领域的协同发力。有必要在各级水权试点和实践事例的基础上,探索我国水权改革的方略问题,从而建立健全初始水权分配和交易制度,为推动新阶段水利高质量发展夯实制度基础。

目 录
CONTENTS

I 总论

第一章 水权的内涵与相关概念辨析 ……………………………… 003
  第一节 产权的界定 …………………………………………………… 003
  第二节 水权的内涵 …………………………………………………… 005
    （一）水权的界定 …………………………………………………… 005
    （二）水权的属性 …………………………………………………… 006
  第三节 水权与相关概念辨析 ………………………………………… 007
    （一）水权制度与最严格水资源管理制度之间的关系 ………… 007
    （二）水资源产权制度与取水许可制度的关系 ………………… 008
    （三）地下水资源产权与地表水资源产权的比较分析 ………… 010

第二章 中国水权交易与水权市场的提出及改革历程 …………… 011
  第一节 水权改革历程 ………………………………………………… 011
    （一）水量分配 ……………………………………………………… 011
    （二）取水许可 ……………………………………………………… 012
    （三）水权交易探索 ………………………………………………… 012
  第二节 水权交易加速发展与水权市场形成 ……………………… 015

第三章 十八大以来中国水权市场改革与发展总体情况 ………… 021
  第一节 交易制度建设 ………………………………………………… 021
  第二节 重点地区与交易规模 ………………………………………… 024
  第三节 十八大以来水权市场运行对水资源利用效率的影响 … 025
    （一）现有研究进展 ………………………………………………… 025

（二）水资源利用效率测算的模型构建 …………………………… 027
　　（三）水权交易市场运行前后水资源利用效率的比较分析 … 031
　　（四）研究结论 ……………………………………………………… 037
第四节　中国水权市场发展成效及存在的问题…………………………… 038
　　（一）发展成效 ……………………………………………………… 038
　　（二）尚存在的主要问题 …………………………………………… 044
　　（三）对策建议 ……………………………………………………… 047

Ⅱ　试点篇

第四章　全国水权试点省份水权交易情况与改革经验…………… 051
第一节　全国水权试点的总体成效………………………………………… 052
　　（一）水资源使用权确权登记 ……………………………………… 052
　　（二）水权交易流转 ………………………………………………… 054
　　（三）水权制度建设 ………………………………………………… 058
第二节　全国3个确权试点省（自治区）的水权探索与实践…… 059
　　（一）宁夏水权确权试点的探索与实践 …………………………… 059
　　（二）江西水权确权试点的实践与经验 …………………………… 063
　　（三）湖北省宜都市水权确权试点的实践与经验 ………………… 069
第三节　全国4个交易试点省（自治区）的水权探索与实践……… 071
　　（一）内蒙古自治区黄河干流盟市间水权转让 …………………… 071
　　（二）河南省区域间水权交易的探索与实践 ……………………… 074
　　（三）甘肃省疏勒河流域灌溉用水户水权交易 …………………… 080
　　（四）广东省东江流域惠州—广州区域间水权交易 ……………… 086
第四节　全国水权试点改革的差异性分析………………………………… 092
　　（一）确权方式 ……………………………………………………… 092
　　（二）交易机制 ……………………………………………………… 094
第五节　全国水权试点的改革经验与存在问题…………………………… 097
　　（一）全国水权试点改革经验 ……………………………………… 097
　　（二）全国水权试点中尚存在的问题 ……………………………… 103

第五章　省级试点地区水权交易情况及经验分析……………… 105
 第一节　南方丰水地区水权试点省份改革困境与推进对策…… 105
  （一）浙江省杭州东苕溪流域水权制度改革实践与经验 … 105
  （二）云南省宾川县小河底片区：高效节水灌溉项目水权改革
    探索 ………………………………………………………… 113
  （三）南方丰水地区水权交易市场建设的现实困境与推进对策
    …………………………………………………………………… 118
 第二节　北方缺水地区水权交易试点情况及经验分析………… 125
  （一）山西省清徐县水权试点及经验 …………………………… 125
  （二）新疆吐鲁番地区水权交易改革实践 ……………………… 129
  （三）河北省邯郸市成安县水权交易实践 ……………………… 133

Ⅲ　案例篇

第六章　区域水权交易典型案例 ……………………………………… 139
 第一节　浙江省东阳—义乌水权交易 …………………………… 139
  （一）案例描述 …………………………………………………… 139
  （二）案例评述 …………………………………………………… 140
 第二节　河南省平顶山市—新密市跨流域水权交易…………… 142
  （一）案例描述 …………………………………………………… 142
  （二）协议内容 …………………………………………………… 143
  （三）效果评价 …………………………………………………… 144
 第三节　河北云州水库—北京白河堡水库水权交易…………… 144
  （一）案例描述 …………………………………………………… 144
  （二）交易具体内容 ……………………………………………… 145
  （三）协议内容 …………………………………………………… 146
  （四）交易的效果评价 …………………………………………… 146
 第四节　永定河上游跨区域水量交易…………………………… 147
  （一）案例描述 …………………………………………………… 147
  （二）协议内容 …………………………………………………… 148
 第五节　区域水权交易案例的总结……………………………… 150

第七章 取水权交易典型案例 ……………………………… 152

第一节 山西省运城市绛县槐泉灌区—中设华晋铸造有限公司行业间取水权交易 ………………………………………… 152
(一) 案例描述 ……………………………………………… 152
(二) 协议内容 ……………………………………………… 154
(三) 交易效果评价 ………………………………………… 155

第二节 宁夏中宁县—宁夏京能中宁电厂行业间取水权交易 … 156
(一) 案例描述 ……………………………………………… 156
(二) 协议内容 ……………………………………………… 157

第三节 取水权交易案例的总结 ……………………………… 158

第八章 灌溉用水户水权交易典型案例 ……………………… 161

第一节 石羊河流域典型灌区水权交易市场模式 …………… 161
(一) 研究区概况 …………………………………………… 161
(二) 石羊河流域水权交易市场运行模式 ………………… 161
(三) 石羊河流域典型灌区水权交易运行模式 …………… 163

第二节 甘肃省武威市凉州区灌溉用水户水权交易 ………… 164
(一) 水权水价改革情况 …………………………………… 164
(二) 水权交易情况 ………………………………………… 168
(三) 取得成效 ……………………………………………… 169

第三节 灌溉用水户水权交易案例总结 ……………………… 170

第九章 类水权交易典型案例 ………………………………… 172

第一节 庆元县大岩坑水电站跨流域引水纠纷协调 ………… 172
(一) 案例描述 ……………………………………………… 172
(二) 案例评述 ……………………………………………… 174

第二节 福州福清核电有限公司北林水库征购 ……………… 176
(一) 案例描述 ……………………………………………… 176
(二) 案例评述 ……………………………………………… 176

第三节 晋江流域上下游水资源冲突协调 …………………… 179
(一) 案例描述 ……………………………………………… 179

（二）案例评述 ······ 180

Ⅳ　价格篇

第十章　水权交易价格的界定、构成与价格政策 ······ 185
第一节　水权交易价格的内涵分析 ······ 185
　　（一）定义 ······ 185
　　（二）定性 ······ 185
　　（三）特征 ······ 185
　　（四）区域水权价格与取水权价格 ······ 188
第二节　水权交易价格的构成研究 ······ 190
　　（一）区域间水权交易价格构成 ······ 190
　　（二）行业间水权交易价格构成 ······ 194
第三节　水权交易价格形成的相关法律法规及政策分析 ······ 197
　　（一）国家层面 ······ 197
　　（二）典型省份 ······ 199
　　（三）现行水权交易价格形成过程存在的不足 ······ 200

第十一章　水权交易价格形成的行业借鉴与方法比选 ······ 205
第一节　国内相关行业资源（权属）交易定价方法分析 ······ 205
　　（一）国有土地使用权出让定价机制 ······ 205
　　（二）碳排放权交易定价机制 ······ 206
第二节　国外水权水市场定价方法分析 ······ 208
　　（一）国外定价方法 ······ 208
　　（二）经验借鉴 ······ 210
第三节　资源产品典型定价方法 ······ 210
　　（一）成本导向定价法 ······ 210
　　（二）协商竞争定价法 ······ 214
第四节　定价方法的适应性分析 ······ 218
　　（一）资源产品定价方法运用于水权交易定价方面的适应性
　　　　分析 ······ 218

（二）推荐方法 …………………………………………… 222

第十二章　水权交易定价机制设计 …………………………… 225
　第一节　水权交易定价机制设计的思路、原则与依据 ………… 225
　　（一）定价机制设计总体思路 …………………………… 225
　　（二）定价机制设计的基本原则 ………………………… 225
　　（三）定价依据 …………………………………………… 227
　第二节　基于全成本法的水权交易基准价格确定 ……………… 227
　　（一）水权的全成本价格理论体系 ……………………… 227
　　（二）水权的全成本价格计算模型 ……………………… 230
　　（三）水权全成本价格计算实例——以武威市为例 …… 232
　第三节　区域水权交易的"成本＋协商"定价机制 ……………… 234
　　（一）协商定价的价格区间 ……………………………… 234
　　（二）协商价格确定模型 ………………………………… 236
　　（三）定价流程 …………………………………………… 241
　第四节　行业间水权交易的竞价机制 …………………………… 244
　　（一）"一对多"交易定价机制 …………………………… 244
　　（二）"多对多"交易定价机制 …………………………… 248
　　（三）行业间水权交易定价流程 ………………………… 258

Ⅴ　平台篇

第十三章　基于做市商报价的水权交易平台运行机制研究 …… 263
　第一节　水权交易平台发展现状及金融化发展 ………………… 263
　　（一）水交所的工作进展与成效 ………………………… 263
　　（二）水交所的使命与发展方向 ………………………… 265
　第二节　做市商报价交易的作用机理分析 ……………………… 266
　　（一）做市商报价对水权市场流动性和水权交易价格的影响
　　　　 ……………………………………………………… 268
　　（二）做市商报价对水权交易总成本的影响 …………… 269
　　（三）做市商报价对经济效益的影响 …………………… 270

第三节 做市商报价制度下水权交易的参与主客体分析……… 272
　（一）做市商的准入、权责及报价行为分析 ……… 272
　（二）交易主体的准入条件及经济行为分析 ……… 273
　（三）交易水权的范围限定 ……… 274
第四节 做市商报价制度与无做市商报价制度下各主体决策过程比较 ……… 275

第十四章 做市商视角下水权交易平台报价的三方博弈模型…… 279
第一节 模型假设及变量定义 ……… 279
　（一）模型假设 ……… 279
　（二）参与主体变量定义 ……… 280
第二节 做市商报价下水权交易的三方动态博弈模型 ……… 283
　（一）做市商报价下水权交易的基本模型 ……… 283
　（二）做市商的双边报价 ……… 284
　（三）做市商报价制度对水权交易价格的影响 ……… 287
第三节 做市商报价机制与交易所竞价机制水权交易总成本比较 ……… 288

第十五章 做市商视角下内蒙古水权收储转让中心运行机制及报价仿真 ……… 291
第一节 内蒙古水资源利用现状及供需评估 ……… 291
　（一）内蒙古水资源利用现状 ……… 291
　（二）内蒙古水资源供需评估 ……… 294
第二节 内蒙古水权收储转让中心报价交易仿真模拟运行设计 ……… 298
　（一）内蒙古水权收储转让中心发展现状 ……… 298
　（二）仿真模拟相关设定 ……… 299
第三节 仿真模拟运行结果分析 ……… 303
第四节 仿真模拟优化分析 ……… 305
　（一）价差幅度对做市商报价机制的影响 ……… 306
　（二）市场需求方差对做市商报价机制的影响 ……… 308

第五节　做市商报价制度下水权交易市场的优化设计 …………311
　　　（一）水权市场参与主体的引入 ………………………………311
　　　（二）基于做市商报价的二级市场交易制度 …………………311
　　　（三）做市商报价监管制度 ……………………………………312

Ⅵ　监管篇

第十六章　水权交易全过程实行行业强监管的提出 ……………315
　　第一节　水权交易全过程行业强监管的经济学溯源 ……………316
　　　（一）水权市场失灵与行业强监管 ……………………………316
　　　（二）水权交易强监管的范畴 …………………………………316
　　　（三）水权交易行业强监管的主体 ……………………………318
　　第二节　水权交易中行业强监管的主要环节和措施 ……………319
　　　（一）交易前强监管的要点 ……………………………………319
　　　（二）交易中强监管的要点 ……………………………………320
　　　（三）交易后强监管的要点 ……………………………………320
　　第三节　水权交易全过程强监管的思路 …………………………321
　　　（一）强化节水效率在水权受让主体资格审查中的优先地位
　　　　　………………………………………………………………321
　　　（二）强化取用水计量在水权交易强监管中的基础性地位
　　　　　………………………………………………………………321
　　　（三）强化水利部门在水权交易强监管中的主体地位 ………321

第十七章　效率与公平视角的水权交易监管构成要素与制度框架
　　………………………………………………………………………323
　　第一节　我国水权交易监管现状与存在的问题 …………………324
　　　（一）我国水权交易监管进展 …………………………………324
　　　（二）当前水权交易监管中存在的问题 ………………………325
　　第二节　公平与效率对水权交易监管制度的要求 ………………326
　　　（一）保障公平要求"政府—市场—公众"共同监管监督 …326
　　　（二）实现效率要求水权交易审批走向交易备案 ……………327

  第三节　水权交易监管的界定及其构成要素 …………………… 328
   （一）水权交易监管的界定 …………………………………… 328
   （二）水权交易监管的构成要素 ……………………………… 329
  第四节　水权交易监管的制度框架 ………………………………… 333
   （一）监管主体 ………………………………………………… 333
   （二）组织架构 ………………………………………………… 333
  第五节　建立水权交易监管制度的建议 …………………………… 334
   （一）协调各监管主体的监管工作 …………………………… 334
   （二）合理划分市场和政府管理界区 ………………………… 334
   （三）加强对水权交易管理机构的监管力度 ………………… 335

参考文献 ……………………………………………………………… 336

附件1 ………………………………………………………………… 341

I 总论

第一章
水权的内涵与相关概念辨析

第一节 产权的界定

产权既属经济学的重要概念,又是法学领域关注的范畴。产权一词虽然频繁出现,但对其内涵的准确界定,学术界尚未形成统一认识。

经济学中的"产权"概念肇始于经济学家科斯。科斯在阐述"科斯定理"的内容时,最早使用了"产权"(property rights)概念,但科斯本人并没有解释产权概念的内涵。德姆塞茨1967年发表的《关于产权的理论》,也是产权经济学早期的经典文献,文中对产权的定义是:"所谓产权,是指使自己或他人受益或受损的权利",或者说是界定人们是否有权利用自己的财产获取收益或损害他人的权益,以及他们之间如何进行补偿的规则。[1] 阿尔奇安在《新帕尔格雷夫经济学大辞典》中将产权定义为:"产权是一种通过社会强制而实现的对某种经济物品的多种用途进行选择的权利。"认为产权是人们使用资源时所必须遵守的规则。[2] 诺思在《经济史中的结构与变迁》中给产权下了定义,"产权本质上是一种排他性权利。"[3]张五常在《共有产权》中所写的共有产权词条中,将产权定义为:"是为了解决人类社会中对稀缺资源争夺的冲突所确立的竞争规则,这些规则可以是法律、规制、习惯或等级地位。"[4]

---

[1] 德姆塞茨.关于产权的理论[C].上海:上海三联书店,1994:98.
[2] 王亚华.水权解释[M].上海:上海三联书店,2005.
[3] 诺思.经济史中的结构与变迁[M].上海:上海三联书店,1991.
[4] 张五常.经济解释——张五常经济论文选[M].北京:商务印书馆,2000.

法学领域认为,产权即财产权,产权是一种包含物权、债权以及由此衍生出的各种具体权利的复合财产权利。例如王利明(1998)在其《物权法论》中说:"法律上的产权概念并不复杂。所谓产权,就是指财产权"①,这种观点在我国一些法律法规中也有体现②,在法学界也普遍流行。刘诗白在其专著《产权新论》中认为:"财产权简称产权,是主体拥有的对物和对象的最高的、排他占有权。"③即刘诗白将产权等同于财产权。

我国引入产权概念也是在建立市场经济体制之后的事,在这之前只有马克思的所有制理论以及财产权概念。为了适应社会主义市场经济体制建设的需要,特别是为了加快国有企业改革的步伐,建立和完善现代企业制度就被提到了重要的议事日程上来。《中共中央关于完善社会主义市场经济体制若干问题的决定》指出:"产权是所有制的核心和主要内容,包括物权、债权、股权和知识产权等各类财产权",其要求是"建立归属清晰、权责明确、保护严格、流转顺畅的现代产权制度"。

通过比较,本研究认为,产权等于财产权,包括物权、债权和知识产权。其中,物权是指权利人依法对特定的物享有直接支配和排他的权利,包括所有权、用益物权和担保物权,如图1-1所示。

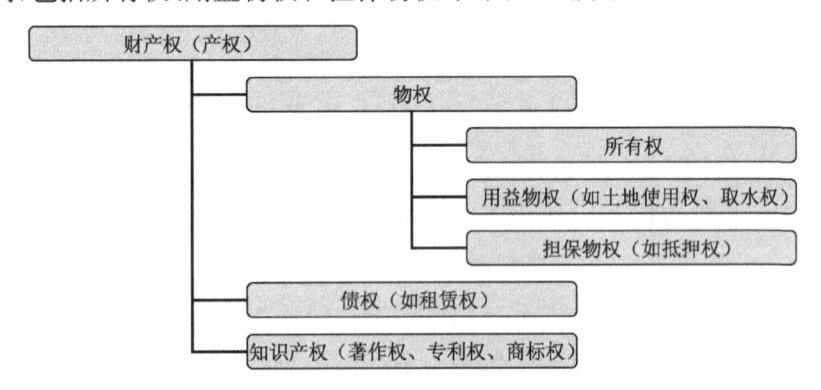

图1-1 产权相关概念的关系

---

① 王利明.物权法论[M].北京:中国政法大学出版社,1998.
② 如《国有企业财产监督管理条例》和国有资产管理局《关于印发〈国有资产产权界定和产权纠纷处理暂行办法〉的通知》等。
③ 刘诗白.产权新论[M].成都:西南财经大学出版社,1995.

第二节 水权的内涵

(一) 水权的界定

水权即水资源产权,理应指水资源财产性价值的权利,凡是能够给水权权利人带来经济收益的权利都可以收归水权范畴之中。改革开放以来,特别是水法实施以后,伴随着水权理论研究的逐步深入,我国逐步推动水权制度建设。明确了水资源的所有权和使用权,通过取水许可和计划用水实现用水户的取用水权;明确水资源可利用量,并以此作为水权配置的控制性指标;注重全面规范涉水权利,以加强对开发利用水资源的各种权利的保障和规范;探索水权的流转问题,发挥市场机制在促进水资源合理配置方面的作用。二十多年来,按照这一思路开展水权制度建设,取得了重要的成果。

我国水权制度建设进程中已全面开展了取水许可管理,部分地区开展了水量分配、水权交易等方面的实践探索,并取得了积极的经验。由于我国宪法、物权法、水法均规定,水资源属于国家或全民所有,从法理上,鉴于理论界和管理层普遍接受的水权概念是指水资源的使用权和收益权,即用益物权,用益物权是物权的一种,因此,水权属于物权范畴,水权是产权的一种类型。至此,从当前实际情况和制度建设进程来看,国家水权制度建设正是水资源领域按照产权制度要求所推行的一系列制度安排。水权包括如下三个方面。

(1) 取水权。《中华人民共和国民法典》(以下简称《民法典》)在"用益物权"编中对取水权进行了明确规定:"依法取得的探矿权、采矿权、取水权和使用水域、滩涂从事养殖、捕捞的权利受法律保护。"(第329条)该规定直接明确了取水权的法律性质是一种用益物权。《中华人民共和国水法》(以下简称《水法》)第48条明确规定了直接从江河、湖泊或者地下取用水资源的单位和个人可以依法取得取水权。

(2) 少量用水权。《水法》第48条规定了少量用水权,即家庭生活和零星散养、圈养畜禽饮用等少量取水的,不需要申请领取取水许可证,可以直接取水。

(3) 应急用水权。《取水许可和水资源费征收管理条例》第4条依据水法的规定,明确了不需要申请领取取水许可证的5种情形,其中后三种情形属于临时应急用水权:"为保障矿井等地下工程施工安全和生产安全必须进行临时应急取(排)水""为消除对公共安全或者公共利益的危害临时应急取水""为农业抗旱和维护生态与环境必须临时应急取水。"

(二) 水权的属性

取水权是一种用益物权,用益物权是指用益物权人在法律规定的范围内,对他人所有的物,在一定范围内进行占有、使用、收益、处分的他物权。用益物权以对标的物的使用、收益为其主要内容,其明显特点是:他物权、限制物权、有限物权。

水权是指单位(包括法人和非法人组织)和个人对非自己所有的水资源依法享有的占有、使用、收益和限制处分的权利。

根据这一界定,水权具有如下特性:(1) 水权是派生于水资源所有权但又区别于水资源所有权的一种独立物权,水权不是水资源所有权中的使用权能。水资源所有权与水权的区别仅在于:水权的行使除依法外,还要依水资源所有权人与水权人依法签订的合同。从大陆法系的物权观来看,水权是一种用益物权。(2) 水权的主体具有广泛性。一切单位和个人均可以成为水权的主体。水权可以分为单位(包括法人和非法人组织)水权和个人水权两类。(3) 水权的客体是水资源,是非使用者所有的水资源(水权的客体只能是非使用者所有的水资源,而不能是自己所有的水资源,如果自己使用自己所有的水资源则属于水资源所有权中的使用权能)。水权实际上是一种水体使用权,是持续或连续使用水资源的权利。(4) 水权使用的主要是水资源的经济功能,而不是水资源的环境功能和社会功能。

需要强调的是,占有、收益本是使用权的题中应有之意,只是处分权能是所有权的核心内容,是所有权最基本的权能,但其实它仍可以依法律规定与所有权分离,水权人可以享有受限制的处分权。如果水权人不享有事实上的处分权,他也就无法利用水资源进行生产活动。水资源所有权与其占有、使用、收益甚至处分权能的分离并没有改变水资源所有权的归属,国家对水资源的所有权也没有被虚化,而恰恰体现了水资源所有权从抽象的支配到具体的利用,从而使水资源得以优化配置,合理开发利用,充分发挥其各种效益。而国家始终保留着对水资源的最终处分(支配)权。换言之,所有权中的处分权是指对物的最终的支配权,而使用权中的处分权是指受限制的支配权。

第三节 水权与相关概念辨析

(一)水权制度与最严格水资源管理制度之间的关系

从理论上看,水权制度和最严格水资源管理制度的内容和目标是一致的。例如,三条红线中的总量控制指标,也正是推进水权制度过程中,水行政主管部门对取用水权人配置水资源使用权的边界条件和重要依据。只不过水权制度更多强调水资源权属和相关的权属管理,而最严格水资源管理制度更为强调具体化的目标概念,并将法律法规中规定的水资源管理制度进一步细化、目标化和具体化了,同时为保障最严格水资源管理制度的落实,增加了责任和考核制度。

同时也要看到,在实践层面,目前落实最严格水资源管理制度更为强调行政手段,无论是宏观层面上的国家向省、省向市、市向县的逐级向下用水总量控制指标分解,到中观层面上的水资源调度,还是微观层面上的水资源论证、取水许可管理、计划用水管理、节约用水管理等,都主要依赖行政手段,市场手段较少运用。而社会主义市场经济条件下的水资源产权制度既要充分发挥政府的宏观调控作用,也要积极引入市场机制,充分发挥市场机制对水资源配置的决定性作用。因此,目前落实最严格水资源管理制度与社会主义市场经济条件下的水资源产权制度要求之间还存在着一定差距,还需要进一步按照十八大报告、十八届三中、四中全会精神以及2011年中央一号文件、2012年国务院三号文件要求,进一步建立健全水资源产权制度和推进水资源产权制度的落实。

(二) 水资源产权制度与取水许可制度的关系

从1993年开始的取水许可制度已经成为我国水资源管理的基本制度。随着我国水权制度实践的不断扩展,取水许可制度已经做出调整。在2006年4月颁布实施的《取水许可和水资源费征收管理条例》中针对水权转让的实践做出更加适应于水权流转的规定。它与作为水资源使用权分配所依托的水资源规划等制度也保留着相互衔接的空间。总的来说,用水终端的水资源使用权分配主要以取水许可制度为依托,可以认为二者是基本等同的。但是,目前实施的取水许可制度与水资源使用权分配的要求并不完全一致,就此仍然需要进一步阐明。

1. 水资源产权分配与取水许可的同一性

取水许可制度是水资源产权分配所必须依托的程序,也是进行使用权分配的历史基础。其本身就是日常水资源管理中水资源分配的主要渠道,在规定发放取水许可的程序的同时,也规范了基本的分配原则和核算方法。因此,在赋予取水许可以适用于水资源产权分配的更完备的权利内涵之后,可以认为,用水户的水资源产权分配和取水许可管理在很大程度上具有同一性。

只有依托取水许可才能将水资源产权的获得正式化和法律化,并进行有序的日常管理。取水许可制度对获取取水许可做出的严格程序性规范,可以确保水资源产权获得采取一种渐进和有序的方式。在这个分配阶段,预计用水户会竞相集中申请取水许可以获得水资源产权,如果采取集中和限期申请及登记取水许可,可能出现信息不准确和过度分配的情况。而如果根据部门和地区用水的不同优先次序或区域发展政策的要求,在坚持定额管理和科学计划的前提下,分阶段对不同地区和部门逐次登记取水许可,可能会大大提高水资源产权分配的有序度,避免过度分配和减少后续的产权冲突。对于已经存在的取水许可,虽然可能需要重新审核水量,但是必须认定为现状用水,在水资源产权分配中预先考虑,将其从新增分配数量中扣除。

总之,根据取水许可对水资源产权进行有序、渐进的管理,可以集中体现水资源产权分配所要求的集中互动、平衡的需要。就水资源产权分配作为对用水利益关系的处理过程来说,许多在技术上不能精确界定的问题可以通过这种互动过程得以解决。

2. 水资源产权分配与取水许可的差异性

水资源产权分配和取水许可的区别,在于取水许可管理尽管是目前的制度环境下开展水资源分配的最主要途径,但是它在管理尺度、范围方面不能完全满足水资源产权分配的要求。在实施水资源产权确权登记的环境下,取水许可制度面临新的任务,也可以在更加细化的具体操作上做出一定的调整和补充。

(1) 水资源产权的确权登记有其独立于取水许可制度的价值,不能因二者具有紧密联系而主张由取水许可制度代替水资源产权确权登记制度。其独立价值在于通过确权登记,取水权具有了明确的财产权价值,可通过转让、租赁、抵押甚至是入股的方式流转,而这是取水许可制度所不能覆盖的内容。

(2) 目前取水许可制度的管理尺度并不能完全适合水资源产权分配与确权,即使是针对最小分配单位的水资源产权分配,也可能需要对诸如灌区这样大的用水单元的取水许可继续进行划分。因此,必须对取水许可管理进行深化和细化。这意味着更多和更基层的用水利益主体的介入。而一旦确定这些用水主体充分参与水资源产权的分配,原先的取水许可的申请和审批程度就将显得不够充分和完全。

此外,取水许可制度并未将全部的水资源产权纳入其中,2006年颁布的《取水许可和水资源费征收管理条例》第四条对五种情形下的用水(①农村集体经济组织及其成员使用本集体经济组织的水塘、水库中的水的;②家庭生活和零星散养、圈养畜禽饮用等少量取水的;③为保障矿井等地下工程施工安全和生产安全必须进行临时应急取(排)水的;④为消除对公共安全或者公共利益的危害临时应急取水的;⑤为农业抗旱和维护生态与环境必须临时应急取水的)规定不需要申请领取取水许可证。在水资源产权分配和确权时,对这部分用水中的少量分散用水必须充分考虑,并将保障应急用水作为水资源产权分配和确权的重要内容。

(三) 地下水资源产权与地表水资源产权的比较分析

地下水与地表水资源产权分别为水资源产权的组成部分。地下水资源本身就是重要的生态环境要素,保护地下水资源不受污染,保持合理的地下水位,是维护生态环境的重要条件。可以说,地下水资源具有相对的独立性。两者的不同点集中于地下水资源相对于地表水的不同自然属性上。首先是地下水与其他水体有一种水量补给的动态平衡关系:若地下水受到污染,会随着地下水流动扩散到其他地区,甚至会污染到地表水资源,这反映了地下水资源保护的重要性和污染治理的困难性。其次,由于地下水与土壤接触,污染和破坏往往是同步的,且由于地下水在土壤岩石中流动速度慢,一旦受到污染,治理非常困难。再者,地下水在地面以下,不能像地表水资源那样给人以直观感,只能通过钻孔和地球物理勘探技术来开采和监测,所以,在开发利用管理中,对科技有很强的依赖性。地下水资源特有的自然属性及较强的公共池塘资源属性,使其管理较之地表水更加复杂。在构建地下水资源产权制度时,需要综合考虑这些特征,确保制度的针对性和相关制度的协调性。

第二章
中国水权交易与水权市场的提出及改革历程

第一节 水权改革历程

结合不同时期我国水权制度建设的重点与成效,我国水权制度建设工作可分为四个阶段,包括以滦河、黄河、漳河水量分配为主要特征的第一阶段(1978年至上世纪80年代末),以取水许可制度的实施为基本特征的第二阶段(1988年至上世纪末),以探索水权交易为突出特征的第三阶段(本世纪初至十八大前),以水权交易加速发展与水市场形成为特征的第四阶段(十八大以来)。

(一) 水量分配

1978年至上世纪80年代末,以水资源紧缺流域的水量分配为主要特征,确定了相关区域分水指标或分水比例。改革开放以后,伴随着经济社会的发展和用水量的增加,黄河、漳河以及天津等缺水地区的水资源供需矛盾不断突出,部分地区甚至出现了严重的水事纠纷。为了解决天津用水以及黄河、漳河水事纠纷,这一时期,国务院先后批复了滦河、黄河、漳河的水量分配方案,确定了相关区域的分水指标或分水比例,为这些流域和区域开展水权制度建设奠定了重要基础。其中,关于滦河的水量分配主要体现在1981年国务院批转《关于解决天津城市用水问题的会议纪要》以及1983年《国务院办公厅转发水利电力部关于引滦工程管理问题报告的通知》(国办发〔1983〕44号)中;黄河水量分配体现在《国务院办公厅转发国家计委和水电部关于黄河可供水量分配方案报告的通知》(国办发〔1987〕61号)中;漳河水量分配体现在《国务院批转水利部关于漳河水量分配方案请示的通知》(国发〔1989〕42号)。除了水量分配之外,1979—1984年,我国开展了第一次全国水资源评价,对全国水资源数量、质量及其时空分布特征、开发利用状况进行了全面的分析评价,也为水权制度建设奠定了基础。

(二) 取水许可

1988年至上世纪末,以取水许可制度的实施为基本特征,初步建立了取水权配置管理体系。1988年《水法》颁布实施。在总结山西等部分地区实践经验的基础上,《水法》明确规定了"国家对直接从地下或者江河、湖泊取水的,实行取水许可制度";并规定"对城市中直接从地下取水的单位,征收水资源费;其他直接从地下或者江河、湖泊取水的,可以由省、自治区、直辖市人民政府决定征收水资源费"。1993年,国务院颁布了《取水许可实施办法》(国务院119号令),界定了取水许可实施范围、组织实施和监督管理等。为配合119号令的实施,水利部相继发布了《取水许可申请审批程序规定》(水利部4号令)、《取水许可监督管理办法》(水利部6号令),各省(自治区、直辖市)都出台了取水许可实施细则等地方性法规或地方政府规章,取水许可制度全面实施。全国大部分省、自治区、直辖市还进一步制定了水资源费征收管理办法,水资源有偿使用制度开始实施。这一时期,水量分配工作继续推进,1990年松辽水利委员会批复了察尔森水库可供水量分配方案,明确了内蒙古和吉林省在洮儿河流域地表水的可取水量。1992年,原国家计委批复了"关于《黑河干流水利规划报告》的复函",原则同意水利部报送的《黑河干流水利规划审查意见》,基本同意审查意见中提出的黑河干流水资源分配方案。1996年福建省泉州市人民政府批转了《泉州市晋江下游水量分配方案》。1997年,水利部在黑河干流"九二"分水方案的基础上,批复了《黑河干流水量分配方案》。

(三) 水权交易探索

本世纪初至今,以探索水权交易为突出特征,水权制度建设逐步深入。进入新世纪,水利部门深入贯彻落实科学发展观和中央水利工作方针,积极践行可持续发展治水思路。水权制度建设作为推进从传统水利向现代水利、可持续发展水利转变的一项重大举措,得到高度重视和大力推进,并取得了重要进展。这一时期,在水权水市场理论指导下,开始了水权交易探索并取得积极成效,引起社会广泛关注。与此同时,水量分配深入推进,用水总量控制开始实施,取水权配置管理不断深化,相关制度建设逐步健全。按照党的十八大报告以及 2011 年中央一号文件、2012 年国务院三号文件的决策部署,建立健全水权制度成为实行最严格水资源管理制度和推进水生态文明建设的重要内容。

(1) 开始探索水权交易。2000 年浙江省义乌市和东阳市签订有偿转让横锦水库的部分用水权的协议,义乌市一次性出资 2 亿元购买东阳横锦水库每年 5 000 万 m^3 的使用权,开创了我国水权交易的先河。与东阳义乌水权交易类似,浙江省余姚和慈溪、慈溪和绍兴也分别开展了水权交易。随后,甘肃、内蒙古、宁夏、福建等地也相继开展了不同形式的水权交易,引起了社会的广泛关注。2002 年,甘肃省张掖市作为全国第一个节水型社会试点,选择临泽县梨园河灌区和民乐县洪水河灌区试行水票交易制度,灌区农户在用水计划内通过购买水票获取用水量,节余水量通过水票形式进行交易。2003 年开始,宁夏、内蒙古分别开展黄河水权转换工作试点,通过实施引黄灌区节水工程建设,将农业节约水量转让给工业项目作为新增取水指标。截至 2012 年底两区水权交易项目合计已达到 39 个。在各地水权交易探索的过程中,水利部给予了积极指导。2004 年,水利部发布了《关于内蒙古宁夏黄河干流水权转换试点工作的指导意见》;2005 年,水利部发布了《水权制度建设框架》,明确了水权制度建设的指导思想、基本原则以及水权制度体系框架及其主要制度,并根据水资源管理的要求提出了急需建立的制度。当年,水利部还发布了《关于水权转让的若干意见》,对推进水权交易提出了一系列政策性措施。2007 年宁夏出台《宁夏回族自治区节约用水条例》,明确规定新上工业项目没有取水指标的,必须进行水权转换,从农业节水中等量置换出用水指标,这意味着水权转换在宁夏已经被纳入法制化轨道。2008年福建省泉州市开展水权交易探索,当年石狮市建设的二期引水工程超配额引用晋江的水量通过水权交易方式获得。2009年,深圳、香港和粤港供水公司之间试行水量指标交易,香港水量指标未用完部分转让给深圳。2010年,新疆呼图壁县启动了军塘湖河流域水资源优化配置试点工作,当年试点区共交易水量87万 m^3。2011年,新疆吐鲁番探索实行政府有偿出让水权,并颁布实施了《吐鲁番地区水权转让管理办法(试行)》。

(2)进一步健全取水权管理制度。2002年修订出台的《水法》对1988年《水法》进行了重大调整,在法律层面上确立了水权制度建设的基本内容,包括明确水资源全部归国家所有,确立了水资源规划制度、水资源分配制度、水资源统一调度制度、水资源保护制度等,并从法律上首次确立了取水权,而且对取水权取得的重要条件作出了明确规定。这些规定成为水权制度建设的重要依据。2006年国务院颁布了《取水许可和水资源费征收管理条例》,对取水权的配置、管理作出了明确规定,新设定了取水许可总量控制和取水权转让等法律制度。2007年《物权法》颁布,将取水权纳入用益物权范畴。2008年以后,水利部发布了《取水许可管理办法》,与财政部、国家发展改革委联合发布了《水资源费征收使用管理办法》,取水权管理制度和水资源有偿使用制度进一步健全。

(3)进一步开展水量分配。2003年,新疆维吾尔自治区人民政府批准实施了塔里木河流域"四源一干"地表水水量分配方案。2005年,北京和河北达成了拒马河水权协议;甘肃省人民政府批复了石羊河流域水资源分配方案。2006年,黄河流域率先启动了流域水量分配方案细化到干支流和地区的工作。2006—2008年,江西省赣江、信江、抚河、修河、饶河五大流域的水量分配方案相继经省人民政府批复实施。依据《水法》规定,在总结实践经验基础上,2007年底水利部制定出台了《水量分配暂行办法》,对水量分配的原则、分配机制、水量分配方案的主要内容等作了明确规定,为开展水量分配工作提供了较为具体的依据,推动了水量分配工作的深入开展。2008年,国务院批复了永定河官厅水库上游干流水量分配方案;水利部经国务院授权,批复了大凌河流域省（区）际水量分配方案；广东省人民政府批复了广东省东江流域水资源分配方案。2010年,广东省人民政府批复了鉴江流域水资源分配方案。2011年,安徽省人民政府批复了安徽省中西部重点区域及淠史杭灌区水量分配方案。2011年,水利部下发《关于做好水量分配工作的通知》,全面启动跨省江河流域水量分配工作。

(4) 区域用水总量控制取得实质性突破。2010年,山东省人民政府出台《山东省用水总量控制管理办法》,在全国属首个关于用水总量控制的省政府规章,开创了全省区域内严格推行用水总量控制之先河。2011年水利部部署了全国用水总量控制指标制订工作；下达了长江流域取用水总量控制指标,在长江流域试行取用水总量控制。2013年1月,国务院办公厅印发《实行最严格水资源管理制度考核办法》,明确了各省区2030年用水总量控制指标(上限或红线)以及2015年和2020年阶段性管理目标；各省区正在将本省区指标向市县分解。

(5) 水权水市场研究广泛开展。2000年10月22日,时任水利部部长汪恕诚在中国水利学会年会上做了《水权和水市场——实现水资源优化配置的经济手段》的重要报告。此后水权水市场成为理论研究和政策研究的热点,如2001—2004年水利部政策法规司主持开展中国水权制度研究；2005—2006年受日本工营株式会社委托,水利部主持开展了中国水权制度建设研究等。这些研究不仅对国外水权理论研究进行译介、梳理、分析和提炼,而且对我国的水权和水权制度等一些基础性、关键性问题进行了深入研究,取得了许多重要成果,厘清了不少理论问题,在一定程度上深化了对水权和水权制度的认识。

第二节　水权交易加速发展与水权市场形成

2014年,习近平总书记就保障国家水安全发表重要讲话,提出"节水优先、空间均衡、系统治理、两手发力"的新时代水利工作方针,并专门强调"要推动建立水权制度,明确水权归属,培育水权交易市场"。为贯彻落实党中央决策部署,2014年6月,水利部印发《关于开展水权试点工作的通知》(水资源〔2014〕222号)文件,明确在宁夏、江西、湖北、内蒙古、河南、甘肃、广东7个省(自治区)开展不同类型的水权试点工作,试点省(自治区)按照试点方案,大胆探索、努力实践,试点工作取得了重要进展。宁夏开展了工业、农业取用水户水权确权,向乡镇、农民用水者协会和用水大户发放农业水权证353本,确权水量为45.64亿m^3,覆盖了4 293个灌区农业直开口;内蒙古鄂尔多斯市和巴彦淖尔市开展了跨盟市水权交易,巴彦淖尔市将农业灌区节约的水资源有偿转让给鄂尔多斯市的工业企业1.2亿m^3。河南依托南水北调工程,组织平顶山与新密、南阳与新郑、南阳与登封开展了水量交易,交易水量3.24亿m^3;广东以省政府规章形式出台了水权交易管理办法。

在全国水权试点的带动下,我国水权交易实践加快推进。

一是出台了水权交易制度。2016年4月水利部印发了《水权交易管理暂行办法》(水政法〔2016〕156号),填补了我国水权交易的制度空白,规范了水权交易类型,对可交易水权的范围、交易主体和期限等作出了具体的规定(见图2-1)。

二是搭建了水权交易平台。2015年11月,清理整顿各类交易场所部际联席会议核准设立水权交易机构并同意使用"交易所"名称。2016年2月,国务院正式同意水权交易所冠名"中国"字样。2016年6月28日,中国水权交易所(以下简称"水交所")正式开业运营(见图2-2)。

三是各地加快推进水权确权和水权交易。河北省结合地下水超采综合治理试点工作,将水权确权到农户,试点区115个县完成农业水权证发放,核发水权证1 033万份,涉及水量73亿m^3;新疆昌吉回族自治州以不低于3倍的水价回购农户节余水量,再向市场配置,2016年向工业、城市转让水权3 424万m^3。山东将水资源确权和交易纳入了水资源管理条例。

水 利 部 文 件

水政法〔2016〕156 号

水利部关于印发
《水权交易管理暂行办法》的通知

部机关各司局，部直属各单位，各省、自治区、直辖市水利（水务）厅（局），各计划单列市水利（水务）局，新疆生产建设兵团水利局：

为贯彻落实党中央、国务院关于完善水权制度、推行水权交易、培育水权交易市场的决策部署，指导水权交易实践，我部制定了《水权交易管理暂行办法》，现予印发，请结合本地区、本单位实际遵照执行。

图 2-1 水利部印发《水权交易管理暂行办法》

图 2-2　水交所正式挂牌运营

综上,纵览我国水权交易的探索、试点与加速发展,自 2000 年提出水权水市场以来,全国发生的水权交易主要标志性事件如表 2-1 所示。

表 2-1　中国水权交易实践进展

时间	主要标志性事件
2000	浙江省三宗跨地区的水权交易:即义乌和东阳、余姚和慈溪、慈溪和绍兴
2002	甘肃省张掖市作为全国第一个节水型社会试点,在临泽县梨园河灌区和民乐县洪水河灌区试行了农户水票交易制度
2003	宁夏、内蒙古分别开展了引黄灌区水权转换的试点工作
2003—2005	山西省清徐县在井灌区开展了水权确权和交易工作,将农业用水确权到户
2007	宁夏出台《宁夏回族自治区节约用水条例》,规定新上工业项目没有取水指标的,必须进行水权转换,从农业节水中等量置换出工业用水指标
2011	2011 年 1 月,《中共中央国务院关于加快水利改革发展的决定》(中发〔2011〕1 号),提出建立和完善国家水权制度,充分运用市场机制优化配置水资源
	新疆大力推进水权确权及交易试点工作。吐鲁番市等地开展了水权确权和交易试点工作

(续表)

时间	主要标志性事件
2012	2012年1月,《国务院关于实行最严格水资源管理制度的意见》(国发〔2012〕3号),提出建立健全水权制度,积极培育水市场,鼓励开展水权交易,运用市场机制合理配置水资源
2014	水利部印发《水利部关于深化水利改革的指导意见》(水规计〔2014〕48号),明确建立健全水权交易制度。开展水权交易试点,鼓励和引导地区间、用水户间的水权交易,探索多种形式的水权流转方式;积极培育水市场,逐步建立国家、流域、区域层面的水权交易平台
2014	水利部印发《水利部关于开展水权试点工作的通知》(水资源〔2014〕222号),明确在宁夏、江西、湖北、内蒙古、河南、甘肃、广东等7个省(自治区)启动水权试点,重点开展水资源使用权确权登记、水权交易流转、水权制度建设,试点期3年
2014	内蒙古开展跨盟市水权转让,成立内蒙古水权收储转让中心;河北省政府办公厅出了《水权确权登记办法》;山东省水利厅印发了《关于加快推进水权水市场制度建设的意见》;浙江省杭州市林业水利局印发了《东苕溪流域用水总量控制和水权制度改革试点工作方案》
2014—2015	全国开展农业水价综合改革试点,80个试点县在试点过程中都开展了水权确权工作
2015	水利部印发《水利部关于成立水利部水权交易监管办公室的通知》(水人事〔2015〕89号),决定成立水利部水权交易监管办公室,主要负责组织指导和协调水权交易平台建设、运营监管和水权交易市场体系建设等工作,对水权交易重大事项进行监督管理,研究解决水权交易相关工作中的重要问题。办公室设在财务司,成员单位为规划司、政法司、水资源司、财务司、农水司
2016	水利部出台《水权交易管理暂行办法》(水政法〔2016〕156号),对可交易水权的范围和类型、交易主体和期限、交易价格形成机制、交易平台运作规则等作出了具体的规定,为水权交易开展提供了政策依据
2016	经国务院同意,由水利部和北京市政府联合发起设立的国家级水权交易平台——水交所正式成立,旨在充分发挥市场在水资源配置中的决定性作用和更好地发挥政府作用,推动水权交易规范有序开展,全面提升水资源利用效率和效益,为水资源可持续利用、经济社会可持续发展提供有力支撑

(续表)

时间	主要标志性事件
2016	水利部印发了《关于加强水资源用途管制的指导意见》(水资源〔2016〕234号),明确在符合用途管制的前提下,鼓励通过水权交易等市场手段促进水资源有序流转,同时防止以水权交易为名套取取用水指标,变相挤占生活、基本生态和农业合理用水
	水利部、国土资源部在北京联合召开水流产权确权试点工作启动会,宁夏、甘肃、陕西、江苏、湖北、河南等省(自治区)人民政府有关负责人及水利厅、国土厅和试点地区的负责同志,水利部长江水利委员会负责同志参加会议
	水利部水权交易监管办公室召开监管办第一次全体会议,审议通过《水利部水权交易监管办公室工作规则》《2017年水利部水权交易监管办公室工作要点》
2017	水利部和宁夏回族自治区人民政府在银川市联合验收了宁夏水权试点工作,宁夏成为首个通过验收的全国水权试点
	河南省水权收储转让中心挂牌成立,成为全国第二家省级水权收储转让平台
2018	水利部、国家发展改革委、财政部出台《关于水资源有偿使用制度改革的意见》(水资源〔2018〕60号),明确探索开展水权确权工作,鼓励引导开展水权交易,对用水总量达到或超过区域总量控制指标或江河水量分配指标的地区,原则上要通过水权交易解决新增用水需求;在保障粮食安全的前提下,鼓励工业企业通过投资农业节水获得水权,鼓励灌区内用水户间开展水权交易。地方政府或其授权的单位,可以通过政府投资节水形式回购水权,也可以回购取水单位和个人投资节约的水权;回购的水权应当优先保证生活用水和生态用水,尚有余量的可以通过市场竞争方式进行出让
	水利部、自然资源部在江苏省徐州市联合召开水流产权确权试点现场推进会,总结试点工作成效,分析存在的困难和问题,研究部署下一阶段工作。时任水利部副部长周学文、自然资源部副部长王广华出席会议并讲话
	宁夏、江西、湖北、河南、甘肃、广东等6个试点陆续通过验收

第三章
十八大以来中国水权市场改革与发展总体情况

第一节 交易制度建设

党的十八大以来,水权制度建设作为健全自然资源产权制度的重要组成部分和核心内容之一,被提高到支撑生态文明制度建设的战略高度。党的十八大报告明确提出要积极开展水权、排污权等交易试点,并指出"深化资源性产品价格和税费改革,建立反映市场供求和资源稀缺程度、体现生态价值和代际补偿的资源有偿使用制度和生态补偿制度"。十八届三中、四中、五中全会提出建立健全自然资源产权制度和用途管制制度,并要求完善相关法律,推行水权交易制度。2014年习近平总书记提出了新时期"节水优先、空间均衡、系统治理、两手发力"治水新思路,并强调保障水安全必须要充分发挥市场和政府作用,充分利用水权水价水市场优化配置水资源。2017年中央一号文件《中共中央、国务院关于深入推进农业供给侧结构性改革加快培育农业农村发展新动能的若干意见》第30条明确提出"加快水权水市场建设,推进水资源使用权确权和进场交易"。

我国相关法律对水资源所有权、取水权等也作了明确规定。《水法》规定"水资源属于国家所有""国家对水资源依法实行取水许可制度和有偿使用制度""跨省、自治区、直辖市的水量分配方案和旱情紧急情况下的水量调度预案,由流域管理机构有关省、自治区、直辖市人民政府制订,报国务院或者其授权的部门批准后执行";《物权法》规定取水权属于用益物权,取水权人依法对取用的水资源享有占有、使用和收益的权利。

国务院多次提出水权制度建设的要求。2012年国务院三号文件《关于实行最严格水资源管理制度的意见》提出"建立健全水权制度,积极培育水市场,鼓励开展水权交易,运用市场机制合理配置水资源";2013年国务院办公厅印发《实行最严格水资源管理制度考核办法》,明确了各省市2030年用水总量控制指标,及2015年、2020年阶段性目标。

国家有关部委针对我国水权制度建设的战略需求,发布了一系列相关制度和指导性文件,引导及规范水权工作的推广实施。2014年水利部印发《关于开展水权试点工作的通知》,对水资源使用权确权登记、水权交易流转和水权制度建设进行试点,分别在宁夏、江西、湖北、内蒙古、河南、甘肃和广东7省(自治区)进行有侧重的试点工作,希望在水资源使用权确权和水权交易管理方面取得突破,为全国推进水权制度建设提供经验借鉴。2016年水利部印发《水权交易管理暂行办法》,提出"水权包括水资源的所有权和使用权。水权交易,是指在合理界定和分配水资源使用权基础上,通过市场机制实现水资源使用权在地区间、流域间、流域上下游、行业间、用水户间流转的行为。"并明确了水权交易主要包括区域水权交易、取水权交易、灌溉用水户水权交易三种形式。2016年水利部和国土资源部印发《水流产权确权试点方案的通知》,要求进行水域、岸线等水生态空间确权和水资源确权试点,分别在江苏、湖北、陕西、甘肃和宁夏等省(自治区)进行有侧重的试点工作,以界定权利人的责权范围和内容,解决水资源和水生态空间保护难、监管难等问题,为全国开展水流产权确权积累经验。

国家和水利部的一系列法律法规及重要文件充分体现了我国强化水权管理、加快水权制度建设的战略部署。如表3-1所示。

表 3-1　十八大以来我国水权制度建设重要法规及政策

类别	时间	名称	相关内容
国家政策	2012—2015	中共"十八大"报告及十八届三中、四中、五中全会相关决议	要求建立健全自然资源产权法律制度,提出开展水权交易试点,水权制度建设开始围绕水资源产权制度建设展开
	2012	《国家农业节水纲要（2012—2020 年)》	提出"有条件的地区要逐步建立节约水量交易机制,构建交易平台,保障农民在水权转让中的合法权益。"
	2014	中央提出了新时期十六字治水方针	提出要推动建立水权制度,明确水权归属,培育水权交易市场,但也要防止农业、生态和居民生活用水被挤占
	2016	《国民经济和社会发展第十三个五年规划纲要》	提出"建立国家初始水权分配制度和水权转让制度"
规范性文件	2012	《关于实行最严格水资源管理制度的意见》	明确"三条红线"的具体要求,全面部署最严格水资源管理制度。提出建立健全水权制度,积极培育水市场,鼓励开展水权交易等
	2013	《实行最严格水资源管理制度考核办法》	明确了实行最严格水资源管理制度的责任主体与考核对象和各省区水资源管理控制目标,并详细制定了考核要求
	2014	《关于开展水权试点工作的通知》	围绕区域水权交易、取水权交易和灌溉用水户水权交易三个方面的试点工作部署,为全国推进水权制度建设提供经验借鉴
	2015	《生态文明体制改革总体方案》	提出开展水流和湿地产权确权试点。推行水权交易制度等

(续表)

类别	时间	名称	相关内容
规范性文件	2016	《水权交易管理暂行办法》	首次明确了我国水权交易的主要形式、操作流程及监督管理办法,为我国推进水权交易工作提供了制度规定
	2016	《关于加强水资源用途管制的指导意见》	明确了加强水资源用途管制的主要任务和具体措施,落实水资源按用途管制
	2016	《水流产权确权试点方案》	试点工作为解决水流产权存在着的所有权边界模糊、使用权归属不清,水资源和水生态空间保护难、监管难等问题提供经验借鉴
	2017	《中共中央、国务院关于深入推进农业供给侧结构性改革加快培育农业农村发展新动能的若干意见》	再次提出推进水权水市场建设,水资源使用权确权和进场交易的要求

第二节 重点地区与交易规模

水利部从2014年7月开始,在宁夏、江西、湖北、内蒙古、河南、甘肃、广东7个省(自治区)启动水权改革试点,河北、新疆、山东、山西、陕西、浙江等省(自治区)开展了省级水权改革探索,试点地区采取取用水户直接交易、政府回购再次投放市场等方式,积极探索开展了跨区域、跨流域、跨行业的水权交易。

水交所作为首个国家级水权交易平台,是水利部贯彻落实党中央、国务院关于水权水市场建设重大决策部署,特别是习近平总书记治水重要论述精神的具体实践,在水利改革发展历程中具有里程碑意义,是水资源管理和资源要素市场建设领域的一项重大变革,是经济体制改革和生态文明体制改革的一项重要成果。

水交所的成立及运营,一是在运用市场机制优化水资源配置方面发挥了示范引领作用,有力促进了水市场培育和发展;二是为实施国家节水行动、超采区地下水压采、农业水价综合改革、流域生态补偿等提供了新的手段;三是在严控用水总量的大前提下,通过水权高效流转,盘活了区域水资源存量,有力支撑了社会经济发展。截至2019年7月31日,本年度共成交60单交易,年度交易水量519.68万 m^3,年度交易金额57.36万元。其中区域水权交易0单,取水权交易1单,灌溉用水户水权交易59单。

水交所开业至今,累计成交152单交易,总成交水量27.793亿 m^3,总成交金额16.8539亿元。其中区域水权交易7单,取水权交易70单,灌溉用水户水权交易75单。

广东、宁夏等省(自治区)搭建了地方水权交易平台,积极发挥平台在水权交易方面的作用。2017年7月,广东东江流域上游惠州通过广东省环境权益交易所将结余的东江水有偿转让给下游的广州,年交易水量1.02亿 m^3;2018年10月12日,吴忠市利通区政府与宁夏宝丰能源集团股份有限公司签订了取水权交易协议,年交易水量1484万 m^3。

第三节 十八大以来水权市场运行对水资源利用效率的影响

水权交易市场正式开始运行,并将逐步扩展到全国范围,然而,水权交易市场运行对水资源利用效率的影响如何?水权交易是否能够提升水资源利用效率一直受到学术界和水行政主管部门的关注,特别是对水资源这一特殊的自然资源、战略资源和经济资源,能否引入市场机制促进其利用效率的提升,均需要从水权市场运行前后,水资源利用效率具体表现的对比分析中加以回答。

(一)现有研究进展

水权市场运行对水资源利用效率的影响分析,首先需要解决水资源利用效率的测算问题，水资源利用效率作为绿色经济发展的重要指标之一，能准确通过投入产出关系反映经济增长，旨在利用更少的水资源浪费换取更高的经济增长。测算方法方面，数据包络分析法（DEA模型）是在多指标投入和产出的情况下的一种评价决策单元生产效率的方法，已经被广泛运用于评估资源利用效率与决策。很多学者聚焦于不同的功能用水，测算其水资源利用效率，分析水资源利用效率的影响因素，并且有针对性地提出相关建议。

水资源利用效率具有明显的行业性特点，我国水资源利用方面最大的特点是，我国是农业大国，农业用水占总用水量的比重最大，因此，农业用水效率测算通常备受学者们关注。王震、吴颖超等采用DEA交叉评价模型研究我国粮食主产区从2001年至2011年的农业水资源利用效率，发现粮食主产区的农业水资源利用率整体上处于"低投入低产出"水平。刘涛使用EBM超效率模型分析2011年至2013年我国20个农业省份的农业用水效率的变化趋势，结果表明我国农业用水效率低下，整体上呈下降趋势。王学渊、赵连阁则采用随机前沿模型测算1997年至2006年全国的农业灌溉用水效率及生产技术效率，研究发现全国农业用水效率远远低于技术效率，平均农业用水效率只有0.49。为提高农业水资源利用效率，探究农业用水效率的影响因素就显得尤为重要。李明璧采用DEA方法对我国各省市2008年至2015年的农业用水效率进行测算，发现水资源利用效率区域差异显著，东部地区的农业用水效率明显高于西部地区的农业用水效率，地区经济水平、农业发展水平、水资源总量以及人口数量等对用水效率产生重要影响。戎丽丽、胡继连从产权经济学的角度研究农业用水效率低下的原因，分析发现本质原因在于农用水权的排他性较低，推进和完善农用水权机制有利于农业用水效率的提高。

而重工业耗水量也不容小觑，合理进行工业产业布局，提高工业用水效率，才能实现水资源的可持续利用。买亚宗、孙福丽等基于DEA方法对全国30个省级行政区从2000年到2012年的工业用水效率进行测算，发现各地区的工业用水效率存在明显的区域差异。赵沁娜、王若虹采用SBM-DEA测算2005年至2014年的全国工业用水效率，发现我国工业用水效率自东向西呈递减趋势。张月、潘柏林等基于库兹涅茨曲线研究工业用水与经济增长的关系,发现经济水平的增长会降低工业用水。曹方丽基于 DEA 模型和 Tobit 回归,分析全国 31 个省市 2006 年至 2015 年的工业用水效率,发现产业结构及布局、工业结构、技术水平显著影响用水效率。李静、任继达采用 DEA 模型估计了全国 30 个省份 2005 年至 2015 年的工业用水效率,利用 Tobit 模型分析影响工业用水效率的因素,发现工业用水比重大的地区会降低用水效率,适度提高水资源价格可以引导工业节水。

目前,关于不同行业用水的效率测算研究较多,为研究水资源利用效率作出了重要的贡献。然而大多数学者在研究水资源利用效率问题时,都只是针对某一行业用水,测算各地区的不同行业用水效率,并对各地区的行业用水效率进行比较分析。在"节水优先"治水方针和国家节水行动背景下,统筹考虑各行业用水,综合测算各省区整体水平上的水资源利用效率,尤其是在当前水权交易市场运行的新的市场化改革环境下,重点探究全国各省市在水权交易市场运行前和水权交易市场运行后水资源利用效率的变化趋势,对于准确把握全国各省区水资源利用效率整体水平及改革效果具有一定的学术意义,从而也丰富水资源利用效率研究的学术深度和实践广度。本研究的结构安排如下,首先基于三阶段 DEA 模型构建水资源利用效率测算方法,其次,根据全国 30 个省份数据,利用所建立的效率测算模型,对水权交易市场运行前后水资源利用效率进行实证测算,并进行比较分析,最后,为进一步研究各地区的水资源利用效率从 2006 年至 2016 年的动态变化,引入 Malmquist 指数模型进行实证测算比较分析。

(二) 水资源利用效率测算的模型构建

1. 水资源利用效率的指标体系

本文选取全国 30 个省份从 2006 年至 2016 年关于水资源利用的相关数据。根据中国水权交易试点的建立时间,将时间段划分为水权交易试点建立前:2006—2013 年;水权交易试点建立后:2014—2016 年。本研究中的各项数据指标均来源于《中国统计年鉴》以及各地区历年的《水资源公报》。

(1) 投入产出变量

水资源利用效率的影响因素繁多,考虑到DEA模型的特殊性,选取指标时要充分衡量它们之间的相互关系,并且避免它们之间存在线性相关性。本文通过参考以往的文献和可获得的数据,选取了水资源利用率与经济发展、人类生活相关的一些投入产出指标:以固定资产投资(亿元),劳动力(万人),总用水量(亿 m^3)为投入指标,以地区生产总值(亿元)为产出指标。其中,劳动力为各地区年末就业人数;总用水量由生活用水量、工业用水量、农业用水量以及生态用水量构成。需要指出的是,所有指标均为正数。

(2) 环境变量

环境因素,也称外部因素,主要包括对水资源利用效率产生影响但在短期内又不受主观控制的因素。综合相关文献,结合本文的研究主题,重点考虑产业结构、水资源禀赋和经济水平三个环境因素。

产业结构。水资源利用率与产业结构有着紧密的关联,产业结构能够影响水资源的消耗总量,产业结构越合理,水资源的利用效率越高。当前我国水资源利用效率总体不高,尤其是农业灌溉用水方式比较粗放,用节水灌溉方式灌溉的面积仅占灌溉总面积的2.6%,并且真正被农作物利用的水资源只占灌溉总用水量的1/3左右。因此,本文采用第一产业增加值在GDP中的占比来衡量产业结构。

水资源禀赋。水资源禀赋对水资源利用效率存在显著的逆向作用,即丰水地区的水资源利用效率较低。一般而言,水资源丰富地区不愿意投入大量的资源(如资金、人力等)来发展节水灌溉,当地人民的节水意识也普遍薄弱,从而导致水资源利用率较低。本文采用人均水资源量来衡量地区的水资源禀赋。

经济水平。各地经济水平决定当地政府对基础设施建设的投入力度,经济发达的地区相较于落后地区能够在水资源利用的基础设施建设中投入更多的资金,积极地引进高新技术设备,提高管理水平,从而有利于提高水资源的利用率。本文采用人均GDP来衡量各地的经济水平。

2. 基于三阶段 DEA 的水资源利用效率测算模型

（1）三阶段 DEA 模型

应用于效率评价方面的 DEA 模型家族，主要有 DEA-Tobit 模型、SBM-Undesirable 模型、Super-SBM 模型等，而这些传统的 DEA 方法并不能剔除随机误差和外部环境因素对环境效率的影响，无法真实反映出环境效率的实际状况，这对环境政策的制定有可能起到误导作用。正如 Fried 等（1999，2002）指出传统 DEA 模型没有考虑环境因素和随机噪声对决策单元效率评价的影响，其先后发表的两篇文章《Incorporating the Operating Environment Into a Nonparametric Measure of Technical Efficiency》《Accounting for Environmental Effects and Statistical Noise in Data Envelopment Analysis》就探讨了如何将环境因素和随机噪声引入 DEA 模型。本文采用投入导向的 BCC 模型，来排除有效投影点和无效率点混合的情形，有效地降低外部环境及随机误差对生产单元水资源利用效率的影响。通过技术层面和规模层面，对我国 30 个省、市、区的水资源利用效率进行分析。该模型的具体操作步骤如下。

第一阶段：传统的 DEA 模型。

对于任一决策单元，投入导向 BCC 模型的对偶规划式为：

$$\min[\theta - \varepsilon(\hat{e}^T s^- + e^T s^+)]$$

$$s.t. \begin{cases} \sum_{j=1}^{n} X_j \lambda_j + s^- = \theta X_0 \\ \sum_{j=1}^{n} Y_j \lambda_j - s^+ = Y_0 \\ \sum_{j=1}^{n} \lambda_j = 1, \lambda_j \geqslant 0, j = 1, 2, \ldots, n \\ s^-, s^+ \geqslant 0 \end{cases} \quad (3-1)$$

式中，n 为决策单元个数；X 为投入向量；Y 为产出向量；θ 为决策单元的有效值；ε 为一个常量，表示非阿基米德无穷小；s^- 和 s^+ 分别表示投入松弛变量和产出松弛变量。若 $\theta=1, s^+ = s^- = 0$，则决策单元 DEA 有效，表明水资源利用率达到纯技术效率最佳和规模最佳；若

$\theta=1$,$s^+\neq 0$或$s^-\neq 0$,则决策单元弱 DEA 有效,表明水资源利用率没有同时达到纯技术效率最佳和规模最佳;若$\theta<1$,则决策单元非 DEA 有效,表明水资源利用率没有达到纯技术效率最佳和规模最佳。

第二阶段:似 SFA 回归模型。

在第二阶段,我们主要关注由环境因素、管理无效率和统计噪声构成的松弛变量$[x-X\lambda]$,并认为这种松弛变量可以反映初始的低效率。在 SFA 回归中,第一阶段的松弛变量对环境变量和混合误差项进行回归。根据 Fried 等人的研究成果,构造如下类似 SFA 回归函数(投入导向):

$$s_{ni} = f(z_i;\beta_n) + v_{ni} + \mu_{ni}, i=1,2,\dots,I, n=1,2,\dots,N \quad (3-2)$$

式中,s_{ni}是第i个决策单元第n项投入的松弛值;z_i为环境变量;β_n是环境变量的系数;$v_{ni}+\mu_{ni}$为混合误差项,$v_{ni}\sim N(0,\sigma_{ni}^2)$是随机误差项,表示随机干扰因素对投入松弛变量的影响;$\mu_{ni}\sim N^+(0,\sigma_{ni}^2)$是管理无效率,表示管理因素对投入松弛变量的影响。参照最有效率的决策单元的投入量,对其他决策单元的投入量进行调整,公式如下:

$$X_{ni}^A = X_{ni} + [\max(f(z_i;\beta_n)) - f(z_i;\beta_n)] + [\max(v_{ni}) - v_{ni}],$$
$$i=1,2,\dots,I; n=1,2,\dots,N \quad (3-3)$$

式中,X_{ni}为决策单元调整前的投入量;X_{ni}^A为决策单元调整后的投入量;$[\max(f(z_i;\beta_n))-f(z_i;\beta_n)]$表示对外部环境进行调整;$[\max(v_{ni})-v_{ni}]$使得每个决策单元的随机因素保持一致。

第三阶段:调整投入产出变量后的 DEA 模型。

将调整后的投入X_{ni}^A代替X_{ni},产出变量保持不变,再次运行第一阶段模型计算水资源利用效率。

(2) Malmquist 指数

由于被评价决策单元的数据为包含多个时间点观测值的面板数据,因此,本文采用 Malmquist 全要素生产率指数对被评价单元的技术效率、技术进步的变化进行分析,从而进一步研究各地区水资源利用率的动态变化。

Fare R 等人(1992)将从时期 t 到时期 $t+1$ 的 Malmquist 指数表示为：$M_{ac}(x^{t+1}, y^{t+1}, x^t, y^t) = \sqrt{\dfrac{E^t(x^{t+1}, y^{t+1})}{E^t(x^t, y^t)} \dfrac{E^{t+1}(x^{t+1}, y^{t+1})}{E^{t+1}(x^t, y^t)}}$ (3-4)

技术效率变化表示为：$EC = \dfrac{E^{t+1}(x^{t+1}, y^{t+1})}{E^t(x^t, y^t)}$ (3-5)

技术变化表示为：$TC_{ac} = \sqrt{\dfrac{E^t(x^t, y^t)}{E^{t+1}(x^t, y^t)} \dfrac{E^t(x^{t+1}, y^{t+1})}{E^{t+1}(x^{t+1}, y^{t+1})}}$ (3-6)

从上式中推导发现 Malmquist 指数、效率变化和技术变化间的数量关系为 $MI(VRS) = EC(VRS) * TC(VRS) = PEC * SEC * TC$，技术效率变化可以分解成纯技术效率变化（PEC）和规模效率变化（SEC）。当 Malmquist 指数大于 1 表示生产率提高，小于 1 表示生产率降低；当技术效率变化指数 EC 大于 1 表示技术效率的提高；当技术变化指数 TC 大于 1 表示技术的进步。

（三）水权交易市场运行前后水资源利用效率的比较分析

1. 第一阶段传统 DEA 模型下水权交易市场运行后水资源利用效率的变化

本研究采用 DEAP2.1 软件运行数据，得到部分省市水权交易市场运行前（2006—2013 年）与运行后（2014—2016 年）的水资源利用效率结果，如表 3-2 所示。

表 3-2 基于单阶段 DEA 模型的水权市场运行前后水资源利用效率情况表

省区	水权市场建立前 水资源利用效率	技术效率	规模效率	排名	水权市场建立后 水资源利用效率	技术效率	规模效率	排名	省区	水权市场建立前 水资源利用效率	技术效率	规模效率	排名	水权市场建立后 水资源利用效率	技术效率	规模效率	排名
北京	1.000	1.000	1.000	1	1.000	1.000	1.000	1	河南	0.696	0.715	0.973	12	0.608	0.658	0.922	23
天津	1.000	1.000	1.000	1	1.000	1.000	1.000	1	湖北	0.677	0.702	0.964	15	0.681	0.717	0.953	15
河北	0.829	0.848	0.980	8	0.740	0.788	0.940	11	湖南	0.713	0.739	0.965	11	0.776	0.820	0.951	10
山西	0.692	0.733	0.946	13	0.546	0.580	0.940	28	广东	0.975	1.000	0.975	5	0.845	1.000	0.845	7
内蒙古	0.821	0.889	0.923	9	0.889	0.907	0.975	5	广西	0.660	0.706	0.934	17	0.663	0.680	0.971	17
辽宁	0.754	0.780	0.968	10	0.892	0.920	0.968	4	海南	0.642	0.972	0.660	21	0.624	0.971	0.644	20

(续表)

省区	水权市场建立前 水资源利用效率	技术效率	规模效率	排名	水权市场建立后 水资源利用效率	技术效率	规模效率	排名	省区	水权市场建立前 水资源利用效率	技术效率	规模效率	排名	水权市场建立后 水资源利用效率	技术效率	规模效率	排名
吉林	0.675	0.726	0.928	16	0.694	0.729	0.947	13	重庆	0.625	0.680	0.916	23	0.681	0.698	0.974	15
黑龙江	0.653	0.692	0.943	19	0.682	0.719	0.947	14	四川	0.656	0.668	0.982	18	0.661	0.695	0.952	18
上海	1.000	1.000	1.000	1	1.000	1.000	1.000	1	贵州	0.540	0.649	0.831	29	0.569	0.632	0.897	26
江苏	0.987	1.000	0.987	4	0.819	1.000	0.819	8	云南	0.538	0.596	0.903	30	0.567	0.602	0.938	27
浙江	0.831	0.916	0.908	7	0.802	0.890	0.900	9	陕西	0.644	0.671	0.960	20	0.622	0.631	0.986	21
安徽	0.631	0.669	0.943	22	0.653	0.677	0.964	19	甘肃	0.546	0.665	0.820	28	0.452	0.557	0.808	30
福建	0.689	0.713	0.967	14	0.696	0.717	0.973	12	青海	0.551	1.000	0.551	26	0.573	1.000	0.573	25
江西	0.601	0.650	0.925	24	0.589	0.604	0.971	24	宁夏	0.556	0.938	0.590	25	0.612	0.980	0.623	22
山东	0.940	1.000	0.940	6	0.873	1.000	0.873	6	新疆	0.546	0.637	0.857	27	0.512	0.585	0.870	29
									均值	0.722	0.798	0.908	—	0.711	0.792	0.904	—

在没有剔除环境因素的影响时，各地区的水资源利用效率及相应排名反映在表 3-2 中。由表 3-2 可以得出以下结论。

（1）在忽略外部环境和随机噪声对水资源利用效率产生影响的情况下，水权交易市场运行前后，水资源利用效率为 1 的省份有北京市、天津市和上海市，而其他省份在水权交易市场运行前后均未达到高效的水资源利用。这表明水资源利用效率存在明显的地区差异，各地区应该结合当地的技术水平现状和产业结构，因"水"制宜，采取措施推动节水减排工作。

（2）从各地区的效率均值来分析，水权交易市场运行前后的纯技术效率均值（0.798, 0.792）均低于纯规模效率均值（0.908, 0.904）。该结果表明全国在技术层面和规模层面上都存在着一定的欠缺，并且效率不足主要是由于纯技术效率不足导致的，因此企业需要加大在技术研究层面的投入力度，采用先进技术设备，降低单位产品生产耗水量。

（3）水权交易试点中，宁夏、湖北和内蒙古在进行水权交易后的效率值获得了不同程度的提高。在水权交易市场运行前后，宁夏、湖北、内蒙古和江西的排名均有所提升，而广东、甘肃和河南的效率值下降的同时排名也有所下降。此时，需要进一步考虑环境因素是否对水资源利用率产生了影响，从而更准确地分析水权交易市场运行对水资源利用率的影响。

2. 第二阶段似 SFA 回归分析

将固定资产投资、劳动力以及总用水量的投入松弛变量作为因变量，产业结构、水资源禀赋以及经济水平作为自变量建立 SFA 回归模型，回归结果如表 3-3 所示。

表 3-3　第二阶段似 SFA 回归结果

因变量/自变量	固定资产投资的松弛变量	就业人数的松弛变量	总用水量的松弛变量
常数项	0.34112432E+03*	0.23049896E+02**	−0.16033373E+03***
产业结构	0.14120828E+04**	−0.33167009E+01**	0.92735780E+03***
水资源禀赋	−0.84679747E−01***	−0.83952768E−03	0.13367565E−02*
经济水平	−0.46560299E−02	−0.49863398E−03***	0.45808985E−03***
σ^2	0.10070976E+08***	0.16134246E+05***	0.21206059E+05***
γ	0.89209160E+00***	0.94244039E+00***	0.96369655E+00***
log 值	−0.28395549E+04***	−0.16683818E+04***	−0.16632637E+04***
LR 值	0.40953305E+03	0.42879452E+03	0.59109506E+03

注：括号内为相应系数的标准差，＊＊＊、＊＊、＊分别代表1%、5%和10%的显著性水平。

由表 3-3 可知：①产业结构与总用水量呈显著的正相关，这表明第一产业占比的增加会导致总用水量的增加，抑制水资源利用效率的提高。水资源利用效率与产业结构密切相关，这是因为不同产业之间的水资源利用效率差异悬殊，我国当前用水结构中，农业用水通常占据 60% 以上，远高于国外发达国家，这也是制约水资源利用效率提升的关键所在。因此，政府需要优化地区产业结构，合理布局农作物种植结构，完善农田基础设施建设和农田水利工程，推广节水灌溉技术，这样可以有效地提高农田水资源利用效率。②水资源禀赋与总用水量呈现正相关关系，这体现了水资源禀赋越高的省份对水资源的利用效率更低,用水主体对水资源短缺的认识不够,用水控制指标尚未对用水行为形成约束作用,不利于水资源的有效节约和可持续利用。因此,水行政主管部门要全面推进水价改革,严格落实水量分配和水权确权登记,积极稳妥推进水权市场,充分发挥价格杠杆作用来促使企业和居民节约用水,避免水资源的浪费。③经济水平与总用水量呈显著正相关,经济水平发达地区的产业集聚程度高,水资源利用的附加价值较高,生产过程中能够综合利用水资源,从而水资源利用的规模效应比较明显。而且,当地充裕的财政也保证了城市水资源基础设施的建设和水污染防治资金的投入,从而对水资源的利用效率具有提升作用。综上所述,外部环境变量对投入要素冗余有着显著的影响。因此,在研究各省份的水资源利用效率的时候,需要考虑到外部随机噪声导致的水资源利用效率的测算偏差。

3. 第三阶段 DEA 模型下水权交易市场运行后水资源利用效率的变化

由表3-3得知,虽然有些松弛变量与环境变量的回归系数不显著,但LR单边误差检验值均大于$Mixed_\chi$分布的临界值,表明模型设置合理,无效率影响确实存在。因此在对投入变量进行调整时剔除了所有的环境因素。根据公式(3-3)对原始投入进行调整,重新代入第一阶段模型中进行测算,从而得到了部分省市的更为真实的水资源利用效率、技术效率及规模效率,如表3-4所示。

表3-4 基于三阶段DEA模型的水权市场运行前后水资源利用效率情况表

省区	水权市场建立前 水资源利用效率	技术效率	规模效率	水权市场建立后 水资源利用效率	技术效率	规模效率	排名	省区	水权市场建立前 水资源利用效率	技术效率	规模效率	排名	水权市场建立后 水资源利用效率	技术效率	规模效率	排名
北京	1.000	1.000	1.000	0.724	0.995	0.728	20		河南	0.821	0.86	0.955	11	0.856	0.933	0.917	10
天津	0.832	0.992	0.838	0.759	0.984	0.771	16	湖北	0.695	0.798	0.871	16	0.843	0.953	0.885	12
河北	0.892	0.998	0.893	0.939	1.000	0.939	4	湖南	0.727	0.886	0.821	14	0.907	1.000	0.907	6
山西	0.853	0.986	0.866	0.684	1.000	0.684	23	广东	1.000	1.000	1.000	1	1.000	1.000	1.000	1
内蒙古	0.562	0.939	0.599	0.891	1.000	0.891	7	广西	0.662	0.889	0.745	19	0.761	0.991	0.768	15

(续表)

省区	水权市场建立前				水权市场建立后				省区	水权市场建立前				水权市场建立后			
	水资源利用效率	技术效率	规模效率	排名	水资源利用效率	技术效率	规模效率	排名		水资源利用效率	技术效率	规模效率	排名	水资源利用效率	技术效率	规模效率	排名
辽宁	0.761	0.913	0.833	12	0.879	0.966	0.911	8	海南	0.600	1.000	0.6	21	0.314	1.000	0.314	28
吉林	0.591	0.917	0.645	23	0.734	1.000	0.734	17	重庆	0.588	0.971	0.605	24	0.701	0.987	0.71	22
黑龙江	0.83	0.905	0.917	10	0.725	0.973	0.745	19	四川	0.677	0.825	0.82	18	0.837	0.942	0.889	13
上海	0.884	1.000	0.884	7	0.878	1.000	0.878	9	贵州	0.595	0.9	0.661	22	0.578	1.000	0.578	25
江苏	1.000	1.000	1.000	1	0.963	1.000	0.963	3	云南	0.553	0.893	0.619	27	0.661	0.969	0.682	24
浙江	0.953	1.000	0.953	5	0.908	0.958	0.948	5	陕西	0.703	0.881	0.798	15	0.731	0.959	0.762	18
安徽	0.637	0.915	0.697	20	0.851	0.976	0.872	11	甘肃	0.688	0.937	0.735	17	0.489	0.99	0.494	27
福建	0.754	0.855	0.882	13	0.798	0.926	0.862	14	青海	0.378	1.000	0.378	30	0.229	1.000	0.229	30
江西	0.546	0.88	0.621	28	0.716	0.949	0.755	21	宁夏	0.423	1.000	0.423	29	0.286	1.000	0.286	29
山东	1.000	1.000	1.000	1	1.000	1.000	1.000	1	新疆	0.563	0.815	0.691	25	0.544	0.92	0.591	26
									均值	0.726	0.932	0.778	—	0.74	0.979	0.756	—

剔除了环境因素的影响时，各地区的水资源利用效率及相应排名均反映在 3-4 中。由表 3-4 可以得出以下结论。

（1）水权交易市场运行前后，各地区的水资源利用效率有了很大程度的改变。交易市场运行前北京市、江苏省、山东省和广东省处于生产前沿面上；而水权交易市场运行后，只有山东省和广东省仍然保持在生产前沿面上，但是其他省份的水资源利用效率都发生了不同程度的改变，名次也相应地发生了变化。水权交易试点中，内蒙古自治区、江西省、河南省、湖北省和广东省在进行水权交易后的效率值获得了很大程度的提高。在水权交易市场运行前后，宁夏回族自治区、湖北省、内蒙古自治区、江西省和广东省的排名均有所提升或保持不变，但宁夏的效率值下降了，而甘肃省的效率值下降的同时排名也有所下降。2015年，甘肃以张掖山丹县的水权交易成功开展为基础，建立起石羊河流域水权交易中心。宁夏回族自治区党委、区政府于 2015 年印发的《关于深化改革保障水安全的意见》才开始明确要求开展水资源使用权确权。以自治区配置到各县（市、区）的取水总量、初始水权为依据，建立区、县、乡三级水资源使用权配置体系。2014 年 7 月，水利部发文大力开展 7 省市的水权交易试点工作，试点内容包括水资源使用权确权登记、水权交易流转和开展、水权制度建设三项内容,试点时间为2～3年,而本文的数据截取至2016年,水资源利用效率的测算不能完全反映水权交易的效果。此外,宁夏回族自治区和甘肃省水资源利用效率下降与两个省区的用水结构存在着较大关系,两个省区农业用水占据绝对比重,通常农业用水量占据总用水量65%以上,工业和服务业相对落后,经济发展水平也相对较低,根据模型分析,这些因素是导致宁夏和甘肃两省区水资源利用效率下降的主要原因。虽然两个省区也是全国水权试点省份,但水权试点主要集中于农业灌溉用水户水权交易,由于工业和服务业发展相对较为缓慢,因而,由农业向工业和服务业转移的取水权交易量不大,灌溉用水户之间的水权交易实质上是农户之间的一种水权临时拆借,对用水效率提升的促进作用不大,这也是宁夏和甘肃两个省区作为水权试点省份,水资源利用效率值和排名反而下降的根本原因。

（2）从效率均值来分析,水权交易市场运行前后的水资源利用效率很大程度上受到规模效率的影响,而纯技术效率水平较高。该结果表明全国在技术层面水平较高,但由于规模效率较低,因此必须在加大研究投入力度的同时,还需要控制水资源的开发利用,避免水资源的过度消耗,全面强化节约用水,提高水资源的利用率。

（3）通过比较表3-2和表3-4,剔除了外部环境和随机因素的影响,交易市场建立前后的效率均值分别由(0.722,0.711)提升到(0.726,0.74),说明水资源利用效率显著地受到外部环境因素的影响。分地区来看,北京市、天津市、上海市、海南省等地区水资源利用效率排名明显下降,表明了这些地区在第一阶段的水资源利用率较高与其有利的外部环境密不可分。

4. 基于Malmquist指数的水资源利用效率动态分析

为进一步研究各地区的水资源利用效率从2006—2016年的动态变化,引入Malmquist指数模型进行分析。将剔除了环境因素的投入变量和原始产出变量代入Malmquist模型中测算,其动态变化如图3-1所示。

由图3-1可以看出,从2006年至2016年间,技术效率变化较为平

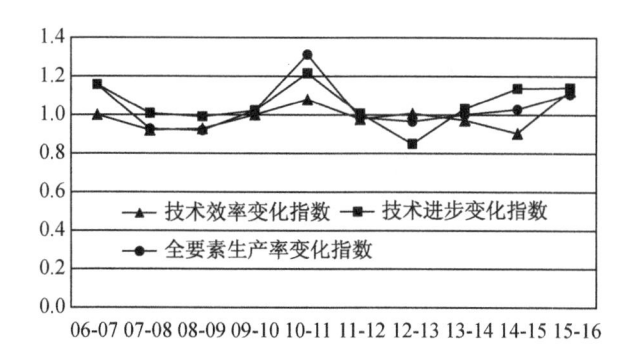

图 3-1　2006—2016 年 30 省市区 Malmquist 生产率指数均值及其分解指标

缓,技术进步变化和全要素生产率的变化较为剧烈,而且技术进步对全要素生产率的变化有显著的影响。值得注意的是,2011 年技术进步变化指数与全要素生产率变化指数都达到了峰值,可能是由于 2010 年底发布的"中央一号文件",颁布了最严格的水资源管理制度,使得用水效率得到明显提升。但由于没有对该制度的实行作出全面部署和具体安排,导致 2011 年至 2012 年间技术进步有下降的趋势,因此,国务院于 2012 年 1 月发布了《关于实行最严格水资源管理制度的意见》,该文件的颁布和实施促进了科技的进步和资金的投入,随之促进了 2012 年技术进步变化值的大幅度增长,从而带动了全要素生产率指数的大幅提升。2014 年之后,技术效率变化指数、技术进步指数以及全要素生产率指数均呈现上升的趋势。这种变化趋势一方面可能由于最严格水资源管理制度的实施,另一方面也可能源于水利部开始大力发展水权交易工作,这对于解决我国复杂的水资源问题,实现经济社会的可持续发展有着重要影响和深远意义。

(四) 研究结论

本文基于投入产出的生产函数思想,采用三阶段 DEA 模型和 Malmquist 指数方法,对 2014 年我国 30 个省份在 2006 年至 2016 年间的水资源利用效率进行了静态和动态分析及评价。结果表明,外部环境和随机噪声对各省份的效率有着显著的影响,在剔除了环境因素和随机噪声的干扰时,各省份的水资源利用效率发生了明显的变化。因此,采用三阶段 DEA 模型来测算各省的水资源利用效率是可行的。从水资源利用率测算的结果来看,各地区在水权交易前后的效率都发生了不同程度的改变,而各试点地区在水权交易后,水资源利用效率基本都得到了提高,排名基本上也都保持不变或有所上升。从 Malmquist 指数法中全要素生产率指数反映的动态变化来看,技术进步变化对全要素生产率指数有很明显的影响,技术发展有利于水资源利用效率的提高。

第四节 中国水权市场发展成效及存在的问题

(一) 发展成效

1. 建立了水权制度基本构架

水权制度是国家及有关部门针对水资源所有权、使用权、处置权等制定的关于水权配置、水权交易、水权监管等一系列法律、法规和政策规定。通过 20 多年水权制度建设,我国建立了水权制度的基本构架。

在所有权方面,我国法律对水资源所有权有明确规定。《中华人民共和国宪法》(以下简称《宪法》)规定水流属于国家所有,即全民所有。《水法》规定"水资源属于国家所有。水资源的所有权由国务院代表国家行使。"

在使用权方面,我国法律法规对取水权也有明确规定,2002 年新修订的《水法》明确了总量控制与定额管理制度,强调加强用水管理,实施取水许可制度和水资源有偿使用制度,首次提出取水权的概念。《水法》规定"直接从江河、湖泊或者地下取用水资源的单位和个人,应当按照国家取水许可制度和水资源有偿使用制度的规定,向水行政主管部门或者流域管理机构申请领取取水许可证,并缴纳水资源费,取得取水权",并规定"农村集体经济组织的水塘和由农村集体经济组织修建管理的水库中的水,归各该农村集体经济组织使用"。《物权法》规定取水权属于用益物权,取水权人依法对取用的水资源享有占有、使用和收益的权利。2006 年 2 月,国务院公布了《取水许可和水资源费征收管理条例》,对1993年颁布的《取水许可制度实施办法》作了全面修订,从内容与程序方面完善了取水许可制度,有助于在实践中落实水权管理,推进水权相关的制度建设,也有助于推动水权流转实践。2013年国务院办公厅印发《实行最严格水资源管理制度考核办法》,明确了各省区2030年用水总量控制指标,及2015、2020年阶段性目标。取水权的确立为水权制度建设进一步创造了必要条件。

在水权交易方面,2005年1月,水利部发布了《水权制度建设框架》,要求各级水利部门要充分认识水权制度建设的重要性,结合实际,有重点、有步骤、有计划地开展相关制度建设,逐步建立符合我国国情的水权制度体系。同时颁发的《水利部关于水权转让的若干意见》首次规定了水权交易的范围,明确了水权交易费和交易的年限,规定了水权交易的六项基本原则,即水资源可持续利用原则,政府调控与市场机制相结合原则,公平与效率相结合原则,产权明晰的原则,公平、公正、公开的原则,有偿转让和合理补偿的原则。最新出台的《水权交易管理暂行办法》更详细地从水权交易全过程进行规范,对可交易水权的范围和类型、交易主体和期限、交易价格形成机制、交易平台运作规则等作出了具体的规定,对当前水权水市场建设中的热点问题作出了正面回答,对现阶段水权交易理论研究的深度和实践经验的作出总结。

2. 基于水权制度的水资源管理实现了重大变革

在水资源紧缺和市场经济逐步完善的条件下,政府为解决好水资源的合理开发、优化配置、高效利用、有效保护等问题,必须对水资源实施政府宏观调控,加强事前管理和过程管理。然而,在取水许可制度实施以前,水资源管理一直缺乏有效的抓手。1988年《水法》颁布实施,确立了我国的取水许可制度。取水许可实质上是水权的一种行政配置方式,是水权的早期和原始表现形式,取水许可制度的实施,对推动全国取水许可管理工作步入法制化轨道,加强水资源统一管理,合理配置水资源以及促进计划用水和节约用水,遏制无序取用水资源起到了极其重要的作用。1993年国务院颁布实施《取水许可制度实施办法》,加强了水资源管理,节约用水,促进水资源合理开发利用。自1996年起,各级水行政主管部门按照《取水许可制度实施办法》和《取水许可监督管理办法》等积极开展工作,取水许可年审与取水许可日常监督管理已成为各级水行政主管部门的一项常规性工作。结合取水许可年审,对超计划用水依法进行了处罚,保障了计划用水、节约用水工作的开展,通过经济、行政等手段进一步完善了计划用水制度,提高了取水户的节水意识。

3. 完成了全国用水总量控制指标的分配

2013年初,为落实《关于实行最严格水资源管理制度的意见》(以下简称《意见》,国发〔2012〕3号),国务院办公厅印发《实行最严格水资源管理制度考核办法》(以下简称《办法》,国办发〔2013〕2号)。《意见》确立了到2030年全国用水总量控制在7 000亿m^3以内的目标。2010年全国用水总量为6 022亿m^3,为实现2030年的总量目标,此次阶段性分解的目标是到2015年将总量控制在6 350亿m^3,2020年控制在6 700亿m^3,2030年控制在7 000亿m^3。为实现有效评估,《办法》将用水总量控制的目标分解到了各个省区,具体见表3-5。用水总量控制的分解,为明确各省区初始水权奠定了基础。

实行地区用水总量控制,主要是为了倒逼各地从"扩张式发展"向"集约式发展"转变。水量控制的途径,包括采取调整产业结构、发展节约型产业等措施。根据《办法》,国务院将对各地落实最严格水资源管理制度情况进行考核。如果不达标,将被要求整改。整改期间,暂停该地区建设项目新增取水和入河排污口审批,暂停该地区新增主要水污染物排放建设项目环评审批。对整改不到位的,由监察机关依法依纪追究该地区有关责任人员的责任。

表3-5　各省、自治区、直辖市用水总量控制目标

单位:亿m^3

地区	2015年	2020年	2030年
北京	40.00	46.58	51.56
天津	27.50	38.00	42.20
河北	217.80	221.00	246.00
山西	76.40	93.00	99.00
内蒙古	199.00	211.57	236.25

(续表)

地区	2015年	2020年	2030年
辽宁	158.00	160.60	164.58
吉林	141.55	165.49	178.35
黑龙江	353.00	353.34	370.05
上海	122.07	129.35	133.52
江苏	508.00	524.15	527.68
浙江	229.49	244.40	254.67
安徽	273.45	270.84	276.75
福建	215.00	223.00	233.00
江西	250.00	260.00	264.63
山东	250.60	276.59	301.84
河南	260.00	282.15	302.78
湖北	315.51	365.91	368.91
湖南	344.00	359.75	359.77
广东	457.61	456.04	450.18
广西	304.00	309.00	314.00
海南	49.40	50.30	56.00
重庆	94.06	97.13	105.58
四川	273.14	321.64	339.43
贵州	117.35	134.39	143.33
云南	184.88	214.63	226.82
西藏	35.79	36.89	39.77
陕西	102.00	112.92	125.51
甘肃	124.80	114.15	125.63
青海	37.00	37.95	47.54
宁夏	73.00	73.27	87.93
新疆	515.60	515.97	526.74
全国	6 350.00	6 700.00	7 000.00

＊注：上述统计数据未包括香港、澳门特别行政区和台湾省数据。

4. 以黄河为典型代表的大江大河水权制度建设成效显著

以2002年新《水法》的实施为标志,我国的水资源管理形成了一套完整的行政分配体系。在水权实践中,黄河在我国大江大河中走在前列,我国目前的水权制度建设的思路主要得益于黄河流域的实践。

黄河水权制度建设可以划分为三个阶段,主要包括水权配置制度与水权监管制度建设。第一阶段从1978年至1986年,为水权制度变革的酝酿期。第二阶段从1987年至1997年,为水权制度的迅速发展期。1987年,国务院批准正常来水年份《黄河可供水量分配方案》。但是该方案仍存在不少制度设计和实施上的缺陷,包括初始权利界定不尽合理,取水许可管理不完善,特别是没有建立水量分配的实施机制,使分水方案难以有效落实,个别省份违规超采问题突出,没有能够有效解决地区之间的争水矛盾,这是黄河在20世纪90年代连年断流的重要原因。第三阶段是1998年以来,为水权制度的加快建设完善期。1998年水利部和国家计委联合发布《黄河可供水量年度分配及干流水量调度方案》,1999年水利部黄河水利委员会(以下简称黄委会)依据《黄河水量调度管理办法》正式实施流域水资源统一调度。黄委会为此成立了调度实施部门,以行政手段为主的监控机制迅速增强,水文监测力度也明显加大。2002年的新《水法》正式确立了流域管理机构的法律地位,赋予流域机构统一管理和调度流域水资源的职权。依据新《水法》和新的治黄实践需求,国务院2006年7月颁布实施了《黄河水量调度条例》,是进一步加强黄河水资源统一管理和水权制度建设,提高黄河水资源可持续利用法制化的重要标志。

水权制度建设在黄河实践中已收到良好成效。2000年以来,在来水持续偏枯的情况下,黄河实现连续多年不断流,取得了显著的经济社会和生态环境效益。这一重要成就的取得,主要归功于强化了水量统一调度管理,落实了1987年国务院颁布的黄河分水方案,实现了流域各省区有序引水和规范用水等。黄河防断流实践是非常成功的制度变迁。通过实施水量统一调度,强化了区域用水的总量控制,确立了新的水权规则和用水激励机制。沿黄各省区对这一制度变迁作出了有效的响应,各种用水主体的行为随即发生了积极变化,黄河流域的水资源分配和利用开始进入良性轨道。

5. 典型地区的水权交易试点工作起到良好的示范效应

黄河中上游的宁夏、内蒙古的水权转换工作,是我国水市场探索中的重要范例。地方政府通过调整用水结构、大力推行灌区节水等方式,控制了用水总量,加大了水权转换力度,探索出了水资源优化配置的有效途径。2004 年 5 月,水利部出台了《关于内蒙古宁夏黄河干流水权转换试点工作的指导意见》,紧接着黄委会发布了《黄河水权转换管理实施办法(试行)》,为黄河上中游地区的水权转让提供了依据。仅 2003 年至 2008 年五年间,黄委会就审批 26 个水权转换项目,其中内蒙古 20 个,宁夏 6 个,合计转换水量 2.28 亿 m^3,节水工程总投资 12.26 亿元。试点地区在未增加黄河取水总量的前提下,为当地新建工业项目提供了生产用水。鄂尔多斯市 14 个受让水量的工业项目,由于水权转换每年新增的工业产值达 266 亿元。以宁夏—内蒙古地区的水权转换为代表的取水权交易,是三种类型的水权交易中运用范围最广和有着较好前景的项目。目前在水交所挂牌交易的案例中,取水权交易的数量最多,共有 7 个。

水权转换为缓解黄河流域水资源供需矛盾,促进节水型社会建设,保障经济社会发展用水需求,作出了积极贡献。水权转换试点在实践中取得了"多赢"的效果,产生了良好的示范效应。一是在未增加黄河取水总量的前提下,为当地新建工业项目提供了生产用水,促进了区域经济快速发展;二是拓展了水利融资渠道,灌区节水工程建设速度加快,提高了水资源利用效率和效益,实现了水资源优化配置;三是保护了农民合法用水权益,输水损失减少,水费支出下降,为农民赢得了实惠。水权转换试点探索了一条农业支持工业、工业反哺农业的经济社会发展新路,有利于维持黄河健康生命,有利于保障黄河水资源的可持续利用。

6. 53 条跨省主要江河开展了水量分配工作

我国于 2011 年启动第一批跨省主要江河水量分配工作,于 2013 年启动第二批跨省主要江河水量分配工作,截至目前,已初步完成全国两批七大流域 53 条跨省主要江河的水量分配工作。为了落实最严格水资源管理制度,在有关部委的组织协调下,水资源司、规计司、水利水电规划设计总院加强了水量分配工作的技术支撑和指导,松辽水利委员会、海河水利委员会、黄河水利委员会、淮河水利委员会、太湖流域管理局、长江水利委员会、珠江水利委员会等有关单位加大了水量分配工作力度,积极组织跨省重要江河水量分配方案的技术咨询、技术协调、技术审查、行政协调和报批,明确跨省主要江河省界监控断面及监管要求,落实省界监控断面水文基础设施建设,按时开展水量分配工作的信息反馈和监督检查,克服水量分配工作的重重困难,初步完成了53条跨省主要江河的水量分配工作。

(二) 尚存在的主要问题

1. 水权制度建设中政府与市场的关系尚未理顺

由于水资源流动性、外部性、不确定性、自然垄断等特点,水资源配置过程中存在着广泛的"市场失灵"问题,单纯依靠自由市场无法导致有效的社会产出。因此,水管理中需要广泛的政府介入和政府干预。比如在水资源的分配中,行政方式更多地成为一种现实选择,有以下理由:水资源是生命、生活和生产的基础,它的配置首先是对安全性、公平性和社会可接受性的关注;水资源由于涉及所有人的利益,它的分配需要集体行动,而且通常是大规模的集体行动;由于水文特征的不确定性,"市场失灵"问题在水资源配置中,通常比其他资源严重得多,这就需要政府扮演主导性角色;水资源的配置伴随着大量的利益冲突,需要经常性的谈判、协商或强制性的协调。

中国的国情水情,决定了当前在水治理中仍然要更好地发挥政府的作用,通过履行宏观调控、市场监管和公共服务等职能保障水安全。同时,在市场经济条件下,需要不断扩大市场在水资源配置和水务管理中的作用,通过提高效率和吸纳社会参与改进水治理。水治理中政府与市场的关系,不是相互割裂、相互对立、相互排斥,而是相互结合、相互补充、相互促进。

2. 三种主要的水权交易形式整体上仍不活跃

《水权交易暂行办法》(2016)规定了三种主要的水权交易形式:区域水权交易、取水权交易、灌溉用水户水权交易。从我国现实状况看,三种主要的水权交易形式整体上发展仍不活跃。

在《实行最严格水资源管理制度考核办法》(国办发〔2013〕2号)颁布之前,各地的取水许可并未设定总量的限制,因此不少地区获得的取水许可权限超过了实际需要的取水量。2013年,该考核办法将用水总量分解到各个省区,各省区的分配量一方面依据了全国"2015年将总量控制在 6 350 亿 m^3,2020 年控制在 6 700 亿 m^3,2030 年控制在 7 000 亿m^3"的控制原则,另一方面也参考了各地以往获得的取水许可权。这样就导致了不少地区的实际用水量尚未达到甚至远低于考核办法设定的用水总量的状况,而且未来随着产业结构的调整、节水技术的推广应用等原因,各地的用水总量可能呈现平稳发展甚至会有所下降的态势,这就使区域水权交易在部分地区缺乏了现实基础。

目前取水权交易的主要形式是行业间实行的水权转让。黄河中上游的宁夏、内蒙古的水权转换工作取得了重要进展,但从全国看尤其是在南方丰水地区,尚未形成一定的规模。

目前的灌溉用水户水权交易大多是在地方政府的强有力推动下进行的,这种交易方式由于行政成本较高、交易收益小、农户用水定额往往不切实际等原因,难以形成一定的规模。

3. 初始水权[①]明晰和界定尚不完善

部分流域和地区取水许可制度实施不够规范,水权确认制度尚需健全。目前在北方地区,很多取用地下水的取水户(尤其是农业灌溉)没有取得取水许可证;在南方地区,部分流域和地区的取水许可水量大于实际需水量的情况也较普遍,以此为初始水权额度将显失公平。此外,部分区域还存在重复发放取水许可证和发放取水许可证不够规范问题,例如有的地方把取水许可证仅发给供水工程的管理单位,但有的地方除了发给供水工程的管理单位之外,还进一步发给供水工程的用水户。此外,我国用水户特别是农业部门的取用水计量和监测设施不够完善,计量监测设施需要大量的建设和运行维护以及日常管理费用,而地方财力不足。

---

① 初始水权是指国家明晰给区域、取用水户的各种水资源使用权。

4. 水权交易制度尚缺乏明晰的规定或尚有缺失

一是水权交易制度尚处于试行阶段。2016年颁布的《水权交易管理暂行办法》尚处于试行阶段,针对不同区域的适用性尚有待完善。现行的水权交易大多是各地依据自身实际作出的探索,做法不一,一些做法与现行取水许可制度还存在不衔接甚至是不相符的问题。如水权交易如何评估对第三方造成的利益损害,如何建立国家、流域、区域多层次的水权交易平台等尚需做出明确的规定。

二是部分制度尚显缺失。目前的取水权交易的主要形式是水权转换,并在黄河中上游的宁夏、内蒙古取得了重要进展,但水权在从农业向工业转换过程中,可交易水权量如何确定、如何定价、如何实施对生态及第三方的补偿等问题尚缺乏明确的规定。关于农村集体经济组织的山塘、水库在确权过程中涉及到如何对待取水历史、如何合理分割等问题时亦缺乏明确的规定。同时,水权确权并未作为水权交易的前置条件,区域可交易水权的期限的法律依据有限。

三是部分制度尚需进一步落实和完善。其一,《取水许可和水资源费征收管理条例》规定的一系列水权保护制度在实践中尚未完全得到落实。例如,根据该条例第48条的规定,未经批准擅自取水或者未按照批准的取水许可规定条件取水,应当依据《水法》给予处罚;给他人造成妨碍或者损失的,应当排除妨碍、赔偿损失。但实践中,对于超额取水的,往往只通过加征水资源费进行处罚,对受侵害的他人权益,较少能够得到赔偿。其二,农民用水权保障薄弱。一方面,目前《水法》虽然已经对农村集体经济组织水使用权作出了规定,但是,由于现实的多样性,法律的原则规定还不足以满足权利行使保护的要求。例如如何界定该类权利的边界,针对农村集体经济组织的多样化,权利主体如何明确等,在没有权利凭证加以清晰化的情况下,容易引发权利纠纷。另一方面,从农业用水向工业和城市用水转换是目前水权交易的重要形式,也是今后水权交易发展的重点,然而,在相关水权交易中,灌区农民的参与不足,如何在农业用水转换中充分保护农民用水权,也是今后需要研究的重要问题。

(三) 对策建议

要进一步推进水权改革,活跃水权交易市场,当务之急是加强顶层设计,打牢水权基础,并因地制宜实施推进策略。

1. 加强水权制度顶层设计

一是加速涉水法规制修订工作。适应水权改革需要,修订《水法》和国务院 460 号令《取水许可和水资源费征收管理条例》等。明确水权定义,水权的物权属性、权利义务、期限,确权主体、对象、程序,可交易水权等。完善水权确权及交易制度、建立健全水权保护制度、水市场监管机制、社会监督和公众参与机制等。鼓励地方围绕水权确权及交易开展地方水法规制修订工作。

二是完善取水许可制度。适应水权改革需要,完善取水许可制度,充分体现市场机制配置水资源的作用,使得水资源管理制度得到继承和发展。

三是建立水资源配置一级市场。建立水资源配置的一级市场,水权交易的二级市场才能活跃。创新政府对水资源的微观配置方式,进一步划清政府与市场的职责和作用,大幅度减少政府在水资源微观配置环节中的直接配置,对经营性用水的,可采取政府有偿出让水资源使用权的方式予以配置。

2. 打牢水权基础

一是完善水资源配置。进一步完成区域水资源分配,抓紧完成江河水量分配;全面开展行业用水配置,重视生态用水权的配置。

二是加强相关设施建设。加强农田水利工程建设和管理,重点加强农村小型水利工程和末级渠系管理;完善水资源计量与监测设施,包括斗渠以下的计量与监测;按照国家改革要求,整合水权交易平台。

三是深化水权理论研究。深入总结试点做法与经验,发现水权确权及交易的发展规律,研究中国水权制度特点、水权产权属性、权利体系构成等;深入开展水权理论及相关理论研究,运用法学、经济学等理论解释水权制度建设中的相关问题,并创新和发展水权理论,指导水权制度建设实践。

四是在全社会形成共识。要在各级政府及其水行政主管部门达成共识,切实认识水权改革的现实需求,将思想认识统一到使市场在水资源微观配置中起决定性作用上来。同时,引导用水户及全社会重视并参与到水权制度建设中来。

3. 实施水权制度推进策略

总策略是分类实施,逐步推进。

一是水权确权及交易需求大,取水许可等水资源管理基础工作好的地方,可先行先试,积极推进。

二是水权确权及交易有需求,但区域用水总量控制指标分解及水量分配未完成、取水许可等基础工作薄弱的地方,可先加强基础工作,规范取水许可,抓紧开展水权确权登记发证工作,条件成熟后再推进水权交易。

三是水权确权及交易暂时没有需求的,可通过政策宣传,鼓励和引导认识开展水权确权及交易的重要性与必要性,为以后开展水权确权及交易奠定思想基础。加强水资源宏观配置,抓紧完成区域用水总量控制指标分解和江河水量分配等基础工作,为今后推进水权改革创造条件。

Ⅱ 试点篇

第四章
全国水权试点省份水权交易情况与改革经验

十九大报告提出统筹山水林田湖草系统治理,随后的国家行政机构改革亦将各种资源的确权登记及相应管理职能统一归并至新成立的自然资源部,山水林田湖草产权统一管理是自然资源资产产权制度建设的重要方向,而当前水资源的权属管理较之其他自然资源处于相对落后的局面,因此,加快水资源产权制度改革是协调山水林田湖草系统治理的客观要求。为贯彻落实党的十八届三中全会提出的对水流等自然生态空间进行统一确权登记,以及推行水权交易制度等会议精神与决策部署,水利部选择河南、宁夏、江西、湖北、内蒙古、甘肃和广东7省(自治区)开展水权试点。同时,浙江、山东、河北、山西、新疆、陕西等省(自治区)也开展了省级水权改革试点,相比之下,宁夏等7省(自治区)的国家水权试点更具代表性,因此,以下重点对国家试点的7个省(自治区)水权改革经验进行总结与比较。正如王亚华(2017)提出,现代水权制度包括水权配置制度(分配与确权)、水权交易制度、水权监督管理制度三个子体系,其中水权确权登记是水权配置的结果和状态。因此,此次国家水权试点包括水资源使用权确权登记、水权交易流转和水权制度建设三项内容。经过3年多探索,国家7个水权改革试点工作基本完成,试点中重点探索了不同类型用水户的水权确权工作,以及不同模式的水权交易机制和制度建设。

从试点省(自治区)的横向比较来看,国家7个试点省(自治区)水资源禀赋不同,经济社会发展对水资源需求存在差别,因此,水权试点侧重点各异,水权改革的经验和做法也各具特色。试点总体上形成了切合地方实际、充分尊重地方水情、行之有效的可复制可推广经验,为全国层面推进水权制度建设提供经验借鉴和示范。

第一节　全国水权试点的总体成效

(一) 水资源使用权确权登记

水权确权登记是水权交易的基础和前提,权利界定是整个水权制度建设的关键和重点环节。宁夏、江西及湖北三个省(自治区)主要试点水权确权工作,重点完成了以下三方面试点,一是对纳入取水许可的取用水户,通过规范取水许可管理,发放取水许可证,完成水权确权登记;二是对农民用水户协会,甚至有条件地区的农业用水户发放农业水权证,实现对农业用水的确权登记;三是通过工程产权确权实现对农村集体经济组织及其成员的水塘水库水资源使用权进行确权登记。水权确权方面,全国试点省份主要取得以下成效。

1. 基本探明了水权确权的类型和路径

在区域层面,通过区域用水总量控制指标分解、江河水量分配、跨流域调水水量分配等方式,明确区域取用水总量和权益。内蒙古开展的鄂尔多斯和巴彦淖尔等盟市间的水权交易,其前提就是明确了各自的区域用水总量控制指标和引黄河水的水权指标。河南开展的平顶山、新密等地区之间的南水北调水权交易,其基础则是明确了河南各有关市的南水北调水水权指标。在取用水户层面,主要有2种类型:一是纳入取水许可的取用水户,根据《取水许可和水资源费征收管理条例》(以下简称460号令),由具有审批权限的水行政主管部门,通过发放取水许可证,明确取水权;二是灌区内农业用水户,由地方政府或授权水行政主管部门,通过发放水权证明确水权。如宁夏通过规范取水许可管理,向60家企业发放取水许可证,确权水量1.27亿 m^3;向乡镇、农民用水协会和用水大户发放农业水权证353本,确权水量为45.64亿 m^3,覆盖了4 293个灌区农业直开口。江西在新干、高安、东乡3个试点县(市,区),对纳入取水许可管理的取用水户、灌区内用水户及农村集体经济组织水塘和水库中的水资源分类进行确权,共发放取水许可证或水权证400余本,确权水量0.74亿 m^3。

2. 将区域用水总量控制指标作为水权确权"外包线",确保确权总水量不超过区域用水总量控制红线

宁夏、江西、甘肃等开展水权确权试点的地区均把完成区域用水总量控制指标分解和江河水量分配作为取用水户水权确权的基础工作。如宁夏在水权确权过程中,以国家分解下达的2015年用水总量控制指标为确权水权的最大"外包线"。在实际对各县(区)区域水权分配过程中,还扣除了渠道的沿途输水损失。在具体确权过程中,以现状实际用水量为基准,结合各县(区)用水总量控制指标确定可确权的最大水量。对于现状实际用水量未超过用水总量控制指标的县(区),可按照现状用水平衡后确权;现状实际用水量超过用水总量控制指标的县(区),则严格按照总量控制的原则,在各直开口实行同比例核减水权指标。

3. 加强取水许可动态管理,为取水权确权奠定基础

宁夏、江西、甘肃等开展水权确权试点的地区都积极落实取水许可制度,把取水许可动态化管理作为取水权确权的重要环节。如甘肃由省政府办公厅转发了《关于加强取水许可动态管理实施意见》,要求严格水资源论证、取水许可申请、现场核验、计划用水和延续换证等过程管理,加强事中事后监管,建立闲置取用水指标认定和处置制度等。落实该实施意见,酒泉市对试点区域内工业、城市生活取用地下水的机井持证单位开展了取水许可动态管理,共换发取水许可证635本,确定了这些取用水单位的取水权。

4. 融合推进农村水权确权与其他相关改革

特别是注重水权确权与农业水价综合改革、小型水利工程产权改革等改革之间的关联,统筹推进,较好地发挥了各项改革的综合功效。一是农村水权确权和水价改革相结合,主要是将水权确权作为农业水价综合改革的重要内容,以水权为依据实行差别化水价。如甘肃疏勒河流域对水权额度内的农业用水,执行基本水价;超水权额度的,按基本水价的2倍收取。二是农村水权确权和农村小型水利工程产权改革相结合。湖北宜都将农村堰塘工程确权与水权确权相结合,水权与工程产权相互匹配,水权成为有源之水,工程成为有水之源,两权落在一

处,充分调动了农民用水、管水的积极性。

(二) 水权交易流转

水权交易市场是经济领域处理水资源竞争性利用问题、高效配置稀缺的水资源的一种有效制度安排,同时也是水权改革的最终目的。内蒙古、河南、甘肃、广东四个省（自治区）各有侧重地试点多种形式的水权交易模式,重点在以下四方面实现了突破：一是建立了适合本省（自治区）的水权确权制度,为实现水权交易确立法律前提;二是新建或依托现有机构实现水权交易的平台化,发挥平台对水权交易的催化作用;三是摸索了兼顾公平和效率的水权价格形成机制,实现市场价格机制对提高水资源配置效率的杠杆作用;四是加强了水权交易流程监督管理及水权用途的管制,从而保障水权交易的规范有序。四个水权交易试点省（自治区）的交易情况如表 4-1 所示。

表 4-1　水权交易试点省（自治区）的交易情况

试点省（自治区）	交易类型	交易水量	交易效果
内蒙古	跨盟市水权交易	巴彦淖尔市向鄂尔多斯市、阿拉善盟转让水量 1.2 亿 m^3/a	每年节约引黄耗水量 15 亿 m^3,解决近 60 个大型工业项目、2 600 亿元工业增加值提供用水指标
河南	南阳市与新郑市	2.4 亿 m^3/a	缓解了河南省不同地市之间水资源的供需矛盾,充分发挥南水北调工程的综合效益
	南阳市与登封市	每年 1 000 万 m^3 用水指标	
	平顶山市与新密市	跨流域、跨区域水权交易	每年转让 2 200 万 m^3,连续转让 20 年	
甘肃	行业和用水户间水权交易	—	建立了多级互联互通的水权交易信息平台,涉及农户 17.37 万人,充分调动了全社会节约保护水资源的主动性和积极性

(续表)

试点省(自治区)	交易类型	交易水量	交易效果
广东	流域上下游间水权交易	惠州市向广州市出让用水总量控制指标514.6万 m³/a、东江流域取水量分配指标10 292万 m³/a	有效解决了广州市用水问题，同时为惠州市筹集2 218万元节水资金

具体而言，水权交易方面的试点成效如下。

1. 基本探明了可交易水权的范围和类型

可交易水权是指权利人可据以开展交易并获益的水权，属于水权收益权能的重要体现。通过试点探索，哪些水权可以交易已经基本清晰。一是区域水权交易方面，可交易水权应当限定在区域用水总量控制指标、江河水量分配或跨流域调水水量分配完成后，行政区域之间节约或节余的水量。如河南省开展的省内南水北调水权交易就是平顶山市等地区节余的水量。二是取水权交易方面，可交易水权的确定需要根据取水权取得方式的不同而有所区别。其中，直接向政府申请取水许可无偿取得的取水权，可交易水权应当严格按照460号令规定，限定在通过节水措施节约的水资源，如内蒙古转让给工业企业的取水权，就是灌区通过节水改造节约出的水资源；通过水权交易有偿取得的取水权，则没有此类限制。三是灌溉用水户水权交易方面，可交易水权的确定需要根据交易对象而有所区别。其中，将农业水权跨行业转让给工业的，可交易水权需要限定于通过节水措施节约的水资源，如宁夏中宁县转让给中宁电厂的219万 m³ 水权，就是舟塔乡通过农业节水改造和种植结构调整节约出的水资源；而灌区内农业用水户之间的水权交易，则没有此类限制。

2. 建立政府建议价与市场协议价相结合的水权交易定价机制

在开展水权交易的初期，建立政府建议价与市场协议价相结合的定价机制，有利于降低交易成本，保障交易顺利开展。河南开展水权试点初期，平顶山市和新密市对交易价格反复协商，但由于缺少参考，新密市担心交易价格过高，而平顶山市则担心交易价格过低。在这种情况下,河南省水利厅及时制定出台了《关于南水北调水量交易价格的指导意见》(豫水政资〔2015〕31号),明确了水量交易价格以省发改委明确的综合水价(基本水价和计量水价)为参考,也可根据交易双方协商意见,在综合水价的基础上适当增加一定的交易收益费用作为转让方的补偿。该建议参考价为双方顺利达成意向协议奠定了重要基础;后来的几宗交易也均以该建议参考价为基础进行协商,推动了交易的顺利进行。

3. 建立水权交易平台,为水权交易提供支撑

水权交易平台是水权交易市场培育的重要组成部分。为推动开展水权交易,水利部于2016年正式成立水交所,发挥了国家水权交易平台的引领和示范作用,水交所成立以来以交易系统开发和交易平台建设为重点,扎实推进水权交易主营业务,共促成172单水权交易,交易水量27.79亿 m^3,交易价款16.86亿元,其中区域水权交易7单、取水权交易70单、灌溉用水户水权交易95单,实现了三种交易类型全覆盖。为陕西、安徽、山西等9省(自治区)水权改革提供技术服务,涉及合同额1 285万元。内蒙古、河南、宁夏等试点地区也搭建了地方水权收储和交易平台(如图4-1、图4-2、图4-3)。如内蒙古于2013年成立了我国第一个省级水权交易平台——内蒙古水权收储转让中心。其主营业务包括:自治区内盟市间水权收储转让业务;行业、企业结余水权和节水改造结余水权的收储转让;投资实施节水项目并对节约水权收储转让;新开发水源(包括再生水)的收储转让;水权收储转让、交易咨询、评估和建设;国家和流域机构赋予的其他水权收储转让交易业务。在实践中,内蒙古水权收储转让中心积极发挥其在水权收储和水权交易方面的作用。截至2018年5月,该中心作为第三方就转让的1.2亿 m^3 水指标,与转让方、受让企业分别签订了三方合同。

图 4-1 内蒙古成立水权收储转让中心

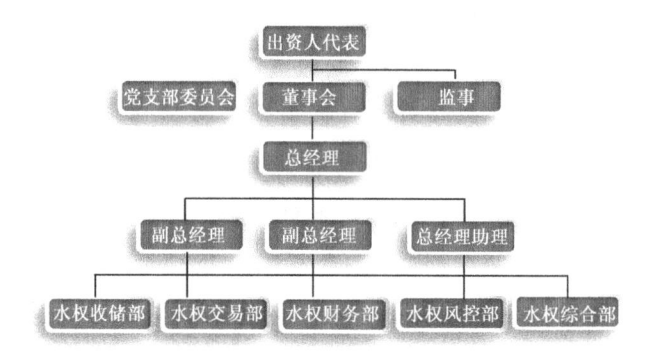

图 4-2 内蒙古水权收储转让中心组织架构

图 4-3 河南省水权收储转让中心成立图

(三) 水权制度建设

国家层面,水利部于 2016 年出台了第一部完整的、真正意义上的水权交易管理规范性文件《水权交易管理暂行办法》,明确水权交易的类型和交易程序,并出台《关于加强水资源用途管制的指导意见》,对水权的用途进行规范。

同时,国家 7 个试点省(自治区)也出台了一系列制度办法。宁夏、江西将水权确权和交易纳入了水资源条例,2016 年颁布的《宁夏回族自治区水资源管理条例》明确"县级以上人民政府应当依法对水资源使用权进行确权登记,水资源使用权可以依法进行转让或者交易。"无独有偶,为使水权制度改革于法有据,以及更好地指导和促进水权试点工作,江西省在 2016 年新修订的《江西省水资源条例》第三十九条规定:"省人民政府水行政主管部门应当根据国家和省的有关规定开展水资源使用权确权登记工作,推行水资源使用权的转让。"湖北宜都市经过征求各成员单位、乡镇、行政村及受益群众的意见后,出台了《宜都市农村集体水权确权登记办法》,对确权主体、条件、程序等内容进行了规定。

水权交易制度建设方面,内蒙古、河南、甘肃和广东四省(自治区)均出台了水权交易管理方法或试行办法,明确水权交易的范围、类型、平台交易程序、交易费用、期限以及交易管理等内容。此外,内蒙古、河南还出台了闲置取用水指标或用水结余指标处置办法,对闲置水指标或用水结余指标进行认定,规定了闲置水指标或用水结余指标的处置办法以及预防与监督措施。国家水权试点省(自治区)出台的水权交易制度文件见表 4-2。

表 4-2　国家水权试点地区出台的水权制度文件

序号	试点省(自治区)	出台制度文件
1	宁夏	《宁夏回族自治区水资源管理条例》
2	江西	《江西省水资源条例》(2016 年修订)
3	湖北	《宜都市农村集体水权确权登记办法》

(续表)

序号	试点省（自治区）	出台制度文件
4	内蒙古	《内蒙古自治区闲置取用水指标处置实施办法》 《内蒙古自治区水权交易管理办法》
5	河南	《南水北调取用水结余指标处置管理办法（试行）》 《河南省南水北调水量交易暂行办法（试行）》 《河南省水权交易规则》
6	甘肃	《疏勒河流域水权交易管理暂行办法》 《关于加强取水许可动态管理的实施意见》
7	广东	《广东省水权交易管理试行办法》

第二节　全国3个确权试点省（自治区）的水权探索与实践

（一）宁夏水权确权试点的探索与实践

1. 试点背景

宁夏地处黄河上中游地区，辖5个地级市、22个县（市、区）。2018年地区生产总值3 705.2亿元，其中工业增加值1 124.50亿元，粮食总产量392.6万t。干旱少雨、生态环境脆弱，水资源短缺是制约自治区经济社会发展的最大瓶颈。全自治区多年平均年降水量289 mm，年水面蒸发量1 250 mm，干旱半干旱面积占全自治区总面积的75%以上。当地水资源总量11.6亿m^3，仅为全国平均的1/12，经济社会发展完全依靠国家限量分配的黄河过境水资源。水是事关宁夏战略全局、事关百姓福祉、事关长远发展的大事。

2014年6月，宁夏被水利部确定为七个水权试点省区之一，2014年12月宁夏编制的《宁夏回族自治区水权试点方案》通过水利部审查，2015年2月水利部、宁夏回族自治区人民政府批复《宁夏回族自治区水权试点方案》，宁夏水权试点建设工作正式启动实施。试点以农业和工业水资源使用权确权登记为重点，利用3年时间，完成自治区水资源使用权确权登记工作,建立水资源使用权确权登记制度,完善水权分配制度,为全国水权制度建设提供经验和示范。

2. 试点的目标任务

(1) 总体目标

2014年力争完成引扬黄灌区农业用水确权对象、数量及用水基本情况资料收集及整理;2015年完成农业用水确权工作;2016年完成工业用水确权工作;2017年开展确权登记证发放工作,完成生活、生产黄河水资源使用权登记工作,建立水资源使用权用途管制制度。

(2) 主要任务

重点是开展水资源使用权确权登记工作。按照区域用水总量控制指标,开展引黄灌区农业用水以及当地地表水、地下水等的用水指标分解;在用水指标分解的基础上探索采取多种形式确权登记;建立确权登记数据库;开展确权登记制度建设,在已列入立法计划的《宁夏水资源管理条例》中纳入确权登记等内容,并出台专门的确权登记政策文件。在确权登记基础上,可进一步探索开展多种形式的水权交易流转。

3. 试点工作主要做法

(1) 坚持高位推动,突出主体责任

自治区党委、政府2015年印发的《关于深化改革保障水安全的意见》,明确要求开展水资源使用权确权登记。2016年自治区党委、政府把水资源使用权确权登记和水权交易分别列为农业农村工作要点、自治区政府重点改革任务事项,并将各市、县(区)水资源使用权确权登记工作和水权交易试点完成情况纳入最严格水资源制度考核内容。自治区组织召开宁夏水资源使用权确权登记启动工作会议,对水权试点工作进行全面部署,统筹协调,抓好落实。指导各地因地制宜制定具体实施方案,加强技术培训和监督指导,组织编制了水资源使用权确权登记工作技术细则,逐级细化工作方案,明确各市、县(区)人民政府的主体责任和相关部门的工作职责,各项目标任务的时间节点。组织对各市、县(区)确权方案、登记工作进展情况等进行了多次现场督查和复核,现场解决相关问题。

(2) 全面开展摸底调查,合理确定确权对象

一是确定了确权范围。宁夏地域虽小,但有山有川,各地条件差异较大。既有引黄灌区,又有库井灌区,引黄灌区既有拥有2 000多年历史的古老灌区,又有近30多年来新开发的扬黄灌区。各县(区)根据灌区不同特点和问题,以不增加新的供需矛盾、社会成本最小化、保持社会稳定为原则,引黄灌区以干渠直开口为工作单元进行统计细化;山区库井灌区以供水工程为单元进行调查、复核和确认;工业以已办理取水许可证的取用水户为单元,确认取用水户使用权。

二是统一了确权口径。由于宁夏引黄灌区是全国唯一一个有灌有排的特殊灌区,初始水权分配有用水总量控制指标和国务院黄河"八七"分水方案耗用黄河水指标两种口径。为了确保确权指标能计量、能监控,本次确权按照用水总量控制指标进行确权登记。

三是控制确权总量。国家最严格水资源管理制度分配宁夏2015年取水总量73.00亿 m^3,其中黄河水64.94亿 m^3。由于宁夏农业用黄河水均由干渠直接从黄河取水,通过长距离输水至沿途各市、县(区)进行灌溉,为有效计量和反映各市、县(区)用水实际情况,经扣除干渠损失后,各市、县(区)黄河水确权登记控制总量为55.41亿 m^3。

四是明确发证对象。根据实际情况,确权发证到乡镇,有条件的发放到农民用水协会或者用水户,山区库井灌区确权发证到村、协会或用水户。

五是明确了确权年限。根据《取水许可和水资源费征收管理条例》,取水许可证有效期限一般为5年,取水许可证也是满5年予以延续和换发。本次水资源使用权确权登记的年限最长不超过5年,且全部截止到2020年。

(3) 统筹考虑灌溉面积,探索多种确权方法

水资源确权需要考虑的综合因素很多,在农业用水中更应充分考虑土地权属问题。目前涉水面积有多种统计口径,存在的差异给落实定额管理和水资源确权带来了很大困难。鉴于这种现状,农业用水按照不同的灌溉条件,采用不同的方式进行确权。一是引黄自流灌区以调查统计近5年各直开口实际用水量为基础,再结合县(区)内用水总

量指标平衡确定。二是扬水灌区和山区库井灌区按照工程设计灌溉面积,采用定额法,并结合近年用水实际进行确定。

(4) 坚持依法确权,维护合法权益

严格执行《建设项目水资源论证管理办法》等国家有关法律法规,对于2002年以后,未履行水资源管理相关手续的灌区新增农业用水户和工业企业,根据生产规模和用水实际预留用水指标,进行灵活调节,但不进行确权,督促完善手续后再进行确权登记。

(5) 加大确权宣传力度,积极营造浓厚氛围

各市、县(区)采取各种形式,深入宣传确权登记工作的方针政策。如中宁县通过报纸、电视、网络、宣传标语等方式,大力宣传水资源使用权确权登记发证工作意义和方法步骤。一是发布公告,通过县政府网站、县水务局网站将实施方案等有关事宜进行公开,同时县政府还印制了大幅通告,张贴到每个行政村;二是在媒体开辟专栏,在县电视台开辟《中宁水利》宣传专栏,随时宣传报道开展情况;三是制作印制有水资源使用权确权登记宣传资料的中性笔20 000支、纸杯90 000个赠送各成员单位,结合"三下乡"活动,深入乡镇、企业、社区、学校、集市发放宣传资料。红寺堡区充分利用当地电视台滚动播放水权确权公告,通过悬挂横幅、发放宣传资料等多种形式进行宣传,发放《致广大农民朋友的一封信》6 000余份,5个乡镇将水权确权登记工作精神传达到每户村民,同时采取不同方式进一步做好有关政策学习宣讲工作,取得社会各界的支持。

4. 试点取得的成效

2014年,水利部确定宁夏为全国水资源使用权确权试点省份之一;2016年,宁夏被水利部、自然资源部列为全国水流产权确权试点,主要开展水资源使用权确权工作,并研究水资源使用权物权登记的途径和方式;2017年,宁夏成为全国首个通过验收的水权试点省份;2019年4月,水流产权确权试点通过国家验收。通过试点,共发放取水许可证2 039本,水权证471本,签订协议1 904份,涉及生活、生产、生态用水,确权水量57.2亿 m^3,占国家分配控制指标的90%。通过水资源确权,形成了自治区、市、县三级初始水权控制体系,建立了最严格水资源

管理控制指标体系与农民用水者协会相结合的管理模式,进一步强化了水权约束力,各级政府、水管单位、用水者协会和群众的水权理念和水权意识逐步增强,为推进市场配置水资源奠定了基础。通过明晰各干渠直开口水权水量,为年度水量分配、计划用水、水量调度、用途管制、监督考核、节水奖惩等水资源日常管理工作提供了重要基础支撑,进一步加强了水资源精细化管理工作。

(二) 江西水权确权试点的实践与经验

江西省位于长江中下游南岸,境内水系发达,全省多年平均年降水量 1 638 mm,多年平均年水资源总量 1 565 亿 m³,水资源量丰质优。然而,江西用水结构复杂,用水效率偏低,用水总量指标紧张,水环境问题日趋突出,局部地区取用水户间在枯水时段存在矛盾纠纷。治理解决水问题,充分发挥水优势,是江西省在经济社会升级提速阶段的重要保障,也是江西省生态文明先行示范区建设的重要基础。2014 年 6 月,《水利部关于开展水权试点工作的通知》将江西列为全国首批 7 个水权试点省份之一,工作重点为选择基础好、积极性高、条件相对成熟的市县,分类推进取用水户水资源使用权确权登记。通过 3 年努力,试点工作基本完成。

1. 工作思路和目标任务

(1) 工作思路

以党的十八大和十八届三中、四中全会以及"节水优先、空间均衡、系统治理、两手发力"新时代水利工作方针为指导,以"严控水量、科学确权,立足现状、兼顾长远,权责一致、公平公正,政府主导、公众参与"为基本原则,立足江西省情水情,落实最严格水资源管理制度,以建设"归属清晰、权责明确、监管有效"的水权制度体系为目标,统筹兼顾、因地制宜,先易后难地分类推进水资源使用权确权登记,促进水资源的优化配置、高效利用和节约保护,支撑经济社会的可持续发展。

(2) 工作目标与主要任务

在试点地区对取水许可管理的取用水户以及国有水库、国有灌区供水范围内的农业用水户、农村集体经济组织及其成员进行分类确权登记并建立相关制度办法;经过确权登记的取用水户,能够做到其所在水权制度体系归属清晰、权责明确、监管有效;通过试点探索形成可推广、可复制的水资源使用权确权登记经验,逐步在全省范围内予以推广。

主要任务一是对试点地区试点对象的供水用水情况进行摸底调查,二是分类开展水资源使用权确权登记,三是开展水资源使用权确权登记制度建设。

2. 主要做法

(1) 高位推进,构建机制

江西省委、省政府十分重视,多位省领导先后对水权试点作出部署。一是把水权改革纳入全省全面深化改革重要内容,二是把水权改革列为建设全国生态文明实验区制度创新重要内容,三是把水权改革纳入全省重大改革定期调度内容,四是加强组织领导。

(2) 精心调研,制定方案

多次开展省内调研摸底和省外考察学习,邀请水利部发展研究中心到江西省调研指导,组织编制《江西省水权试点方案》,并反复研究讨论和修改完善。高安、新干、东乡3个试点县(市、区)相应编制了《水权试点实施方案》,进一步明确各自的试点举措和实施步骤,由当地政府印发实施。

(3) 层层分解,压实任务

江西省水利厅制定印发《江西省水利厅推进水权试点工作方案》,3个试点县(市、区)政府相应制定印发《试点实施方案》,相关试点乡镇、水库灌区制定年度工作计划。层层分解落实试点任务,压实工作责任。

(4) 加强指导,狠抓落实

统筹指导试点工作,明确省水资源管理中心为技术统筹指导单位,统一制定调查表、权证样本、试点流程、文件和成果汇编等指导性材料,规范试点工作。在此基础上,全面开展调查摸底,按照省《试点方案》和县(市、区)《实施方案》部署,3个试点县(市、区)对当地的用水户和取用水情况全面开展了摸底调查,组织有关乡镇、水库灌区和企业填报调查表,进行了公示和登记备案。之后,围绕三个重点环节,进行了"九个一"的具体工作:第一个重点环节是"算水账",在调查摸底的基础上形成"一张水库片区分布图",确立"一套水量计算技术方案",制定"一套水权宣传手册";第二个重点环节是"建制度",出台确权登记办法和相关配套制度,建立"一套水权确权和管理制度",提供"一份确权登记协议";第三个重点环节是"发权证",提供"一套水权登记申请表格""一本水资源使用权证""一份水权档案数据库",配套建设"一套水权计量监测体系"。

①对供用水情况进行摸底调查

1)工业供水用水情况调查。

收集了企业的基本信息、主要产品及产量、取水许可情况、用水计量情况、近几年实际用水量等现状资料,通过分析企业现状用水水平,梳理存在的问题,为规范企业取水许可管理、进行取用水户取水权登记提供支撑。

2)国有水库蓄水供水情况调查。

收集了国有水库的地理位置、工程等级规模、除险加固情况、设计标准、防洪标准、水库功能、特征水位、库容、水面面积、库容曲线、调度运行情况、供水范围和对象、取水许可、灌溉面积、发电量等资料。

3)国有灌区用水调查。

明确了灌区的范围、用水户分布、涉及人口、涉及乡镇和行政村、灌溉面积、种植结构、上下游取水关系、现状灌溉用水量和发电用水量等,并对农民用水合作组织机构的建立运行情况和各渠系的走向、长度、破损淤塞程度等进行了记录,核定当前和规划条件下各级渠道灌溉水利用系数。

4)农村集体经济组织水塘水库调查。

收集了各试点水库和水塘的基本信息(包括地理位置、水源条件、四至边界、水面面积、水深、正常蓄水量,以及水塘的设计标准、防洪标准、库容曲线、调度运行等)、现状主要功能、供水范围和对象、灌溉面积、种植结构、受益人口等资料,并对水塘水库的工程产权现状、管理主体、相关土地确权等情况进行了核实,明确了试点水库及水塘的灌溉范围、用水户分布及上下游取水关系。

②分类开展水资源使用权确权登记

1）对纳入取水许可管理的取水单位或个人进行确权。

对试点范围内的4家自备水源工业企业开展水资源论证,编制水资源论证报告并进行专家审查,完成取水许可申请和审批等流程。合理核定取水许可量,取得取水许可证,确认自备水源工业企业取水权量。4家工业企业安装完备的计量水表,严格实行年度取水计划管理,按要求缴纳水资源费。进一步规范试点工业企业的取水许可管理,核定合理许可水量。另外,探索建立取水许可延续评估制度,进一步规范取水许可延续管理。

2）对国有水库和国有灌区供水范围内的取用水户进行确权。

结合小型水利工程产权改革、农村土地确权等相关工作进行确权登记。农业灌溉水资源使用权确权对象均为农村集体经济组织,尚未组建农村集体经济组织的,则由村委会或村小组代为持有水资源使用权证。此外,确权对象还包括供水范围内的公共供水公司和工业企业。按照水随田走、以供定需的原则,综合考虑区域用水总量控制指标、水库可供水量、省级用水定额、灌溉保证率、渠系长度、计量口位置、当地土壤特性等因素,确定渠系水利用系数和各确权对象计量口以下的毛灌溉定额,并根据毛灌溉定额和灌溉面积计算确权水量。公共供水公司和工业企业的确权水量则依据企业近3年实际用水、行业用水定额、用水总量控制指标等分析核算确定。确权水量经过公示无异议后,由水库管理单位与各用水组织共同签订《水资源确权登记协议》,明确水量配置原则、设施管护范围等,对供取水双方责任及义务进行要求。

3）对农村集体经济组织及其成员进行确权。

结合小型水利工程产权改革进行确权登记。对列入试点范围的农村集体经济组织的水塘和修建管理的水库中的水资源使用权进行确权登记。水资源使用权确权对象为农村集体经济组织,由农民用水户协会、农民用水合作组织或村委会、村小组代表村集体持有水资源使用权证。根据渠系水利用系数、净灌溉定额和灌溉面积,计算得确权水量。对确权对象包括两个及以上农村集体经济组织的水库、水塘,为避免矛盾纠纷,先由几个利益相关方共同签订用水协议,再进行确权。确权水量经过公示无异议后,进行登记。设计并统一印制水资源使用权证空白证样式,可通过江西省水资源使用权证动态管理系统直接打印。

4) 开展水资源使用权电子登记与动态管理。

组织开发江西省水资源使用权证动态管理系统,目前已正式投入使用。各试点县(市、区)利用现有取水许可管理台账系统和水资源使用权证动态管理系统,建立了水资源使用权确权登记数据库。各试点县(市、区)将纳入取水许可管理的取用水户信息完整录入取水许可台账系统,国有水库和农村集体水塘、水库的水源基本信息,水权证的申请、受理、审核、公示、登记等信息全部录入水资源使用权证动态管理系统。截至目前,新干县、高安市、东乡区分别核准登记了水权证86本、294本和20本,实现了水资源使用权证统一电子登记。

③开展水资源使用权确权登记制度建设

试点地区县级人民政府出台水资源使用权确权登记实施方案,建立相关确权登记制度。在水权试点实施过程中,3个试点县(市、区)均结合自身实际,建立了水权确权登记相关制度,规范水权确权登记发证过程管理和颁证后的水权使用管理。此外,新修订的《江西省水资源条例》纳入水资源使用权确权登记、水权交易等水权制度建设相关内容。

(5) 强化保障,营造氛围

将水资源使用权确权相关内容纳入新修订的《江西省水资源条例》,2016年6月起正式实施。每年从省级水资源费中安排资金补助试点地区。研发水权证动态管理平台,并纳入省水资源管理系统。将水权试点工作开展情况作为全省水资源管理考核重要指标,考核评分计入试点县及所在设区市水利发展改革考核和科学发展考核成绩,确保水权试点工作顺利推进。组织编制了《水权确权十问》,统一制定了水权试点宣传手册、挂画等一系列宣传材料,利用"世界水日""中国水周""党建+水权改革活动"等形式与试点地区一起开展水权试点专题宣传。试点地区利用电视广播、宣传标语、散发传单挂画等多种形式将水权宣传入村到户,为试点建设营造良好的社会氛围。

(6)认真自评,抓好验收

认真组织3个试点县(市、区)开展自评工作,全面梳理3年来的工作成果,汇编成册,并摄制了水权试点宣传片。2017年6月,省水利厅委托省水资源管理中心对各试点县(市、区)开展了技术评估,会同省发改委、省财政厅组织完成了省级行政初验,按时向水利部呈报验收申请和自评报告。2017年11月,中国水利水电科学研究院对江西省水权试点开展了技术评估。

3. 江西水权确权试点取得的经验

江西省通过3年的水权试点工作,探索了南方水资源相对丰沛地区为什么确权、怎样确权、水权改革与小型水利工程产权改革等如何联动的问题,初步形成了一套切合实际、行之有效、可复制可推广的经验和做法,可为全国水权工作尤其是南方地区水权确权工作提供经验借鉴。

一是探索了南方水资源相对丰沛地区为什么确权的问题。江西省水资源相对丰沛,但在节水、用水、水环境等方面仍存在问题。江西在试点过程中,通过明晰水资源权属关系,水资源除了单一的公共资源属性外,还具有了个人权益属性,唤醒了用水户关心水、珍惜水、节约水的意识,使用水户像爱惜财产一样珍惜自己的水权,充分调动了全社会节约保护水资源的主动性积极性。技术评估结果也表明,试点实施以来试点区各级政府、水管单位、农业用水组织、工业企业和群众的水权意识、节水意识明显增强,节水减污的观念得到进一步加强。同时,水权确权保障了取用水户特别是农业取用水户的用水权益,也为下一步开展水权交易、充分发挥市场配置水资源作用打下了坚实的基础。

二是探索了南方水资源相对丰沛地区如何确权的问题。江西试点确权工作主要采取了以下几个步骤:

一是实行总量控制和定额管理相结合,将用水总量控制指标和用水定额作为水权确权的基本依据。二是在总量控制的框架下,制定水资源行业配置方案,明确生活、工业、农业等用水份额,以此作为确权水量的边界约束条件。三是在留足生活用水的前提下,对工业取用水户,通过水资源论证严格核定水量指标;对农业用水户,根据农业用水份额、种植面积、灌溉定额等,确定农业用水组织的合理用水量。四是在水量平衡、复核通过的基础上,通过发放取水许可证确认工业企业的水权,通过发放水权证确认农业用水组织的水权。在农业水权确权方面,江西试点还探索出了确权的三个重点工作环节和"九个一"的具体工作模式,值得学习借鉴。通过这套工作模式,缺乏水权工作经验的基层人员能够较为迅速地抓住工作要点,较快地推进农村水权确权工作。此外,在确权对象方面,以江西为代表的南方丰水山区河网密布,沟道纵横,水力联系异常复杂,单家农户土地面积变动快但村级土地整体不变,故江西因地制宜明确农业用水的适宜确权对象为农业用水组织。

三是通过试点实践探索了水权改革与小型水利工程产权改革等如何联动的问题。农业水权确权是多项农村水利改革工作的基础和重要环节。各试点地区注重水权确权与其他改革特别是小型水利工程产权改革之间的关联,在小型水利工程产权改革的基础上,开展农村集体的山塘、水库工程水资源使用权确权登记,促进建、管、用相统一,水权与工程产权相互匹配,水权成为有源之水,工程成为有水之源,两权落在一处,充分调动了农民用水、管水的积极性。同时,加强与农业水价综合改革工作的统筹,开展计量设施安装、渠系规范化改造、高效节水灌溉工程,形成改革合力,发挥了改革的综合效益。

(三) 湖北省宜都市水权确权试点的实践与经验

1. 试点背景

宜都市位于鄂西山地与江汉平原过渡地带,长江与清江在此交汇。万里长江险在荆江,荆江的起点就在宜都市的枝城镇。宜都市有江河堤防 70 km,中小型水库 46 座,堰塘 10 221 口,机电排灌站 206 处,万亩以上中型灌区 4 个,灌溉主干渠 496 km,田间末级渠道 2 500 km,灌溉水窖 505 个,水井工程 1 250 处,引水河挡(坝)2 200 处,工程控制灌溉面积 13.73 万亩。

2. 主要做法

首先,对全市农村集体经济组织修建的堰塘中的水资源以及全市水资源开发利用现状进行调查统计,搞好农业用水总量控制。对各村的每口堰塘进行实地勘测,确定堰塘的地理位置、水源条件、四至边界、水面面积、水深、正常蓄水量、堤身等工程特性和现状主要功能及作用,取得第一手资料;走访农户调查该堰塘的受益范围、服务农户户数和人口,依据农村集体土地确权登记的耕地面积以及种植结构等,建立信息管理系统。

其次,对全市农村集体经济组织修建的堰塘或水库中的水资源使用权确权到村。统一制作"水资源使用权证",明确权属内容和凭证,印制水资源权证,发放至各村委会。有条件的村组将灌溉用水权确权到农户,在村委会的统一调配下,用水户承担堰塘日常维修和管理义务,在出现土地流转、转让等情况时,该农户灌溉用水权随之变更;因土地被征用及农户户口迁出等情况,该农户灌溉用水权自动丧失。通过试点,对全市所有农村集体经济组织修建的堰塘水权确权到村,对条件成熟的村水权确权到户,加快推进农村集体水权的流转和交易,赋予农民更多的财产权,让农民真正享受到改革带来的成果。

3. 宜都水权确权试点取得的经验

宜都市参考山地、林业改革做法,根据水利工程不可细分的特点,以农田灌溉受益面积为依据,将堰塘、灌溉渠、引水河垱、小型泵站等小型水利工程的使用权划归受益农户共同所有,受益农户、受益群体以每个成员的受益面积为基础确定其共有份额,并用合同明确权利义务,通过塘堰随田走、产权受益共有、民主协商议事、依法合同管理,达到合作共同受益,节约和合理利用水资源的目的。

政府出台《农村小型水利设施权属登记发证管理办法》,对已改革的水利设施核发权属证书,让农民拥有合法有效凭据,每口堰都由农户自己负责管理。农民拿到产权证后,把水当自己的"钱"一样珍惜,一分一厘要计算,平时塘堰有人管,大家都来操心,人人节约用水,用水协议到户,只要下雨,农民主动引水入堰,消除过去跑冒滴漏现象。由于塘堰有人管,大家都操心,下雨时、旱时都节约计划用水,小塘堰发挥大作用,杜绝了水资源浪费。

第三节 全国4个交易试点省(自治区)的水权探索与实践

(一) 内蒙古自治区黄河干流盟市间水权转让

1. 试点背景

内蒙古自治区黄河流域水资源匮乏,水资源可利用总量为89亿 m^3,其中黄河分水58.6亿 m^3,人均水资源量(含分水)仅为900 m^3,为全国和全自治区平均水平的41%。2003年以前,内蒙古自治区黄河流域引黄水量中93%用于农业灌溉。河套灌区引黄用水量占全自治区引黄总量的80%左右,其灌溉水利用系数不足0.40,节水潜力在10亿 m^3 左右。

为了提高农业用水效率,减少浪费,同时解决新增工业项目用水问题,2014年经内蒙古自治区政府常务会议同意,内蒙古自治区人民政府批转了《内蒙古自治区盟市间黄河干流水权转让试点实施意见》(以下简称《实施意见》),试点在自治区黄河流域内统筹配置盟市间水权转让指标给用水企业。

根据《实施意见》,内蒙古水务投资公司作为项目管理主体,巴彦淖尔市水务局作为项目实施主体开展了跨盟市水权转让工程,其主要内容是对沈乌灌域87.17万亩[①]灌溉面积所涉及的693条、1 391千米各级渠道进行防渗,对67.4万亩畦田进行改造,改地下水滴管4.98万亩,并对灌溉运行管理设施和检测设施进行配套建设,工程建设总投资18.65亿元,于2017年底全部建成。一期工程总计节水量2.3亿 m^3/a,转让水量1.2亿 m^3/a,经自治区人民政府同意,转让水量指标分配给沿黄有关盟市的相关工业企业并与相关企业签订了《内蒙古黄河干流

---

① 1亩≈666.7平方米

水权盟市间转让合同书》。

截至 2016 年 9 月 30 日,部分取得用水指标的企业未能按时缴纳相关费用;2016 年 10 月 21 日,按照《内蒙古自治区闲置取用水指标处置实施办法》,内蒙古自治区水利厅以内水便函〔2016〕211 号文件收回未履行转让合同企业的水指标 2 000 万 m³/a。

2016 年 11 月 4 日,《内蒙古自治区水利厅关于对盟市间水权转让收回指标开展交易的函》(内水便函〔2016〕221 号),要求内蒙古水权中心将回收的水指标 2 000 万 m³/a 通过交易平台进行交易。

2. 交易过程

2016 年 11 月 21 日,内蒙古水权中心通过水交所公开挂牌,向鄂尔多斯市、乌海市、阿拉善盟三个盟市公开转让合计 2 000 万 m³/a 的水权指标,交易期限 25 年,总成交水量 5 亿 m³,交易价款 3 亿元(首付)。挂牌后,三个盟市多家企业积极应牌,最终内蒙古荣信化工有限公司等 5 家企业达成受让意向,2 000 万 m³/a 水权指标全部成交。2016 年 11 月 30 日,内蒙古自治区盟市间水权转让一期试点 2 000 万 m³/a 水权公开交易全部签约(见图 4-4)。

图 4-4　内蒙古黄河干流盟市间取水权交易

3. 协议内容

(1) 交易水量与交易期限

5 单交易水量分别为:内蒙古荣信化工有限公司 800 万 m³/a、内蒙古京能双欣发电有限公司200万 m³/a、乌海神雾煤化科技有限公司500万 m³/a、阿拉善盟孪井滩示范区水务有限责任公司100万 m³/a、阿拉善盟水务投资有限公司400万 m³/a，共计2 000万 m³/a。交易期限均为二十五年，自内蒙古黄河干流灌区节水工程核验通过之日起计算。

(2) 交易价格

根据水利部黄河水利委员会批复的《内蒙古黄河干流水权盟市间转让河套灌区沈乌灌域试点工程可行性研究报告》、内蒙古自治区水利厅关于《内蒙古黄河干流水权盟市间转让试点工程初步设计报告》的批复，水权转让价格为1.03元/m³，包括五项内容：1.节水工程建设费(15.00元/m³)；2.节水工程和量水设施运行维护费(7.50元/m³)；3.节水工程更新改造费(1.085元/m³)；4.工业供水因保证率较高致使农业损失的补偿费用；5.必要的经济利益补偿和生态补偿费。经协商确认，首付款为15.00元/m³。

4. 交易的效果评价

此次成功交易，从水权试点工作层面看，将2 000万 m³/a黄河干流水指标进行交易，是内蒙古自治区落实《内蒙古自治区闲置取用水指标处置实施办法》的实质性举措，对进一步完善黄河干流盟市间水权试点工作市场运行机制，推进内蒙古自治区水权试点工作的有序开展意义重大。

(1) 促进了水资源的高效率高效益流转

从经济社会全局层面看，通过采用市场调节的方式，将农业灌溉用水向工业项目用水转换，调整了用水结构，促进水资源向高效率、高效益行业流转，进而提升水资源整体效率和效益，进一步优化水资源配置，实现经济社会可持续发展。内蒙古水权转让实施地区用水主要以农业为主，灌溉用水占引黄水量的90%以上。河套灌区用水方式比较粗放，灌溉用水浪费较为严重，灌溉水利用系数不足0.4。通过开展水权转让，不仅满足了部分工业企业的新增用水需求，同时也建立起了节约用水和水资源保护的激励机制。工业企业通过公开交易取得水指标，改变了部分企业希望通过政府无偿配置水资源的"等靠要"思想，遏制了部分企业非法取用地下水的行为,倒逼工业企业树立节水意识,采取节水措施,同时也引导农户通过调整种植结构、采取滴灌喷灌等节水措施减少灌溉用水,提高农民节水意识。成功实现了水资源行业间的高效流转,起到了"通过市场手段,促进节约用水,实现高效利用"的效果。

(2) 有效缓解了水资源短缺瓶颈制约

从水资源管理改革层面看,运用政府调控、市场调节、水行政主管部门动态管理相结合的手段,实现两手发力,才能更好盘活水资源存量,发挥市场在配置资源中的示范引领效应,促进水资源管理持续、科学、有序发展。内蒙古西部的鄂尔多斯市、阿拉善盟、乌海市等地区水资源极度匮乏,同时矿产资源富集,经济发展迅速,水资源需求旺盛。盟市间水权交易正是在鄂尔多斯市等盟市一大批工业项目因缺少用水指标而无法上马的背景下实施的,水资源问题成为制约区域经济社会发展的主要瓶颈。内蒙古通过在黄河干流实行农业用水向工业项目用水的有偿转让,形成了水资源跨行业的有序合理流动,走出了一条解决干旱地区经济社会发展用水管水的新路子。水权转让工作的开展,解决了内蒙古自治区50多个工业项目用水问题,为沿黄灌区筹措了30余亿元节水改造资金,为约1 440亿元工业增加值提供水资源保障,拉动全自治区GDP增长约353亿元。

(3) 筹措了节水工程建设资金

巴彦淖尔市河套灌区依靠传统的渠道输水进行农业灌溉,因资金不足,灌区节水设施配套严重不足,浪费水现象十分严重。通过实施盟市间水权转让项目,由申请水权转让水指标的工业项目业主单位投资河套灌区农业节水改造工程建设,将所节约的水量有偿转让给工业项目。盟市间水权转让项目为沿黄灌区筹措了近18亿元的节水建设改造资金,灌区配套设施得到极大改善,有效推动了灌区现代化进程。

(二) 河南省区域间水权交易的探索与实践

1. 试点背景

河南省地跨长江、淮河、黄河、海河四大流域,全省多年平均水资源总量403.53亿 m^3,人均不足400 m^3,仅为全国平均的1/5,属于水资源严重短缺的省份。

南水北调中线工程建成通水,相当于增加了河南年均水资源总量的9.3%,南阳市、邓州市等受水区在全部接纳消化分配水量后,通过节水改造,每年约有2亿~3亿 m³ 节余水量。部分地区节余水量的出现,为开展区域间水量交易带来了重大机遇。用水需求较强的郑州市与节余水量较多的南阳市之间,分水口门过水能力满足水量调度条件。新密市正在启动的应急供水工程,与南水北调调蓄水库直接相连。南水北调水量实行统一调度、统一管理,在郑州与南阳、新密与邓州之间,以及中线工程沿线其他地市之间,组织开展区域水量交易已具备必要的工程和技术条件。

2. 工作思路和目标任务

(1) 工作思路

贯彻党的十八大、十八届三中全会关于积极开展水权交易试点的相关精神和"节水优先、空间均衡、系统治理、两手发力"的新时代水利工作方针,按照"使市场在资源配置中起决定性作用和更好发挥政府作用"的要求,以实行最严格水资源管理制度为基础,以南水北调中线工程沿线区域为试点,逐步开展处于不同流域的区域间水量交易,建立健全水量交易规则体系,提高水资源利用效益和效率,保障经济社会可持续发展,为河南乃至全国层面推进水权制度建设提供经验借鉴和示范。

(2) 工作目标

通过3年努力,力争区域间交易水量3亿~5亿 m³;初步构建统一、开放、透明、高效的省级水权交易平台;建立健全水权交易信息系统、交易规则、风险防控机制。

(3) 主要任务

一是开展区域间水量交易。明确可交易水量,规范水量交易程序为确定交易主体、提出交易申请、开展交易协商、签定交易协议。试点期间,区域间水量交易主要通过南水北调主体工程、配套工程进行履约,并严格交易监管和交易收益使用。

二是开展水权交易中心建设。组建河南省水权交易机构,建立水权交易信息系统。

三是建立水权交易规则和风险防控机制。制定出台河南省南水北调水量交易暂行办法、河南省水权交易资金管理和使用办法、河南省水权交易规则,探索建立水权交易风险防控机制。

3. 主要做法

(1)建立初始水权确认机制和严格的用水指标控制机制,倒逼缺水地区通过水权交易满足其用水需求,解决了"谁来买"问题

第一,建立南水北调初始水权确认机制。明确水权归属是水权交易的前提,不同的水权交易有不同的确权需要。跨区域的水量交易,要求对区域取用水总量和权益进行确认。对于开展南水北调水量交易而言,需要先确定各受水区的区域初始水权。考虑受水区各市县通过缴纳南水北调工程建设基金获得的分配水量指标可视为该区域的初始水权,河南省根据《南水北调工程总体规划》,制定了《河南省南水北调中线一期工程水量分配方案》并由省政府印发实施,明确了南水北调受水区各口门分配的水量指标,为开展区域间水量交易奠定了基础。

第二,建立严格的南水北调用水指标控制机制。南水北调工程运行后,由于各地用水需求与南水北调分水指标存在差异,一些地区多次要求调整南水北调用水指标,甚至一些不在规划受水区范围的地区也要求使用南水北调用水指标。省水利厅及时会同省南水北调办印发《关于南水北调水量指标使用问题的意见》,明确跨省辖市和直管县(市)使用南水北调中线用水指标的,需通过水权交易的方式取得南水北调用水指标的使用权,南水北调用水指标所有权不变。省辖市内部各县(市、区)之间调整用水指标,可采取无偿调整,也可通过水权交易进行调整,具体调整方式由当地水行政主管部门报省辖市政府确定;本辖区内没有节余用水指标可进行调整的,应通过水权交易方式从其他省辖市、省直管县(市)解决用水指标问题。这就从机制上倒逼缺水地区通过区域水权交易方式满足其用水需求,培育了水权交易"买方"。

(2)建立节余水量指标收储转让机制,倒逼有节余指标的地区开展水权交易,解决了"谁来卖"问题

南阳、邓州等一些地区由于现阶段用水需求和南水北调分水指标存在差异,以及配套工程有待完善等原因,在当前和今后一段时期内尚

不能完全消化南水北调用水指标。然而,由于担心水权交易会影响将来本地区用水以及交易观念不足等原因,潜在卖方普遍存在"不愿卖"的惜售现象,制约了水权交易的开展,影响了水资源配置的优化。在这种情况下,经省政府同意,由省政府办公厅出台文件,建立了节余水量指标认定与收储机制。其基本思路是:对于各地区暂未能利用的南水北调水量指标,认定为节余指标;在各地区自己对节余指标不处置也不交易的情况下,由省水利厅认定为节余指标并委托省水权收储转让中心予以收储交易。交易后,基本水费按有关规定上缴省南水北调工程管理部门,按比例分摊到形成节余指标的区域。转让节余指标获得的增值部分,则由收储转让单位按照国家和省相关规定管理使用。这样的机制设计,一方面可以倒逼有节余指标的市县开展水权交易,另一方面可以解决节余指标分散、供需不匹配问题,减少买方和多个卖方同时进行谈判的交易成本。

从实践上看,目前这套机制已经开始发挥作用,河南省水权收储转让中心已经与开封市政府和郑州市高新区管委会签订了意向协议,而原先转让意愿不强的鹤壁、焦作、邓州等地区,2017年已经主动向省水利厅申报其可转让的南水北调节余水量。

(3) 建立"长期意向"与"短期协议"相结合的水权交易动态调整机制,解决了供需双方利益不同步问题

合理的交易期限是区域水权交易顺利开展的重要条件。在区域水权交易中,买方普遍担忧开展水权交易并配套建设引水工程和水厂后,由于工程投资大,交易期限过短,在经济上不划算,因而希望能获得长期、稳定的交易水量;而卖方则担心水量交易期限过长会影响本地区经济社会发展用水。

为了满足供求双方对于交易的不同诉求,河南省在南水北调水权交易中,普遍采取"长期意向"与"短期协议"相结合的方式,较好地解决了供需双方利益不同步问题。以平顶山市和新密市的交易为例,二者就通过签订《交易意向书》的形式,约定保障新密市在20年内每年不超过2 200万 m^3 的用水需求;同时每3年签订一次《水量交易协议》,协商确定协议期限内交易双方的水量交易数量和价格。可以认为,"长期

意向"和"短期协议"相结合,形成了区域间水量交易动态调整机制,保障了水量交易的稳定性和灵活性,维护了交易双方的核心利益。

(4)建立水权交易价格形成机制,解决了水权交易定价问题

围绕交易价格这一水权交易的核心要素,省水利厅出台了《关于南水北调水量交易价格的指导意见》,会同省南水北调办出台了《关于规范南水北调水量交易综合水费缴纳渠道的通知》,用以指导交易双方协商定价,从而建立了南水北调水量交易价格的形成机制。从目前的进展看,该价格机制较好地解决了水权交易定价问题,得到了各方的认可,保障了水权交易的顺利推进。

一是建立政府建议价与市场协议价相结合的定价机制。试点初期,平顶山市和新密市对交易价格反复协商,新密市担心交易价格过高,而平顶山市则担心交易价格过低。在这种情况下,省水利厅及时通过发布指导意见的形式,提出了建议参考价,为双方顺利达成意向协议奠定了重要基础。后来的几宗交易也均以该建议参考价为基础进行协商,保障了交易的顺利推进。

二是建立水权交易价格与南水北调综合水价联动机制,确保水权交易与南水北调工程运行的有效衔接。在水权交易价格构成上,鉴于南水北调工程运行试行两部制水价(基本水价+计量水价)的实际情况,将综合水价(含基本水价和计量水价)作为水权交易价格的重要构成,基本水价和计量水价按照国家和省发改委明确的标准执行。其中,基本水费按照转让方所在地基本水价标准,仍由转让方缴纳;计量水费按照受让方取水口门所在地计量水价标准,由受让方缴纳。交易期内,国家对水量交易涉及的基本水价、计量水价缴纳有明确规定的,按照国家规定缴纳。

三是建立交易收益与水源工程水价的比照机制和动态调整机制,保障了转让方的合理收益。交易收益是南水北调水权交易价格构成的另一重要内容。在交易初期,如何确定交易收益参考价成为各方共同关注的焦点。对此,借鉴成本法的价格计算方法,省水利厅建议在水权试点期间,以水源地同类水源的水价或受让方所在地同类水源水价为参考,最高不宜超过国家发展改革委明确的南水北调中线一期主体工

程的水源工程综合水价（即 0.13 元/m³）。今后随着经济社会发展水平的提高和水资源价值的进一步凸显，交易双方可以在该价格基础上进行动态调整。

4. 试点成效

河南省通过3年多的水权试点工作，围绕区域水量交易，探索了如何培育水市场、怎样开展交易，解决了交易的难点问题，探索出了一套切合实际、行之有效、可复制可推广的经验和做法，可为全国水权工作提供经验借鉴。

(1) 通过试点实践回答了如何培育水市场的问题

水市场培育的关键是如何激活水权交易的买方与卖方。河南将南水北调水量分解落实到了各有关市县，建立了南水北调用水指标调配机制，明确跨区域间南水北调用水指标的调剂，不再通过行政配置解决，需新增用水的必须通过水权交易的方式解决，这就从机制上倒逼有用水需求的地区通过市场购买水权，从而培育了水权交易的"买方"。河南探索建立了节余水量指标认定与收储机制，将受水区暂未利用的南水北调水量认定为节余指标，节余指标可进行处置和交易，但对不处置也不交易的，由水权收储中心统一收储后进行交易，卖方市场也由此得到培育。技术评估也表明，南水北调受水区市县正积极参与水权交易，水市场已初步建立。

(2) 通过试点实践回答了怎样实施区域水量交易的问题

实施区域水量交易主要包括以下环节：一是明确区域取用水权益。将用水总量控制指标和南水北调水量分配指标分解到各市县，建立省市县三级用水总量控制指标体系。二是确定交易主体和交易水量。县级以上地方人民政府或政府委托水行政主管部门等单位作为交易的主体；通过摸底调查和科学测算，将当年未使用并在下一个水量调度年内仍不具备使用条件的作为可交易水量。三是搭建收储交易平台。收储中心将闲置分散的指标集中收储，再投放市场，减少买卖双方的交易成本；通过平台进行水量交易，确保交易的公开公平公正。四是规范交易程序。每一宗交易严格按照申请、协商、协议签订、履约等程序规范进行。五是严格交易监管。水行政主管部门对交易的工程条件、指标结余量、水资源配置情况、水资源管理情况等进行了审核和监管,强化市场准入,弥补市场失灵,维护水市场良好秩序。

(3) 通过试点实践探索解决了区域水量交易的难点问题

一是探索形成"长期意向"与"短期协议"相结合的交易方式,解决了交易双方交易期限诉求不一致的问题。在区域水量交易中,买方希望获得长期稳定的水量,卖方考虑经济社会发展,只愿在短期内转让闲置水量指标。河南在试点过程中,采取"长期意向"与"短期协议"相结合的交易方式,较好地解决了供需双方交易期限诉求不一致的问题。

二是探索建立政府建议价与市场协议价相结合的定价机制,解决了交易定价问题。河南将南水北调工程综合水价(基本水价和计量水价)明确为交易参考价,交易双方通过协商,适当增加一定收益费用作为对转让方的补偿,以此确定水权交易价格。收益费用比照水源地同类水源水价或受让方同类水源水价确定,动态调整,保障了各方利益。

三是探索建立了水权交易风险防控机制,避免交易履约过程中的纠纷。对枯水年无法转让约定水量、转让区未完成地下水压采任务或最严格水资源管理制度考核要求、工程毁损或突发环境事件导致无法进行交易等风险,河南探索建立了风险防控机制,水利部门加强水量交易的监督指导和联合调度,转让合同中明确各方责任及应急处置措施,确保水量交易的顺利开展。

四是出台了一系列水权交易制度,建立了交易规则体系。针对水权交易过程中的关键环节与问题,从明确区域用水权益、节余指标处置、收储转让、交易价格、水权交易风险防控方面分别制定出台了相应的管理办法与指导意见,为区域水量交易提供制度保障。

(三) 甘肃省疏勒河流域灌溉用水户水权交易

1. 试点背景

疏勒河流域是甘肃省三大内陆河流域之一,位于河西走廊最西端。干流为疏勒河,主要支流有党河、白杨河、石油河、榆林河及阿尔金山北麓诸支流。流域范围包括酒泉市下辖的玉门市、瓜州县、敦煌市、肃北县、阿克塞县及张掖市肃南县一部分,流域面积17万 km^2,流域多年平均年降水量96.2 mm,多年平均年径流量16.18亿 m³,与地表水不重复的地下水量0.95亿 m³。其中,疏勒河干流多年平均地表水资源总量10.82亿 m³,地下水资源量0.52亿 m³,水资源总量11.34亿 m³,人均水资源量2 172m³,亩均水资源量555 m³。

历史上疏勒河干流自玉门市昌马堡出山后流经玉门市、瓜州县进入敦煌西湖湿地。随着上游用水不断增加以及双塔水库、昌马水库的修建,疏勒河干流下泄水量很难进入下游的敦煌西湖湿地。目前,正在实施的《敦煌水资源合理利用与生态保护规划》,以水权制度建设和规范水资源利用秩序为核心,发展优质高效型农业和节水环保型工业,通过合理配置疏勒河干流水资源,促进工业发展、农业增效、农民增收,改善生态、保护绿洲。2014年水利部确定在甘肃省疏勒河流域开展水权试点,试点范围为疏勒河干流的玉门市和瓜州县,试点区耕地面积204.05万亩,农田有效灌溉面积194.76万亩,农田实灌面积191.26万亩,粮食产量25.90万吨。

疏勒河干流的玉门市、瓜州县境内已建成昌马、双塔、赤金峡3座中大型水库和16座小型水库,总库容4.67亿 m³;配套机电井4 239眼,年取水量4.11亿 m³;疏勒河干流地表水由省疏勒河流域水资源管理局通过对昌马、双塔、赤金峡3座水库联合调度进行配置管理,承担向玉门市、瓜州县农业灌溉,甘肃矿区生活生产和中下游生态供水。2013年玉门市、瓜州县用水总量达到14.08亿 m³,其中农业灌溉用水13.30亿 m³,农业用水占比高达94.5%。试点区农业现行综合水价为0.111元/m³,灌区单位供水价为0.24元/m³。

疏勒河流域水权试点,探索利用市场机制优化配置水资源,对于保障疏勒河流域经济社会发展、生态用水需求和建立健全水权制度具有重要意义。通过3年的探索和实践,在省、市、县三级共同努力下,甘肃省已完成试点工作目标和任务。

2. 主要做法

(1) 统筹考虑流域上下游和生态用水需要,突出规划和用水总量红线双重约束

在生产、生活、生态用水配置中,坚决突出《敦煌水资源合理利用与

生态保护规划》和用水总量红线双重约束。试点启动后,甘肃省制定了《甘肃省疏勒河流域水权试点水资源使用权确权实施方案》。按照方案要求,玉门市、瓜州县政府主导,甘肃省疏勒河流域水资源管理局配合,扎实开展了农业、工业、生活、生态用水确权调查登记工作。试点中,首先落实国务院批复的《敦煌水资源合理利用与生态保护规划》确定"玉门市、瓜州县2020年生态水量3.84亿 m^3,双塔水库下泄生态水量不低于7 800万 m^3,进入双墩子断面水量不低于3 500万 m^3,进入西湖玉门关断面水量不低于2 200万 m^3"的生态水量目标,再依据分级下达试点区的用水总量红线指标进行生活、工业、农业等行业间水资源分配。通过实施规划和落实总量红线,调整水资源配置优先顺序,保障了河流及绿洲生态用水,体现了水资源生态属性、经济属性及目标功能多元化。

(2) 在农业用水水资源使用权确权中,实行灌溉面积、定额双控制

试点区地多水少,灌溉方式粗放,农业灌溉用水比重大、效益低。试点中,首先根据农业灌区节水改造项目等对灌区取水工程取水许可指标进行核减调整,再依据酒泉市审批的《甘肃省疏勒河流域水权试点水资源使用权确权实施方案》依法核定灌溉面积,按照以水定地原则,对"二轮土地承包面积、国家土地占补平衡和2003年前国家政策性新增耕地"三类合法灌溉面积进行配水确权。经过反复核实、逐级公示,最终确定流域农业用水确权面积138万亩,占现状耕地面积202万亩的69%。以农民用水户协会、农业生产经营大户为确权主体,统一发放水资源使用权证,使用权证明确灌溉面积、水量及类别、灌溉定额、权利义务、期限、取得方式、事项记录等内容。

(3) 强化取水许可动态管理,建设确权登记数据库

为了给水资源确权工作提供制度保障,甘肃省政府批转《加强取水许可动态管理实施意见》,对农业用水要求取水审批机关按只减不增原则核定延续许可水量。对工业等取用水户存在取水许可指标闲置的,由原审批机关无偿收回,作为政府预留水量进行再配置。试点中,对玉门市和瓜州县内工业、城市生活的持证单位换发了取水许可证,共换发取水许可证632本。

研究确定了水权证的式样和内容。酒泉市疏勒河流域水权试点工作领导小组在借鉴新疆昌吉、甘肃张掖、武威等水权证格式的基础上，研究确定了疏勒河流域水资源使用权证样本，统一了式样，明确了水资源使用权证的内容，包括权利主体、面积、水量及类别、灌溉定额、权利义务、期限、取得方式、事项记录等内容。

在水交所指导下，酒泉市对区域用水总量控制指标、水资源确权数据、用水户协会和主要农户用水、工业企业用水等信息进行了采集，建立了甘肃省水利厅、酒泉市水务局、甘肃省疏勒河流域水资源管理局三级互联互通、实时共享的水资源使用权确权登记数据库，并实现实时动态更新和维护。数据库整合了地表水、地下水资源信息，能够开展水资源综合平衡和统计分析，为疏勒河流域水权交易流转提供服务，保障了水权交易流转的有序进行。

（4）积极培育水市场，探索开展水权交易

试点地区面临着总量指标短缺、增量空间十分有限的水资源配置困境，传统行政配置方式需要改革创新。试点中，酒泉市水务局、甘肃省疏勒河流域水资源管理局与水交所在国家级水权交易平台——水交所建立了疏勒河流域网上水权交易大厅。水交所负责整合流域地表水、地下水信息，开展水资源综合平衡和统计分析，为疏勒河流域提供水权交易服务；酒泉市水务局负责水权交易的审核和监督；甘肃省疏勒河流域水资源管理局负责水权交易系统的使用和管理。

为更好地推进水权试点工作，建立归属清楚、权责明确、监管有效、流转顺畅的水权水市场制度体系，酒泉市疏勒河流域水权试点工作领导小组办公室制定出台了《酒泉市疏勒河流域水权水市场建设指导意见》《疏勒河流域水权交易管理试行办法》《疏勒河流域水权交易资金管理办法（暂行）》等多项政策文件，为水权试点工作提供了政策依据。

试点地区积极推进农户间水权交易和农业向工业水权流转，并对两种类型水权交易价格的形成机制进行了探索，有关做法写入《疏勒河流域水权交易管理试行办法》中。《疏勒河流域水权交易管理试行办法》规定：水权交易价格应综合考虑节水投资、交易期限、计量监测设施费用（含运行维护费用）、节水工程更新改造费用、因提高供水保证率而增加的措施费用、生态环境和第三方利益的补偿、必要的经济利益补偿等因素合理确定;政府或者其授权的部门、单位回购取水权及灌溉用水户或者用水组织的水权时,回购价格应不低于当地市场价格,并应适时调整。此外,试点地区农业灌溉用水全面实行超定额累进加价制度。

鼓励引导用水户与用水户、用水户协会之间开展水权交易,已完成用水户协会间和农户间的水权交易56宗,累计交易水量45.15万 m^3,交易金额4.66万元。积极推动农业向工业的水权交易,撮合玉门市4780MW光热发电项目与玉门市花海镇、柳湖乡、独山子乡、小金湾乡共9个农民用水户协会进行水权交易流转,解决项目年用水638万 m^3 需求。

(5) 实施计量设施改造,加强水权水市场监管

水权确权和交易需要有良好的水利基础设施保障,需要有精确的水量计量设施。甘肃省疏勒河流域水资源管理局不断加强计量监控设施建设,推动灌区精细化管理水平的不断提高,为水权水市场监管提供硬件支撑。试点以来,对灌区全部698处斗口计量设施逐步进行改造,在灌区内建设斗口远程计量点500处,建成能够实时在线监测、通过手机App实现信息共享的斗口远程计量点198处,安装闸门测控一体化系统24套,灌区自动化计量灌溉面积达到了121万亩,占灌区总灌溉面积的90%以上。地下水取水口全部安装机井智能水表,覆盖面达到100%。同时甘肃省疏勒河流域水资源管理局每年选择灌区有代表性的地块,对主要农作物进行灌溉定额实测,掌握了不同灌区、灌季、作物、土壤条件下的实际灌溉定额,为流域内水权确权定额、实现水量和面积"双控"目标提供了第一手数据资料和依据,促使水权试点确权控制定额与现状定额的有效衔接。

3. 主要经验

疏勒河流域通过3年多的水权试点工作,探索出了一套切合实际、行之有效、可复制可推广的经验和做法,为全国水权制度改革,特别是为西北干旱地区水权制度改革提供了重要经验借鉴。

(1) 通过试点实践回答了西北干旱地区为什么开展水权制度改革的问题

西北干旱地区是国家重要生产屏障,有着悠久历史与灿烂文化,但

是生态环境十分脆弱。近几十年来,部分地区发展方式粗放,经济社会发展超出了水资源的承载能力,这是导致生态恶化的重要原因。在西北干旱地区,保护和治理生态的关键是以水定地、以水定产。甘肃疏勒河水权试点很好地诠释了水权制度的重要意义:通过建立水权制度,明确经济社会发展用水和生态需水的边界,划定人类活动开发利用水资源的上限;将经济社会发展可利用的水资源量一步步地明确到各市县、各行业、各灌区、各取用水户,特别是将占近95%用水总量的农业用水指标落到了各地块,真正体现了以水定地、以水定产。甘肃疏勒河水权试点充分说明,在西北干旱地区开展水权工作,是国家生态文明建设的重要内容,是建设美丽中国的生动实践。

(2) 通过试点实践回答了西北干旱地区怎样开展水权工作的问题

建立水权制度是行政性、政策性、技术性都很强的工作。疏勒河流域通过试点探索,回答了在西北干旱地区如何建立水权制度的问题。确权方面,主要有三个步骤:第一步,明确经济社会发展用水的总量控制指标。对流域水资源进行全面调查评估,在摸清水资源家底的基础上,留足生态用水,明确各区域经济社会发展的用水总量控制指标。第二步,制定水资源行业配置方案,将经济社会发展用水总量控制指标配置到各行政区、各行业,明确生活、农业、工业等主要用水行业的水量份额,以此作为确权水量的边界约束条件。第三步,将水权确认给各具体用水户。对农业用水,通过发放水权证确认灌区内农业用水户的水权;对工业用水,通过规范取水许可管理,发放取水许可证确认取水权。交易方面,通过总量控制约束,新增建设项目不再增加用水指标,原则上只能通过水权交易解决,建立了水市场形成的机制。在这种机制的引导下,农户间、协会间自发开展了水权交易。监管方面,一是建制度,为试点工作提供政策制度保障;二是抓计量,保障水权可监管;三是建平台,为水权公平公正公开交易提供场所;四是建体制,充分发挥疏勒河流域管理机构和地方水行政主管部门的共同监管作用。

(3) 通过试点实践回答了西北干旱地区开展水权工作需要注意哪些问题

一是要注意水资源用途管制。有限的水资源既要保障生态需水和生活用水,还要保障农业和工业的发展用水,这就需要精打细算,严格水资源用途管制,特别是防止生态需水被挤占。二是农业水权确权要注意综合考虑灌溉定额与灌溉面积。疏勒河流域每年选择灌区有代表性的地块进行"百亩实测",科学测定灌溉定额,这是确保水权分配科学公平的基础;明确国家二轮土地承包面积等3类灌溉面积为可确权的灌溉面积,这是核定农业确权水量的前提。三是注意统筹水权改革和水价改革,发挥改革的综合效益。试点明确农业用水在水权额度内的,执行现行水价;超水权额度的,超额部分按现行水价2倍收取。水权指标成为水价制定的依据,水价政策充分体现了水权指标的作用。水权改革和水价改革相结合,相互促进,相得益彰。

(四) 广东省东江流域惠州—广州区域间水权交易

1. 试点背景

广东省东江流域作为我国南方丰水地区的典型代表,被列入国家水权试点的范围,工作重点是在东江流域开展上下游行政区域之间的水权交易。东江流域是珠江水系的重要组成部分,是广州、深圳、河源、惠州、东莞等地以及香港地区3 400余万人的主要供水水源,是重要的"政治水、经济水、生命水"。但随着广东省东江流域经济社会的快速发展,流域上下游发展不平衡、区域用水矛盾、水污染等问题日益突出,已导致水资源处于承载能力警戒范围,流域内广州等部分区域新增用水项目因缺乏用水增量指标暂停审批新增取水。与此同时,由于缺乏市场激励的节水有偿转让制度,造成流域上游地区的部分用水效率相对低下的传统行业节水改造积极性不足,限制了水资源在区域之间和行业之间的高效配置。为了缓解东江流域水资源供需矛盾,广东省开展水权制度建设研究,并完成了东江流域惠州市和广州市区域之间水权交易试点实践,通过引进水权交易机制盘活有限的用水指标,促进了水资源在流域内实现高效配置,并形成了南方丰水地区区域之间水权交易的实践经验。

广州市东部地区位于东江流域下游,水资源供需矛盾突出,部分年份在东江流域的取水量已超过东江流域水量分配的指标限制。旺隆电厂和中电荔新电厂（两个电厂在同一厂区，共用同一取水口）属于广州市在东江流域取水的工业大户，两个电厂获批的直流冷却水取水许可量为 29 943 万 m^3/a。因新塘环保产业园区企业生产用热需求的不断增加，两个电厂年利用小时数远超过设计时数，直流冷却水用水量达到 40 235 万 m^3/a。鉴于广州在东江流域紧张的用水形势，已无富余指标满足两个电厂新增用水需求，且两电厂自身节水有限，难以满足新增用水需求，因此，需要通过水权交易来解决新增用水需求。

惠州市处于东江流域上游，农业用水均占本市总用水量的60%左右，用水相对粗放。近年来，惠州市的农业节水工程续建配套工作有序开展，规划节水改造中型灌区总设计灌溉面积达到 5.67 万 hm^2，节水空间较大，可以将节约的用水指标转让给下游的广州市。经过科学论证和双方协商，惠州市通过农业节水向广州市转让 514.6 万 m^3/a 的用水总量控制指标和 10 292 万 m^3/a 的东江用水指标，用水总量控制指标交易价格为 0.662 元/$(m^3 \cdot a)$，东江用水指标交易价格为 0.01 元/$(m^3 \cdot a)$，水权交易期限为 5 a。广州市通过水权交易获取增量用水指标后，将新增的用水指标再配置给旺隆电厂和中电荔新电厂两个企业，保障东部新塘环保产业园的可持续发展。

2. 主要做法

（1）交易事先水权确权

明晰的水权是开展水权交易的前提条件，是水权交易后权属变更和监督管理的重要凭证，因此，在开展水权交易之前，需要明确出让方的水权量。根据现行的法律和水资源管理制度，东江流域水权确权对象主要为区域水权和取水权两种。用水总量控制指标体系和用水定额是广东省区域水权和取水权的边界约束条件，确保广东省转让的水量是通过节水措施节约的水量。目前，广东省东江流域惠州市和广州市的区域水权，按照流域水量分配方案和行政区用水总量双控制的原则进行确权；用水户水权确权则结合已有的取水许可管理制度，对拟开展交易的用水户进行确权。

①流域水权确权

《广东省东江流域水资源分配方案》已明确了正常来水年份广东省

东江流域河道外的年最大取水量为95.64亿 m^3（不含对港供水量11亿 m^3），其中广州（主要对象为广州东部地区）和惠州市的东江分水量分别为13.62亿 m^3 和25.33亿 m^3。通过实施流域水量分配，广东省东江流域内各市已完成流域取水量分配指标确权。

②行政区水权确权

广东省于2012年初在全国率先建立了"十二五"期间最严格水资源管理"三条红线"，并已完成"十二五"期间的考核工作。2016年分解下达了各地级以上市2016—2030年用水总量控制指标，同时广东省所有地级以上市已将用水总量控制指标分解下达到了各县（市、区）。其中，惠州市分配的用水总量控制指标为21.94亿 m^3，广州市为49.52亿 m^3（东江流域供水区域为12.22亿 m^3）。以最严格水资源管理制度为基础，广东省已建立了省、市、县三级行政区域全覆盖的水资源管理"三条红线"控制指标体系，完成了县级以上行政区的水权确权。

③取水户水权确权

在取水户水权确权方面，广东省通过严格取水许可制度，分别针对非农业取水户和农业取水户开展了水权确权工作，将水权明确到具体取水户。取水户水权确权的基本途径：一是将取水许可作为水权确权的基础，通过水权确权深化、完善取水许可制度；二是严格总量控制和用水定额管理，对已发证取水户强化取水许可延续评估，通过水平衡测试、用水评估等措施综合分析用水效率，依照取水许可管理法规，核减不合理许可水量，核定取水户合理取水权；对于新建、改建、扩建工程则通过严格水资源论证牢牢把住水量核定关口；三是取水许可重点明确取水量指标、用途管制、取水方式、取水地点、计量设施、使用年限以及相应权利、责任和义务等内容。结合农业用水取水许可管理制度，水权出让方的惠州市完成了辖区内22宗中型灌区的农业用水取水许可发证手续，核定了农业用水合理取水量，明确了各灌区的水权量。通过开展水权确权登记工作，完成了东江流域行政区和重点用水户的事先确权，为水权交易提供了保障。

（2）可交易水量评估

开展水权交易的可行性关键是在"算水账"的基础上，明确受让方的需水量和出让方的可交易水量权限及额度。

①受让方需水量评估

为了合理确定受让方的需水量,广州市旺隆电厂和中电荔新电厂联合开展了水平衡测试工作,测试结果表明两个电厂的直流冷却水需求量达到 53 250 万 m^3/a,节水潜力达到 2 723 万 m^3/a,合理的需水量为 40 235 万 m^3/a,获批的取水许可量为 29 943 万 m^3/a,新增东江用水需求量为 10 292 万 m^3/a;直流冷却水用水总量控制指标按照耗水率 5%计算,则需新增用水总量控制指标 514.6 万 m^3/a。

②出让方节水量评估

出让方惠州市为了节约农业用水量,近年来不断加大灌区节水改造力度,其中已完成龙平渠灌区等 10 宗中型灌区节水改造工程建设,节水灌溉面积达到 2.04 万 hm^2,并完成 5.39 万 hm^2 高标农田建设任务。同时,为了算清农业节水量,惠州市开展了灌区渠系水利用系数测算和节水潜力计算。通过农业灌区节水改造,惠州市农业灌区渠系水利用综合系数达 0.553,部分改造工程完成得较好的灌区渠系水利用系数可达 0.6~0.65 左右,比灌区节水改造前提高约 23%。已完成改造的 10 宗中型灌区节余并可参与水权交易的农业水量达 1.32 亿 m^3,满足与下游广州市进行水权交易的规模需求。

通过水权交易双方的"水账"计算,完成了可交易水量的事中评估,为后续的交易和监管提供了依据。

(3) 水权交易监督管理

水权交易完成后需要有相应的手段监督和管理双方对于交易标的的履行。其中计量监控是交易监管的重要手段,也是交易双方用多少、节多少以及交易水量是否符合要求的重要衡量;另外,水行政主管部门的监管制度也是确保水权交易合同正常履行和解决纠纷矛盾的重要手段。

①水权交易计量监控

受让方广州市旺隆电厂和中电荔新电厂均安装了取水在线监控设备,并纳入了广东省水资源监控能力建设项目中的水权交易系统。惠州市 5 宗重点中型灌区计量已纳入广东省水资源监控系统,另外,惠州市有17宗中型灌区已纳入广东省二期监控项目建设。因此,东江流域惠州和广州水权交易的主体均纳入水资源监控系统,可以实时监控双方取用水量。

②水权交易监督管理制度

广东省通过制定《广东省水权交易管理试行办法》,明确了水权交易监管部门、交易平台和交易主体等相关各方的责任和义务,建立了相关的奖惩制度和监督管理制度体系。其中,明确了县级以上人民政府水行政主管部门按照规定的权限,即负责本行政区域内水权交易的监督管理工作。

3. 交易成效

(1) 节水优先,提高节约用水意识

广东省东江流域各市牢固树立节水优先的理念,始终坚持以用水总量控制和节约用水为前提,通过发放农业灌区取水许可证,并通过大力推进农业灌区节水改造工程建设,合理节约农业用水量,保障了水权交易的来源。同时,通过水权交易开展节水改造,培育了各界主动节水意识,提高了用水效率。通过水权交易灌区节水改造,惠州市的灌区渠系水利用综合系数由原来的 0.45 左右提高到 0.553,水权试点三年期间惠州市用水效率提高了 23%。

(2) 盘活指标,突破流域用水瓶颈

东江流域上游惠州市与下游的广州市进行水权交易,理论上可以支撑广州市约 313 亿元(以 2016 年为基准年)的经济发展,因此,惠州与广州的水权交易有效破解了东江流域下游地区用水指标紧缺的瓶颈问题,保障了东江流域经济社会的可持续发展。水权交易是利用市场化机制,实现水资源使用效益和效率优化的方式,也是水权行政分配后的有益补充。

(3) 市场交易,拓宽节水资金渠道

丰水地区的水权交易充分体现了水权交易本身是发现资源价值的过程,丰水地区也可以让每一滴水都发挥应有的价值。惠州市通过市场手段,将节约的用水指标交易给下游有需求的广州市,交易期限内获得了 2 217.9 万元的资金,用于后续的农业灌区节水改造和节水设施维护,拓宽了节水的资金渠道。因此,东江流域水权交易营造了节水、护水的氛围,开拓了实施节水工程资金来源新渠道,其社会效益和实践意义不亚于交易带来的经济收益。

综上所述,依托取水许可证管理、水平衡测试、灌区节水改造工程建设、渠系水利用系数测算、节水潜力评估、水资源监控系统建设等措施,广东省东江流域形成了事先确权—事中评估—事后监管的可操作、可复制、可推广水权交易经验,可对我国水权交易实践起到重要的示范。

4. 需进一步完善之处

虽然广东省东江流域惠州与广州区域间水权交易取得了事先确权—事中评估—事后监管的系列经验,但鉴于东江流域的水权交易仍处于初级试点阶段,在后续的实践过程中仍需要开展以下工作。

(1) 明确交易资金用途

目前,惠州市转让的水权是通过农业节水的方式获取,但节水工程效益的稳定性需要对节水工程进行长期维护与管理,因此,建议明确惠州与广州水权交易资金的使用用途,制定相应的管理规定,将交易的资金用于交易灌区节水工程的运行与维护工作,确保节水工程效益的稳定发挥。

(2) 定期开展节水评估

目前,广东省东江流域惠州市的农业节水量是基于现有的节水工程效果,节水工程的效益稳定性直接影响了区域间水权交易进行的可持续性,因此,需要定期对出让方节水效果进行评估,确保节水能够保证交易正常进行。

(3) 保障农民用水权利

目前,基于广东省农业灌溉的特点,广东省东江流域的农业水权确权对象是灌区单元,尚未细分到农户层面,水权交易是否会影响到农户的合理用水有待检验,因此,在水权交易的实践过程中,需要跟踪农户用水情况,通过有效灌溉面积变化和粮食产量变化情况评价农民的合理用水权利是否得到保障。

第四节　全国水权试点改革的差异性分析

(一) 确权方式

1. 宁夏

宁夏以国家确定的全区用水总量控制指标和黄河水量分配指标为依据,综合考虑用水定额、灌溉面积及实际用水情况等,在引黄灌区和扬黄灌区明确了乡镇、农民用水协会和用水大户的水资源使用权;同时,对纳入取水许可管理的,通过规范取水许可、发放取水许可证进行确权。确权流程如图 4-5 所示。

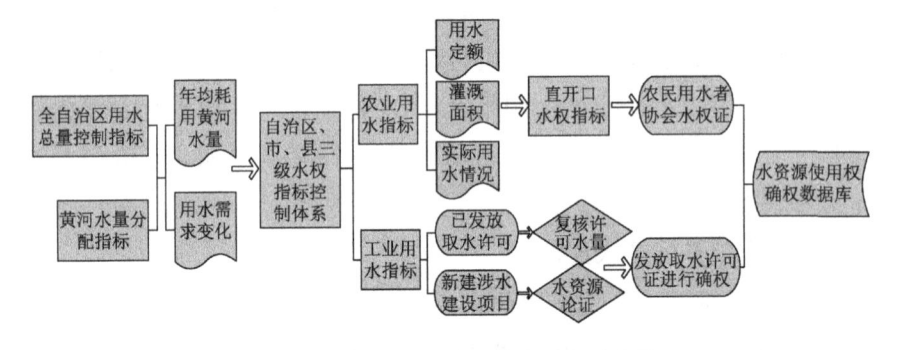

图 4-5　宁夏回族自治区水权确权流程图

2. 江西

与宁夏水资源短缺不同,江西省探索了南方丰水地区水权确权的路径和方法。主要包括三个方面重点工作。第一,对纳入取水许可管理的取用水户,通过规范取水许可管理,在确认和核定批复取水量与实际取水量的基础上进行确权。第二,对灌区供水范围内的农业用水户,根据区域用水总量控制指标、行业用水定额、灌溉面积、灌溉保证率等因素综合确定取水量,发放水权证进行确权。第三,对农村集体经济组织及其成员修建的水库,结合小型水利工程产权改革,将水资源使用权确权给村民小组、村民委员会或农民用水合作组织代表村,颁发水资源使用权证。江西省各类取用水户水权确权过程如图4-6所示。

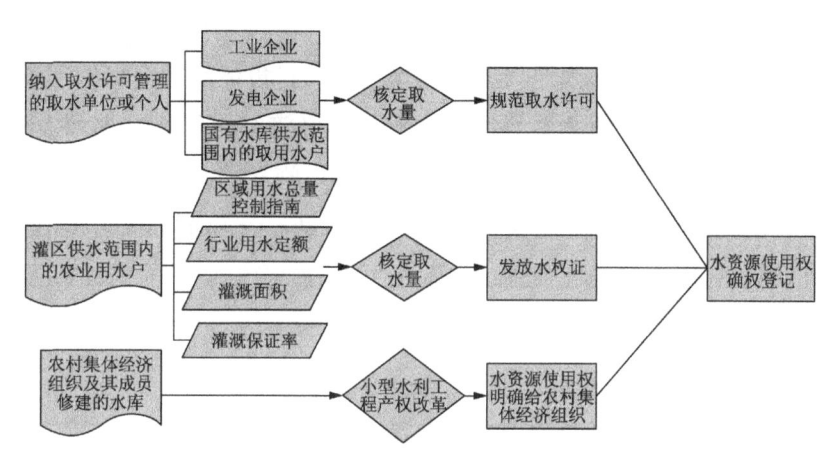

图 4-6 江西省水权确权流程图

3. 湖北

湖北省宜都市试点的确权类型较为单一，主要为农村集体经济组织及其成员修建的水塘、水库中的水资源使用权，确权途径和方法为：结合农村小型水利设施产权改革，整治堰塘、配套计量设施，将其中的水资源使用权逐一确权到村，为各村委会甚至有条件地区的农户制作统一的"水资源使用权证"，明确权属内容和凭证，如图4-7所示。

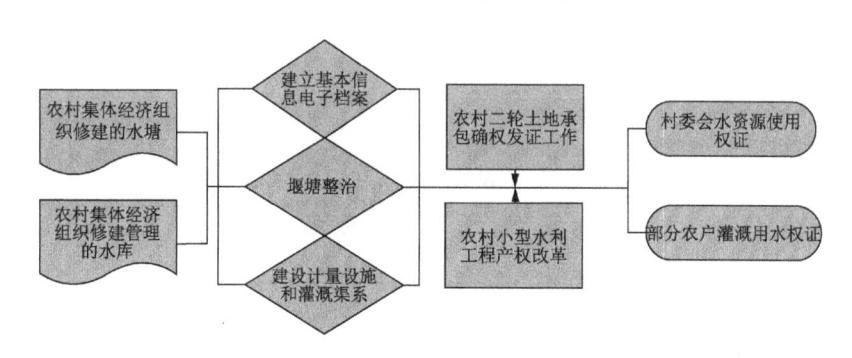

图 4-7 湖北省宜都市水权确权流程图

4. 比较分析

在水资源使用权确权登记工作中，宁夏侧重区域用水总量控制指标的层层分解，自治区、市、县逐级确认区域取水权益，在此基础上，按行业分配到用水户。江西则一方面通过核定取水量对纳入取水许可的取用水户进行规范,并以取水许可证作为权属凭证予以确权登记,另一方面通过小型水利工程产权改革的途径对农村集体经济组织的水资源进行确权登记。而湖北主要针对农村集体经济组织修建的塘堰、小水库进行测绘、建立电子档案、配套建设计量设施和灌溉渠系等工程整治措施,实现灌溉用水权确权登记。由此可见,三个确权试点省(自治区),确权的层面、对象、范围、过程、方式方法、确权凭证的式样以及确权登记的最终主体均存在一定差别,如表4-3所示。

表4-3 国家3个试点省(自治区)的确权方式比较

试点省(自治区)	确权范围	确权过程	确权方式	确权凭证	确权对象
宁夏	全区	用水指标分解、复核水量、确权登记	规范取水许可、发放农业水权证	取水许可证、水权证	纳入许可的取用水户、农民用水户协会
江西	新干县、东乡区、高安市	核定取用水量、小型水利工程产权改革	规范取水许可、发放农村集体经济组织水资源使用权证	取水许可证、水资源使用权证	纳入许可的取用水户、村民小组、村民委员会或农民用水合作组织
湖北	宜都市	建立基本信息电子档案、堰塘整治、建设计量设施和灌溉渠系	发放农村集体经济组织修建的水塘和修建管理的水库"水资源使用权证"	水资源使用权证	各村委会、部分农户

(二)交易机制

1. 交易类型

内蒙古重点开展跨盟市水权交易,如巴彦淖尔与鄂尔多斯、阿拉善盟等,即由工业企业投资节水工程,将灌区节约的水量在偿还超引黄河水量的基础上,部分转让给投资节水的企业。河南重点开展省内不处于同一流域的地市间跨流域水量交易,包括年度水量交易,以及一定期限内的水量交易。甘肃疏勒河流域重点开展行业和用水户间水权交易,即在用水总量控制红线下,新增建设项目通过水权交易解决用水需求,包括农业节水后向工业和服务业出让水权以及灌溉用水户之间的水权交易。广东省重点开展东江流域上下游不同地市之间以及地市内县区与县区之间水权交易,如惠州、河源等市将农业节余水量指标向广州、深圳等市有需求的工业项目进行有偿转让。

2. 交易标的与交易期限

从水权交易的标的来看,4个国家水权交易试点省(自治区)存在一定差别,既有实实在在的水量,也有虚拟化的用水指标。其中,内蒙古和甘肃省疏勒河流域相似,交易标的均为节水工程节约的水量,其特点是水权受让方投资建设节水工程,并获取与节水工程节约水量相等的水权量。广东东江流域则不同,水权交易过程中没有必要的节水工程作为载体,更多的是用水指标在不同行政地区间的市场化调剂。而河南省上述两种交易标的兼而有之,其跨流域水权交易标的主要为用水指标,跨地区间水权交易标的则为节约水量。

从交易期限来看,由于涉及节水工程的大量投资,内蒙古水权交易期限最长,通常为25年。而甘肃疏勒河流域水权交易更多的是为了满足灌溉用水户季节性灌溉需要,所以交易期限通常为1年。河南省水权交易期限也较长,为20年,但考虑到水权不确定性和价格波动,交易双方同时约定每三年协商一次协议细节。广东省水权交易期限则保持与取水许可期限相一致,为5年。

3. 交易平台

内蒙古和河南通过成立水权收储转让中心,负责水权收储、水权转让、信息发布、中介服务等。甘肃省疏勒河流域水权交易由水交所提供交易服务,在水交所交易平台进行水权交易。广东省依托广东省产权交易集团实施水权交易,具体业务由其下属的广东环境权益交易所负责,包括制定交易规则与流程,搭建资格核查、账户注册、交易形成、价格确定、金额结算、信息公开和争议调解等水权交易信息化管理体系。

4. 交易价格

目前,各试点地区的水权交易价格,均采取了在成本测算基础上的协商价格,但成本项的构成存在一定的差别。内蒙古主要考虑灌区节水改造工程建设、运行维护、更新改造、经济补偿、生态补偿等方面的费用。河南则根据南水北调工程基本水价、供求关系、交易成本、交易收益等因素确定交易价格。甘肃由于主要是灌溉用水户之间进行水权交易,所以采用不超过农业水价一定倍数的方式,通常不超过3倍。广东目前仅有一宗交易案例,采用的是政府指导价的形式,挂牌时约定最低价格,而实际成交价格也即为挂牌最低价。

综上,4个国家水权交易试点省(自治区)的比较如表4-4所示。

表4-4 国家水权交易试点地区水权交易机制比较

试点省(自治区)	交易类型	交易标的	交易期限	交易平台	交易定价
内蒙古	跨盟市工农业间	节水工程的节约水量	25年	水交所、内蒙古自治区水权收储转让中心	协议/竞价
河南	跨流域水权交易 跨区域水权交易	节余用水指标(跨流域)、水量指标(跨区域)	20年,每三年协商一次协议细节	水交所、河南省水权收储转让中心	南水北调综合水价+收益
甘肃	行业和用水户间水权交易	节水工程的节约水量	1年	水交所	基本水价基础上协商确定
广东	流域上下游水权交易	用水总量控制指标、东江流域水量分配指标	5年	广东省产权交易集团(广东环境权益交易所)	政府指导价(用水总量控制指标0.662元/m^3/a、东江流域取用水量分配指标0.01元/m^3/a。)

比较分析全国4个省(自治区)的水权交易机制,总体上呈现如下

5个特点。

（1）交易类型的多样性。试点中的水权交易类型涵盖了《水权交易管理暂行办法》中的三种主要类型，其中，属于区域水权交易的有内蒙古、河南与广东（这里，跨流域及流域上下游水权交易亦属于区域水权交易）；属于取用水权交易的有内蒙古、甘肃；属于灌溉用水户水权交易的为甘肃。

（2）交易标的的灵活性。试点中，水权交易的标的虚实结合，虽然《取水许可和水资源费征收管理条例》（国务院460号令）中唯一明确的可用于交易的是节水工程的节约水量，然而，试点中，水权交易标的已向虚拟化的水权指标或水量指标方向大胆探索。

（3）交易期限的悬殊性。从交易期限上看，有长达25年之久的区域水权交易，也有灌溉周期内的仅有1年期的灌溉用水户水权临时性调剂。一般而言，交易期限与交易类型存在相关性。

（4）交易平台的层级化。试点中，我国逐渐成立了国家、流域、省级等多层次的水权交易平台，这些平台既有新组建的、亦有在现有产权交易平台基础上拓展水权交易功能的，水权交易可视其重要性、规模及属地合理选择相应交易平台。

（5）交易价格的探索性。水权交易价格是敏感的话题，也是水权交易中的重要杠杆。对于水权价格领域的改革，目前各试点省（自治区）尚处于探索之中，既有相对保守的政府指导价或成本价，亦有协商（议）价，以及竞价等市场化定价模式。

第五节　全国水权试点的改革经验与存在问题

(一) 全国水权试点改革经验

1. 因地制宜地推行全国水权制度改革

国家试点省（自治区）的水权改革，无论是水权确权登记，还是水权交易，抑或是水权制度建设，均各具特色，呈现明显的地区性差异。各试点省（自治区）根据自身水资源条件、经济社会发展需要、历史习惯以及人文、法律等客观要素，恰当选择适合本地区的、阻力小的、可实现的水权改革模式，初步明晰了水资源使用权，探索了水权交易模式，并探索建立了水权制度。

我国地域辽阔，水资源条件南北差异大，同时，社会经济发展水平也存在不平衡的问题，一般而言，北方缺水地区居民生活、生态环境、经济社会发展受到水资源约束较为强烈，供需矛盾突出，对水权改革的认识较为充分、需求较为迫切，开展水权工作积极性高、动力足，水权交易的市场机制作用明显。特别是最严格水资源管理制度实施以来，北方缺水地区水权改革进展较为顺利，除国家试点省（自治区）外，北方多数地区也积极推进水权改革。相反，南方丰水地区水资源虽然存在局部的供需矛盾，但从总体而言，现状用水量尚达不到用水总量控制指标。南方丰水地区水资源相对丰沛，缺水压力相对较小，一些丰水地区考虑到经济布局和产业结构调整需要，不愿过早将水资源使用权固定到取用水户，对确权登记缺乏积极性。同时，用水主体的用水量尚未触及水量的"天花板"，水权交易需求不足、市场有限，水权制度建设积极性不高，迫切性不强。因此，全面推广水权改革要充分考虑区域性差异特点，这也符合国际惯例，例如，水资源较为丰富的美国东部主要实行沿岸权制度，而干旱缺水的西部则主要实行优先占用权制度，此外澳大利亚各州之间水权制度也存在明显不同。下一阶段，全国其他省份水权确权登记、交易模式的确定，应当因地制宜，结合实际需求探索采取适宜的水权改革之路。

2. 严格用水总量控制，倒逼缺水地区和企业通过水权交易满足用水需求，培育水权交易买方

河南、宁夏、内蒙古等开展水权交易的地区都深入实施最严格水资源管理制度，加快落实水资源双控行动，明确要求用水总量达到或超过区域总量控制指标、江河水量分配指标的地区，新增用水需求应当通过水权交易来满足。以河南为例，在试点初期，一些缺水地区多次要求用行政方式调整南水北调用水指标。为此，省水利厅及时会同省南水北调办印发《关于南水北调水量指标使用问题的意见》，明确跨省辖市和

直管县（市）使用南水北调中线用水指标的，需通过水权交易的方式取得南水北调用水指标的使用权，南水北调用水指标所有权不变。这就从机制上倒逼缺水地区通过区域水权交易方式满足其用水需求，培育了水权交易买方。

3. 建立闲置取用水指标认定和处置机制，盘活存量水资源，培育水权交易市场卖方

这以内蒙古和河南最为典型。其中内蒙古在全国率先探索建立了闲置取用水指标认定和处置机制：供需之间的不匹配，客观上增加了交易成本，导致交易出现困难甚至无法成交。内蒙古从改革实践需求出发，探索建立水权收储机制，首先以内蒙古水权收储转让中心作为水权收储转让的平台。其次，明确水权收储两种主要类型，一是授权收储，即对于政府或其授权的单位认定的闲置水指标，授权由中心进行收储；二是主动收储，参考合同节水管理的做法，拟由中心投资节约取用水指标，对于节约出的水权由中心进行收储。从实践上看，内蒙古收储了3次闲置取用水指标共 7 444.45 万 m^3，已经通过交易平台进行了交易。具体做法如下：内蒙古水权收储转让中心首先明确界定闲置取用水指标的范围，将水资源使用权法人未获得行政许可的水源、水源、水量以及取用期限的水指标或通过水权转让获得许可、但未按相关规定履约取用的水指标等6种情形认定为闲置取用水指标；其次，按照分级管理的原则，由旗县级以上水行政主管部门实施闲置取用水指标认定，并向使用权法人下达《闲置水指标认定书》；再次，实行闲置取用水指标收储和处置，其中，经内蒙古自治区水行政主管部门认定和处置的闲置水指标必须通过水权收储转让中心进行转让交易。

4. 建立"长期意向"与"短期协议"相结合的水权交易动态调整机制

在区域水权交易中，买方普遍担忧开展水权交易并配套建设引水工程和水厂后，由于工程投资大，如果交易期限过短，在经济上不划算，因而希望能获得长期、稳定的交易水量；而卖方则对此有顾虑，担心水量交易期限过长会影响本地区经济社会发展用水，将来自己经济发展了，需要用水反倒没有指标可用。为了满足供求双方对于交易的不同

诉求,河南省在南水北调水权交易中,采取"长期意向"与"短期协议"相结合的形式。以平顶山市和新密市的交易为例,两市通过签订《交易意向书》的形式,约定保障新密市在 20 年内每年不超过 2 200 万 m³ 的用水需求;同时每三年签订一次《水量交易协议》,协商确定协议期限内交易双方的水量交易数量和价格。

5. 完善水资源监控计量体系

水资源监控计量是水权确权、交易和监管的基础。水权确权后需要同步配备相应的监控计量设施,确保水权可监管,如果无法对取水行为进行有效监控计量,水权确权将变得毫无意义。从国家 7 个水权试点地区来看,水资源监控计量尤其是农业用水监控计量基础还较差,难以为水权确权、交易和监管提供全面有效支撑。从全国来看,虽然实施了国家水资源监控能力建设一期项目,但总体上监控计量能力距水权管理需求还有较大差距,农业用水计量监控尤为薄弱。为此,全国要在深入总结推广水权试点经验的基础上,不断深化改革,巩固扩大水权改革试点成果,结合国家水资源监控能力建设和现代化灌区建设,各省(自治区、直辖市)要同步开展省级水资源信息系统建设,不断完善监控计量设施,进一步拓展监控范围,健全水资源监控计量体系,为推进水权制度改革提供基础保障。

首先,强化水资源监控能力和科技支撑。以国家水资源监控能力项目建设为重点,依托全国水质自动监测系统建设,进一步完善各地水量水质的动态监控和管理系统,强化对重要河湖取用水的监控与管理。加强省界等重要控制断面、水功能区的水质水量水生态监测能力建设,完善取水、排水、入河湖排污口计量监控设施,逐步建立中央、流域和地方水资源监控管理平台,全面提高水资源、水生态监控、预警和管理能力。

其次,推进农业取水的监控、计量和统计工作。加快转变农业的传统漫灌方式,减少化肥和农药流失,实施农业用水监控、计量、统计以及考核。大力推进大中型灌区续建配套和节水改造设施,加快重点小型灌区节水改造,完善农田灌排体系。定期对农业用水计量设施进行校验,确保农业用水计量的准确性。充分利用农业水资源监控计量系统开展水权分配、确权及交易管理工作，不断完善系统功能，丰富统计分析和自纠错功能，深入开展农业水权大数据分析。

最后，加强水资源监控、监管的执法力度。切实加强水权的日常管理与执法的巡查和现场检查，重点加大对主要河湖的巡查力度，及时发现和处置非法取水、超许可取水、超计划取水等行为。建立健全流域与区域、相邻区域之间、水利部门与其他部门之间的联合巡查机制、综合执法机制，深化跨部门执法合作，创新执法形式，强化执法信息通报。

6. 建立多种类型的水权交易平台

水权交易平台是推进水权交易、活跃水市场的重要力量和支撑，根据试点省（自治区）经验，建立交易平台通常有三种途径，一是依托水交所开展水权交易。对于水权交易规模偏小、交易频率低的地区，为防止资源闲置、运营成本增加，建议依托水交所，利用现有的软硬件条件，在国家级交易平台上开展流域水权交易，如甘肃疏勒河模式。同时，有条件的地区也可以借鉴水交所运行的做法和经验及品牌优势，探索设立水权交易分中心，以提高水权交易工作的便捷性。二是依托所在地区既有产权交易平台（如产权交易所、环境权益交易所、排污权交易所等），拓展水权交易功能。全国水权改革推广中，建议结合《国务院办公厅关于印发整合建立统一的公共资源交易平台工作方案的通知》（国办发〔2015〕63号）的精神，鼓励各省市在既有产权交易平台的基础上，围绕水权交易规则与程序，拓展现有产权交易平台的水权交易功能，如广东模式。这种模式的优点在于，可以充分利用现有平台资源，避免交易平台重复建设，同时能够更快实现水权交易功能。三是新建立水权收储转让中心，对于水权交易量较大、交易较为频繁的地区，建议设立本地区水权收储转让中心。例如内蒙古、河南，新建立的水权收储转让中心具有交易中介机构、水银行以及交易咨询等多种职能，负责本地区水权收储转让，行业、企业结余水权的收储转让，投资实施节水项目并对节约的水权收储转让，新开发水权的收储转让，水权收储转让项目咨询、评估和建设，以及国家和流域机构赋予的其他水权收储转让，未来甚至可以将水权作为一种金融资产，结合其金融产品属性，利用金融衍生品的思维进一步挖掘水权的期权、期货价值。

7. 规范水权交易价格形成机制

第一,强化市场在水权交易价格形成中的决定性作用。

水权交易中政府和市场的作用,一直是理论界和行业管理部门争论的热点之一。由于水资源的公共属性和战略要素定位,一些官员和学者更是旗帜鲜明地认为,水权交易不可能是市场行为,其价格形成也应该严格实施政府指导价。而十八届三中全会以来,水权交易中的市场作用和地位得到加强,但在水权交易价格市场化改革方面,仍有学者和管理者畏手畏脚,在水权交易价格形成的市场机制前缺乏前瞻性、探索性和突破性。市场机制尤其是其中的价格机制是水资源优化配置的有效方式,根据福利经济学第二定理,当水权初始分配存在低效率时,由于分配方案调整的阻力或交易成本较高时(通常,调整水权初始分配是社会敏感问题),水权交易的市场机制能够弥补这一低效率情形,即市场手段可作为行政分配的有效补充,从而提高甚至最大化水权配置的社会福利效应。在水权交易价格形成中进一步强化市场的决定性作用,只要不是关乎生命安全、自然生态安全以及战略安全的水资源,均建议依靠市场形成水权交易价格。水行政主管部门、水权交易平台等机构应超前探索水权交易价格形成过程中的竞价机制,包括招投标、拍卖以及集市型价格模型及机制,将一般生产性水权的价格问题交由市场出让方和受让方共同决定。从而使价格真实反映出让方和受让方支付意愿,增加社会福利效应。

第二,保障水权出让方获取水权增值的合理收益。

十八大后的水权制度建设是水资源管理由行政手段向市场手段转变的重要途径,是树立水资源权属意识的重要改革工作之一。因此,十八大后的水权制度建设的根本目的在于通过权属的明晰,增强水权持有人的财产权意识,并通过水权的市场机制,以水权交易价格的形式,实现水权持有人的财产性收益。水权作为用益物权,属于私法上的权利。水权在组织与个人之间流转,权利的获得者必须为所获权利支付一定的价格,即水权的财产性收益。水权交易价格一方面取决于水资源的效用性大小及稀缺性的强弱,水资源具有效用且稀缺是水权具有财产性价值的前提条件,也是水权价值的基础,进而在市场上才会形成水权交易价格。通常,我国北方地区表现为资源型缺水,南方地区表现为水质型缺水,随着水权用途的不同、因水量水质等问题导致的水权稀缺性变化,水权价值都将发生重大的改变,应充分评价水权的价值,从而在水权交易价格上充分反映水权持有人的财产性收益。另一方面,水权交易价格还需要体现水资源的产权价值,即水权购买方对获得水权后经济收益增长的预期,以及水权出让方的水权机会成本。

国家水权试点工作完成,水权改革取得阶段性成果。在生态文明建设的总体框架下,需要进一步建立自然资源产权制度,水权是其中的关键一环。但由于水资源同时具有战略资源、自然资源、社会资源和经济资源等多重属性,且时空分布不均,因此,水权改革相对于土地、森林、矿产、草地等其他资源产权改革难度更大。下一阶段,全国各省市需要在国家试点省(自治区)经验的基础上,结合自身水情和经济社会发展需求,以产权理论为指导、充分发挥市场在水资源配置中的决定性作用,强化水行政主管部门的监督管理职能,不断深化水权制度改革,促进新时代水资源现代治理能力提升。

(二) 全国水权试点中尚存在的问题

1. 水权交易推进困难

不少地方水权购买意愿不强和惜售现象并存,水权交易市场不活跃。从买方方面看,由于缺乏刚性约束机制,一些缺水地区和企业仍存在"等靠要"观念,购买水权的意愿不强。从卖方方面看,一些有富余指标和水权的地区或取用水户,对水权交易还存在各种担心,加上水权交易收益不高,激励不足,转让水权的意愿不强。同时,一些地方尚未建立高效的水权交易价格形成机制,制约了水权交易的开展。

2. 水权监管存在不足

一是水资源用途管制制度尚不健全,难以适应水权确权工作需要。特别是对于自来水公司,由于缺乏用途管制制度,自来水公司在办理取水许可证之后,容易随意扩大对工业园区和工业企业的供水,进而导致监管处于缺失状态。二是计量设施滞后,难以为水权确权和交易提供支撑。

3. 法律法规尚不完善

一是区域水权的法律依据尚不充分。对于区域用水总量控制指标,区域政府能够享有什么样的权利义务,尚缺乏相关法律规定,给区域水权确权和交易带来了困难。二是取水权的权利义务内容尚不够明确。虽然《民法典》明确取水权是一种用益物权,依法取得的取水权受法律保护,但《水法》是以取水许可制度为基础设置取水权的,而取水许可制度将公共供水单位和自备水源的企业都纳入管辖范围,这就使得取水许可与水权之间的关系存在着争议和困惑。三是灌区内用水户水权确权缺乏法律依据。党的十八届五中全会明确要求建立用水权初始分配制度,《国务院办公厅关于农业水价综合改革的意见》要求明确灌区内农业用水户的水权,目前不少水权试点地区正在以用水户协会或农户为单元开展农业水权确权,并将灌溉用水户水权交易作为一种交易类型。然而,用水权是一种什么权利?哪些主体拥有用水权?用水权人有哪些权利义务?诸如这些问题,目前法律尚无规定。四是政府有偿出让水权的法律依据不充分。虽然2018年2月水利部、国家发改委和财政部《关于水资源有偿使用制度改革的意见》涉及了对政府投资节水回购的水资源以及回购取用水户节约的水资源可以有偿出让的问题,但法律法规尚未作出明确规定,而且可出让的水权来源也需要进一步拓展。

第五章
省级试点地区水权交易情况及经验分析

除全国7个水权试点省份外,浙江、山东、河北、山西、新疆、陕西等省(自治区)也自发开展了省级水权改革试点。总体而言,水权市场发展呈现明显的南北方差异性。南方由于水资源较为丰富,水权交易的意识、意愿和迫切性大大弱于北方缺水地区。

第一节　南方丰水地区水权试点省份改革困境与推进对策

(一) 浙江省杭州东苕溪流域水权制度改革实践与经验

1. 基本情况

浙江属于丰水地区,水资源供需矛盾不突出,因此,浙江省对水权制度改革较为慎重,浙江省水权试点工作主要在杭州市。2013年12月,杭州市提出建立健全水权制度,将水权改革纳入"杭改十条";2014年初,浙江省水利厅将东苕溪流域列为首批试点区域。东苕溪流域属浙江省杭州市余杭区和临安市行政管辖范围,试点区域面积为1 390 km²,涉及行政分区为余杭的9个镇(街道)和临安的8个镇(街道)。2013年,试点范围内常住总人口64万,其中城镇人口42万,农村人口22万;耕地面积38万亩,农田有效灌溉面积25万亩,大小牲畜12万头;地区生产总值501亿元,其中工业增加值260亿元。东苕溪流域内新型工业化、信息化、城镇化处于快速发展期,水资源需求强劲,用水户计量监控状况良好,基层水资源管理能力强,且推进水资源管理体制改革的动力足,要求迫切,完全具备水权试点开展的前提条件。试点目的主要是实现两个转变,即由以政府计划行政管理为主的管理方式向市场资源化管理转变,由粗放式的水资源管理方式向高效节约的水资源管理方式转变。

试点范围内水资源主要由大气降水和地下水补给,以河川径流、水面蒸发、土壤入渗的形式排泄。涉及水系为南苕溪、中苕溪和北苕溪,水资源量为11.14亿 m^3,水资源相对紧缺。

2. 工作思路和具体做法

(1) 基础阶段(2014年1月—2015年3月)

制定出台改革总体实施方案。2014年12月,杭州市政府办公厅印发了《东苕溪流域水权制度改革试点方案》。方案主要有三个方面的特点:一是明确提出流域内各行政区的初始水权。区域初始水权既是两地政府水资源开发的红线,也是区域内取用水户获取水权的基础。二是在水量分配中专门预留了4 000万 m^3 的政府应急水量,支持政府未来重大民生工程的用水需要。三是明确了水权的获取及交易种类、现有取水户许可向水权证过渡的方式方法、水权时限和水权交易类型。在目前法律框架内,水权时限暂定为10年。水权交易类型有3种,包括跨区域用水指标交易、初始水权交易及取用水户间的水权交易。

完成流域水量分配。经浙江省水利厅审查批复、杭州市政府同意,杭州市林业水利局印发了《东苕溪流域(杭州段)水量分配方案》,方案立足东苕溪流域水资源自然禀赋和管理工作实际,制定分水原则和分水方法,顺利完成水量分配工作,明确了区域取用水总量和权益,为水资源使用权确权登记及水权交易提供了基础。

(2) 试点推进阶段(2015年3月—2016年3月)

全面开展确权登记工作。完成东苕溪流域73家年取水量1万 m^3 以上工业企业的取用水情况调查、核定工作;摸底排查496座山塘水库蓄水量和年用水量情况;启动农村集体经济山塘水库水资源确权试点工作,结合浙江省实际,委托浙江省水利河口研究院、浙江大学等技术支撑单位编制了确权技术方案,对典型山塘水库开展水资源使用权确权工作。同时结合水利工程标准化建设,对这些库塘进行管理范围划界,对库塘水资源用途、方式、数量及受益主体进行现场调查,建立山塘水库档案。

完善取水户实时监控系统建设。在做好 5 万 m^3 以上取水户取水实时监控系统维护管理的基础上,加快推进 1 万 m^3 以上取水户取水监控系统建设,流域内临安、余杭两地已实现年取水量 1 万 m^3 以上取水计量监控的全覆盖。

完成水权信息登记系统建设。委托杭州市产权交易所开发完成了水权信息登记系统,并不断优化完善功能和界面。同时开展辖区内取用水户信息系统录入工作,重点将首批已确权的工业用水户录入水权登记系统。

(3) 攻坚阶段(2016 年 3 月至今)

逐步建立制度保障体系。指导临安区制定《农村集体经济水资源使用权确权登记实施办法》《农村集体经济所有的山塘、水库水权转让暂行办法》,开展《东苕溪流域水资源资产价格评估理论》《杭州市农村集体经济山塘水库水权交易程序及交易平台建设思路》等研究。同时,累计完成 26 座农村集体经济所有的山塘、水库水资源所有权确权登记。图 5-1 所示为杭州东苕溪水权试点临安区水资源使用权证。

图 5-1 杭州东苕溪水权试点临安区水资源使用权证

试点开展水权交易。一是交易界定。实施方案中所指水权交易是指在试点区域范围内,拥有水权的取用水户之间的水权买卖活动,包括水权的获取和转让。二是交易价格。水权交易采取政府指导下的市场化运作方式进行,成交价格由市场供求关系决定。三是交易平台。杭州市水权交易平台设在杭州产权交易所有限责任公司(以下简称杭交所),由杭交所组织相关市场主体进行水权交易。四是交易程序。转让或购买水权的取用水户向所在地水行政主管部门提交申请材料,由所在地水行政主管部门进行审核。经核准的转让或购买信息通过水权交易平台进行公示。水权转让信息和购买信息通过水权交易平台公开挂牌,按价格优先、时间优先的原则自动匹配。匹配成功后,由杭交所组织交易双方签订水权交易合同,并凭杭交所出具的交易凭证,向所在地水行政主管部门申请水权登记或变更。试点成立以来,杭州市选取了2家企业进行模拟水权交易,杭州水权制度改革取得了实质性进展。

3. 试点成效

(1) 按类别进行水量分配

按照90%来水频率,采用用水定额预测法和分类权重法,并以两种分配方法各占50%权重的方式,综合考虑地区GDP、城镇化率、森林覆盖率等指标,对涉及流域内的余杭、临安两地的生活、工业、农业和生态四大类用水进行水量分配。同时,为保证流域用水安全及市政府重大建设项目的用水需要,建立东苕溪流域政府储备水权,储备水量为0.4亿 m^3。浙江省水利厅对水权分配方案进行了批复。

(2) 完善取水户实时监控系统建设

在做好5万 m^3 以上取水户实时监控系统维护管理的基础上,加快1万 m^3 以上取水户实时监控系统建设,临安、余杭两地新完成监控系统安装102家,监控数累计达264家。

(3) 完成水权信息登记系统建设

委托杭州市产权交易所承担水权信息登记系统的开发工作,开发过程中进行了多次阶段性审查,对功能和界面进行优化完善,该系统已投入使用,相关取水户信息已全部录入系统。

（4）全面展开确权登记工作

确权登记是水权交易的重要基础和前提。一方面,完成东苕溪流域73家取水量1万 m^3 以上工业企业取用水情况调查、核定和登记;另一方面,组织开展流域内496座农村集体经济所有的山塘、水库调查摸底工作,在此基础上,已先后完成了14座山塘、水库水资源使用权确权登记。目前,还有16座山塘、水库正在开展确权登记。

4. 主要经验

省级试点建立以来,浙江省根据试点地区水资源状况和交易需求,以"流域水权分配、农村山塘水库水权交易、政府监管边界确立"为突破口,积极探索符合南方丰水地区实际的水权制度,主要经验如下。

（1）探索通过水权交易盘活优质山塘、水库水资源资产,扩展了水权交易的范围和类型

目前国内水权交易主要集中于"区域水权"和"取水户水权"两种类型,且多数在北方缺水地区。南方水资源相对丰富,按照现行法律法规,南方丰水地区,用水总量与目标控制尚有较大的富余量,企业通过申请许可的方式,就可以免费获得取水权,根本不需要通过节水改革来节约用水。因此,以上两种类型的水权交易需求很少,但农村山塘、水库数量多,水资源综合开发需求较多,如农业用水转为工业用水,水域用于旅游开发、农家乐和宾馆经营等。以杭州市临安区为例,辖区内有山塘436座、水库60座,水质均在Ⅱ类以上,目前有少量水资源用于农业种植、水域开发和农家乐经营。为盘活这些"沉睡的资产",杭州市通过研究《水法》,巧妙地选择农村集体经济所有的山塘、水库作为水权制度建设的突破口,结合该区农村产权交易制度建设,先后制定出台了《临安区农村集体水权确权登记管理办法》《临安区农村集体山塘水库水权交易办法》。通过扩展水权交易范围和类型,积极引导社会资本投入农村水资源开发利用,让"死权变活钱",既有效缓解了山塘、水库除险加固和安全运行的资金缺口,又实现了农村山塘水库水资源的保值增值,形成经济社会发展、农民受益、山塘水库维护运营有保障的多赢局面(见图5-2)。

图 5-2　临安区农村山塘水库水资源使用权交易签约现场图

(2)厘清政府和市场的关系,初步探明了政府监管的边界和重点

根据相关法律法规,农村集体经济组织修建的山塘水库的水资源归集体经济使用,但水资源仍属于国家所有。水权改革的深入推进,亟须厘清政府与市场的关系,明确政府的监管边界和责任。为此,在制度设计时,重点把好"三关"。

一是把好确权登记关。水行政主管部门要对村委会提出的确权登记申请进行确认,重点是权属关系和权利分配,要进行严格审核并发放《水资源使用权证》,给集体山塘水库上"户口",为水权交易提供依据。临安市水行政主管部门作为主管部门负责本行政区域山塘、水库工程水资源使用权确权登记工作,镇(街道)负责本辖区内山塘、水库工程水资源使用权确权登记的初审及属地管理工作。确权登记工作包括确权、登记及发证三个阶段:第一,在确权过程中,遵循工程产权确认为先的原则,水资源使用权确权对象应为农村股份经济合作社或农村村民委员会,经村委会决议,条件允许的,确权对象也可为自然村或受益个人。确权的水资源量应以流域防洪调度为前提,考虑工程蒸发和渗漏损失及其下游生态环境用水后,依据多年平均或一定用水保证率条件下山塘水库工程建成后增加的最大可供水量进行核定。第二,在登记过程中,登记方式包括初始登记、变更登记和注销登记。按照农村集体经济组织申请、镇(街道)审查,县级以上水行政主管部门审定等程序进行,县级以上水行政主管部门负责立卷归档并按要求录入登记系统。第三,在发证过程中,在完成水资源使用权登记审定后,县级以上人民政府向申请人颁发统一规定式样的《水资源使用权证》,其应包括以下内容:①权利人的名称或机构代码、地址;②山塘,水库名称,地址,集水面积,总库容,供水人口,灌溉面积,年均来水量,水资源使用权量等;③山塘、水库水资源的受益范围和对象,权利和义务等具体内容;④水资源使用权的性质、类型及其编号、登记日期、期限以及变更情况等。水资源使用权证是水资源使用权利的合法凭证。《水资源使用权证》注明有效期,有效期原则上与农村集体经济土地承包权、经营权相一致,水资源使用权在有效期届满后,根据实际情况,对权属人的水资源使用权重新确权。临安市农村集体经济水资源使用权确权登记要点见表5-1。

表5-1 临安市农村集体经济水资源使用权确权登记要点

核心要素	办法规定
确权类别	工程的水资源使用权
确权组织主体	由市水行政主管部门负责、由镇(街道)具体组织实施
确权依据	山塘、水库工程产权
确权对象	农村股份经济合作社或农村村民委员会,条件允许,也可为自然村或受益个人
确权水量	依据多年平均或50%用水保证率条件下山塘、水库工程建设后增加的最大可供水量
登记方式	初始登记、变更登记、注销登记
权利凭证	《水资源使用权证》(市政府统一规定式样印制)
使用权期限	原则上与农村集体经济土地承包权、经营权相一致,届满后,重新确权

二是把好用途管制关。在设计交易制度时,规定水行政主管部门对用途管理的责任,要求对交易协议进行审核备案,明确严禁交易和私下交易等违规行为的法律责任(按照失信行为予以惩戒),确保农民利益不受损、生态环境不受损、山塘水库安全有保证。鉴于杭州市已存在部分山塘、水库水资源从农业用水转为生活和工业用水的情况,然而《水法》对转让的程序、时间、权利与义务都未明确,杭州市以此为突破口,组织编制《农村集体经济所有的山塘、水库水权转让暂行办法》。农

村集体经济所有的山塘、水库水权交易不属于《水权交易管理暂行办法》中规定的三种主要形式中的任何一种,在杭州市,农村集体经济所有的山塘、水库基本上是用于灌溉,水权交易主要流向生活和工业用水。其交易的出让方为村委会,受让方一般为供水公司或工业企业;水权交易期限,在目前法律框架内,水权时限暂定为10年。水权交易价格方面,杭州水行政主管部门将山塘、水库的建设投资额根据库容平摊,从而制定山塘、水库水权交易基准价格,基准价格水平通常在0.1元/m³左右。同时,考虑交易地区水资源稀缺程度、受让方经济产出等因素,制定水权交易价格调整系数,调整后价格水平约为0.37元/m³。

三是把好安全监管关。水行政主管部门要依法开展山塘、水库巡查,及时处理受让方经营行为或用水活动影响山塘、水库安全运行、损害第三者利益和影响水质等行为。

5. 存在问题及建议

一是水权交易市场内生动力不足。杭州市属南方丰水地区,从总体上看,行业和企业间水权交易的需求动力不足,紧迫性还不明显。按照现行法律法规,用水总量与目标控制尚有较大的富余量,企业通过申请许可的方式即可获得取水权,不需要通过水权交易来满足水资源需求。浙江省多年平均水资源总量为955亿m³,按单位面积计算居全国第4位,水资源量相对较为充沛,时空分布不均是浙江省区域性水资源短缺的主要原因。通过一批水源工程和区域引调水工程建设,浙江省局部缺水地区的水资源保障能力得到提升,水资源短缺问题逐步缓解,区域内用水户通过交易获得水权的需求不足。东苕溪流域虽然水资源相对较少,但仍有一定开发余量,暂时不会出现行业和用水户之间相互挤占水权的局面,水权交易动力不足,难以形成有效的水权市场。这样不利于用水效率的提高和水环境的改善,建议杭州市推进水权交易要因地制宜,善于发现现行水管理领域存在的水权交易空间,创新地运用水权交易提高水资源利用效率和改善水环境。例如,如何利用水权交易持续改善水利风景区水质以及水源地高品质水资源保护问题。

二是现有法律法规难以支撑丰水地区水权制度改革。宪法及《水法》《民法典》等法律虽然明确了水资源所有权和取水权,但对水资源占有、使用、收益、处置等权利缺乏具体规定。对于农村集体山塘水库水资源使用权,《水法》虽规定"农村集体经济组织的山塘和由农村集体经济组织修建管理的水库中的水,归各该农村集体经济组织使用",但并没有明确规定山塘水库水权人的具体权利内容。目前东苕溪流域将山塘水库水资源(含水面和水体)的综合开发经营纳入水权予以确权并据此开展水权交易,相关法律依据还不够充分。建议尽快建立和完善相关的水权制度。

三是水资源量计算和分配是一项庞大复杂的系统工程。水系间可以相互影响,水与其他资源不同,不是一成不变的,有丰枯年之分,因此,对资源的调查、分配很难做到精准。目前取水许可根据取水性质不同,一般按保证率90%~97%执行,但对区域初始水权分配则计算来水频率,而不同的来水频率会直接影响区域的水权,东苕溪水量分配是按照90%来水频率计算水量的,其目的是为了推进水权制度改革,本着从严的要求对水量进行控制。但这只适用于东苕溪,钱塘江流域水量分配可能又是另一种标准,所以不同的流域、水系,其分配的方式是有区别的。

四是流域上下游水量分配的协调难度大。水资源与人们生产、生活息息相关,建立水权制度后,水作为资源就一定会有价值。在流域间进行水量分配时,会涉及上下游、左右岸的利益,各地都有利益诉求,因此,对水量分配的协调难度大。东苕溪的水量分配涉及杭州、湖州及相关区县等多方利益,情况十分复杂,需要综合考虑多方因素,公平合理地推进水量分配。

五是农村集体经济所有的山塘、水库产权不明晰。农村集体经济所有的山塘、水库确权工作量较大,通常一座山塘、水库确权的费用大概需要1万多元,这样还是对于边界比较清晰的山塘、水库。同时存在部分山塘、水库,因其修建时间早,部分产权不明晰,如开展确权工作,就必须厘清其产权,需要用大量时间进行调查协调。

(二)云南省宾川县小河底片区:高效节水灌溉项目水权改革探索

1. 基本情况

云南省大理白族自治州宾川县小河底片区高效节水灌溉项目区总

面积 25 108 亩，位于花桥中型水库控制灌溉范围内，经分析论证可连片开发种植葡萄、柑橘和石榴。项目区水源由花桥水库和洱海水共同联合调度提供，花桥水库总库容 1 960 万 m^3，正常蓄水量 1 264 万 m^3。洱海水每年分配给宾川县的指标为 7 300 万 m^3，分配给花桥水库灌区 1 200 万 m^3，由引洱北干渠调入花桥水库，水库年可供水量 2 350 万 m^3，满足灌区供需平衡。另外项目区通过引入社会资本投资建设，所以特干旱年份可适当增加洱海水分配指标，以确保高效节水灌溉项目区用水需求。存在的主要问题：项目区耕地大多为山坡地，受地形条件的限制，无法自流灌溉，田间渠道不配套，水库水很难输送到田间地头，农田水利工程建设和管理"最后一公里"问题突出。2016 年在云南省水利厅和大理州水务局的指导帮助下，宾川县组织开展了小河底片区高效节水灌溉项目水权分配试点工作，以解决农田水利工程建设和管理"最后一公里"问题。

2. 工作思路和具体做法

（1）工作思路

坚持依法依规的原则，坚持公平公正的原则，坚持尊重现状、兼顾未来的原则，坚持以供定需、高效利用的原则，坚持上下联动、动态调整的原则，坚持严格控制、预留发展的原则。坚持节水优先，紧紧围绕市场在资源配置中的决定作用，以水价机制促进节约用水和水资源优化配置。实行总量控制、定额管理，用水定额逐级分配到村组、农户，明确农业水权。

（2）具体做法

①水权确权

花桥水库的水资源所有权归国家所有，由工程所有者申请办理花桥水库的取水许可证。项目区实行高效节水灌溉，精准计量设施安装到户，水权明晰到户。农业初始水权以水权证方式确权到户，水权分配实行动态调整，一年一分配，本年底完成下年度的水权分配。在特殊干旱年份，不能满足供水指标需求时，发放给用水户的农业水权使用证，不能作为取水申请的特有凭证。用水户应服从水行政主管部门和当地人民政府的统一调度、安排。水权分配实行按地定水，水随地走，分水到户,实现一户一证,土地发生流转的,水权相应流转,办理水权流转手续。土地征用的,收回征用土地的水权。

水权证由宾川县人民政府统一印制,委托县水行政主管部门向用水户核发,并造册登记。规定持证人拥有的用水总量指标,记录水权使用、交易情况。

水权分配以县级行政区域用水总量控制指标为基础,按照从严从紧的原则,实行总量控制和定额管理。项目区用水总量控制指标根据可供水量和灌溉定额,对比"自上而下"和"自下而上"分配的水量,按照就低不就高的原则取小值确定。具体分配时,如可供水量小于需水量,则按照"以供定需",将可用水量作为确定农业用水总量控制指标的依据;可供水量大于需水量,按照"就低不就高"的原则,根据核定的灌溉面积和作物灌溉定额核定用水总量控制指标。

第一步:从上向下分解用水总量控制指标。

宾川县人民政府根据全县多年实际供用水情况,按照优先保证生活用水,合理增加生态用水,严格控制灌溉用水的原则,将用水总量控制指标分解到各乡镇,由县人民政府统一发文确认,再由各乡镇分配到各村委会及项目区。

灌区属花桥水库控制,根据宾川县下达给鸡足山镇及力角镇用水总量控制指标4 263万 m^3,初步确定项目区23 858亩耕地用水总量控制指标为1 232.34万 m^3,亩均毛灌溉用水指标为516.49 m^3。

第二步:从下向上计算用水总量控制指标。

根据《工程实施方案》,规划2020年项目区灌溉面积23 858亩(其中葡萄15 383亩、石榴5 090亩、柑橘3 385亩),亩均净用水指标为葡萄270 m^3、石榴190 m^3、柑橘240 m^3,项目区毛灌溉需水量659.23万 m^3。

第三步:上下结合确定灌溉用水总量控制指标。根据"自上而下"分配给项目区用水总量控制指标为1 232.34万 m^3,亩均毛用水指标为516.49 m^3;"自下而上"分配给项目区用水总量控制指标为659.23万 m^3,亩均毛用水指标为276.31 m^3,按照"就低不就高"原则,最终确定项目区灌溉用水总量控制指标为659.23万 m^3。

具体针对项目区地块进行水权分配时,根据核定的农户种植面积、种植作物和灌溉定额确定农户用水总量控制指标。

《农业水权使用证》主要有农业水权权利人基本情况登记表,记录登记人基本信息,用水情况记录表、水权交易情况记录表,登记记录持证人各年度拥有的用水总量指标,水权使用、交易情况。

《农业水权使用证》发放给用水户,作为用水凭证。由项目区工程、供用水管理单位宾川县润民灌溉服务农民专业合作社对农户每次用水情况进行记录,年底统计汇总,并将用水、交易、节约情况报宾川县水行政主管部门。

②水权交易

水权交易坚持总量控制和水权明晰的原则,交易的水权必须为水行政主管部门核定分配并登记在农业水权证上的水权。坚持自愿、平等、有偿的原则,水权交易尊重受让、出让双方的意愿,以自愿、平等为前提进行民主协商,兼顾各方利益,并在公平、公正的基础上实行有偿交易。坚持权利义务对等的原则,水权交易是权利和义务的转移,采取谁受让谁付费的方式进行,受让方在取得权利的同时,必须承担用水的相应义务。

水行政主管部门按照分级管理权限,负责水权交易的组织实施和监督管理。具体负责交易水权的确认和交易资格审定;发布水权交易供求信息;加强水权交易监管,维护良好的市场秩序;交易水量的调配和输送;建设和完善水利基础设施和用水计量设施,为水权交易提供输水和计量保障;建立健全水事纠纷协调仲裁机制,协调解决水权交易中出现的各种矛盾和问题。水权交易的计量点为斗口或管网末端计量点。农业水权交易不得改变其水权性质,也不得影响国家对农民的各项直接或间接补助和补贴。

用水户可对节约的水量进行交易,也可由灌区管理单位对节约水量进行加价回购,保障用水户获得节水效益。同一农民用水合作组织(灌溉项目区)内部的交易,由农民用水合作组织(项目区工程运行管理单位)统一协调、用水户之间平等协商;非同一农民用水合作组织(灌溉项目区)、跨区域、跨行业交易由灌区管理单位组织实施。灌溉用水户水权交易期限原则上不超过一年。

水权交易程序：一是出让方向水权交易中心提出水权交易申请；二是管理单位及水权交易中心受理、核准；三是受让、出让双方签订交易协议；四是水权交易中心记录交易时间、水量、价格等信息备案。

水权交易需提交以下资料：出让方水权使用证复印件，水权交易双方签订的水权交易协议，跨区域、跨行业水权交易需提供双方所在乡（镇）政府、工程管理单位及水行政主管部门的书面意见。水权交易的价格由双方以交易期间的农业水价为基数进行协商。

3. 解决要点和难点问题的主要经验

初始水权分配方面：到户面积不清楚、不精准。项目区为坡耕地，各户种植的面积农户自己不清楚，加之项目区通过引入社会资本投资建设，农户无需出资，农户为了获得更多的水权总量，虚报面积，致使水权分配不精准。为了解决初始水权分配面积不准确的问题，合作社组织专业技术人员，开展了初始水权面积核查工作，利用技术手段对各户面积进行实地测量，并将测量数据标绘于地图上，同时得到农户签字认可，有效确保了初始水权的精准分配。

水权交易方面：用水户水权交易意识不强。大部分用水户由于节约的水量不多，相互间存在借用或私下交易的情况，未通过水权交易中心交易备案，致使节约水量不清楚。为了更好地掌握用水情况和节约水量情况，要求用水必须实名制，严禁借用水权使用证用水，发生水权交易时必须到水权交易中心备案。

4. 主要成效

一是农业初始水权分配制度的建立，为水权交易的实现提供了必要的前提，为建立科学合理的水价形成机制、节水激励约束机制和超定额累进加价制度提供了坚实依据。

二是通过实行农业用水总量控制、定额管理和超定额累进加价制度，以水资源刚性约束倒逼推动调整优化农业种植结构和布局，促进了农业提质增效。以水价的杠杆作用，促使农户积极采用高效节水灌溉水肥一体化设施和农艺节水措施，提高用水效率，提高科学用水的能力和水平，同时降低了农业面源污染。

三是通过市场机制实现灌区节约水资源在地区间、行业间、用水户间的有效流转,促进水资源的节约、保护和优化配置,保障了水资源、环境和经济的协调持续发展,实现了最严格水资源管理宏观政策落地生根。

(三) 南方丰水地区水权交易市场建设的现实困境与推进对策

建立水权交易市场,推进水资源管理体制改革并非是北方缺水地区专属的改革任务,新时期的水权改革已经富有了新的内涵和战略高度。但无论丰水地区还是缺水地区,水权制度改革的必要条件是相同的,需要具备如下几方面的先决条件:(1)明确且严格的水量分配。明确且严格的水量分配是水权形成的先决条件,也是保障水权的财产属性、发挥其经济价值的前提条件。澳大利亚水权发展的经验表明,水资源总量、结余水量以及环境水量等因素是水权制度设计要考虑的初始条件。Bekchanov也建议强化考虑历史用水量基础上的水量分配,进而形成初始水权分配,这是后续水权交易的制度基础。(2)水权的充分认识。水权制度建设必须符合当地文化和历史习惯、风俗以及社会共识,如果与当地传统价值观相违背,水权制度将难以推进,如印度和西班牙,分配水权是当地居民难以接受的一种制度,因为在他们看来,水资源是生存生产的必要物质基础之一。只要与传统认识不发生严重的冲突,针对水权的一定宣传和普及也可促进水权的落实生根。(3)配套的法律法规和监测计量系统。我国学者普遍认为,配套的水权法律法规是水权制度建设的宏观环境,而水量监测、计量系统是水权制度建设的基础技术条件。(4)因地适宜的水权制度变革。水权制度没有统一规范的模式,也不可能推进一成不变的制度模板,王亚华等针对我们水权发展现状和环境,提出建立中国特色水权市场,严予若等从美国水权的取得、范围及水权变更等方面进行借鉴,从而有选择地消化吸收到我们水权制度建设中来。

当然,建设水权制度不仅仅包括上述四个方面条件,还包括政府监管、交易平台建设等其他条件,但我们认为这四个方面最为必要。对照南方丰水地区的特点与水情,当前,南方丰水地区由于不具备上述条件,或相关条件还不够完善,推进水权制度改革尚存在如下几方面障碍。

1. 南方丰水地区推进水权制度改革的现实困境

南方丰水地区虽然水资源条件优越,但水污染引起的水质型缺水和水环境恶化亟须水资源管理制度创新与改革,推进南方丰水地区水权制度建设是落实党的十八大以来提出的建立自然资源产权制度的重要组成部分,也是生态文明建设的必然要求。然而,相比于北方缺水地区,南方丰水地区水权制度建设仍然面临多种现实困境,也是南方丰水地区水权制度改革进程中必须突破的障碍。

(1) 政府和社会公众对水权的认知还较为薄弱

长期以来,南方丰水地区各级政府、用水户对水资源仍习惯于行政配置手段,即通过水资源规划实现水资源优化配置,无论是宏观层面上的流域向省、省向市、市向县的逐级向下用水总量控制指标分解,还是中观层面上的水资源调度,以及微观层面上的水资源论证、取水许可管理、计划用水管理、节约用水管理等,都主要依赖行政手段,市场手段较少运用。社会公众更是很少接触水资源权属或水权的概念,政府和社会公众对水权的认知还较为薄弱,加之宣传不足,社会公众"谈权色变",担心水权确权后,如果新增用水无法获取,甚至水行政主管部门也担心水量完全分配后无法保障不可预见的新增或改扩建工业项目用水需求,相反,"将水资源留在河道内"成为南方丰水地区水行政主管部门更为放心的一种模式,他们普遍认为,水量分配是一种难度大且没有必要的工作。因此,流域和地方水行政主管部门对于水权制度改革也是持谨慎态度,更倾向于维持水资源管理现状,由于当前水资源供需矛盾不明显,水行政主管部门也不愿轻易打破当前平衡状态。

(2) 水权的稀缺性价值无法充分发挥

北方缺水地区的水量分配一般都按照以供定需的原则,往往以最大可利用水量为分配目标,有时还特别规定了区域边界断面的流量要求;南方地区的水量分配往往在兼顾现状需水的前提下,适度考虑了未来用水需求。此外,部分流域的水量分配考虑了预留水量、生态流量,有些还考虑了不同水平年的水量分配问题。

南方丰水地区工农业、生活、生态用水户基本可以按需申请到相应的取水许可,在初始分配环节,类似于水权的一级市场,用水户能够无偿分配到所需要的取水权,也就是说,在南方丰水地区,取水权不是一种稀缺产品,无法发挥其稀缺价值,水权初始分配环节存在水量富余,用水户无需在二级市场上产生交易,交易需求的不足削弱水权作为一种资产的价值空间,水权的资产属性在南方丰水地区大打折扣,这也是水权无法引起南方丰水地区各种利益主体(包括政府、灌区、用水户等)足够重视的重要原因之一。

(3) 总量富余致使水权交易的现实需求不足

从各地开展的水权交易探索上看,开展水权交易需要具备的最为重要的两个基本条件:一是有用水总量的刚性约束。用水总量控制指标或水量分配方案已经逐级落实,用水户取水权已经明晰,新增用水没有指标,尤其是水资源严重短缺的地区,如黄河流域、新疆吐鲁番。二是有购买水权的买方。包括为解决经济发展用水需求的工业企业(如宁夏、内蒙古的能源化工企业,吐鲁番新增工业项目的企业),为实现快速城市化增加用水需求的地区(如浙江省的义乌、慈溪,泉州晋江下游的晋江、石狮)等。

我国北方水资源相对紧缺,供需矛盾突出,水权交易的市场机制作用明显,开展水权工作积极性高、动力足,但南方丰水地区虽然部分地区水资源供需矛盾显现,但从总体而言,现状用水量尚不足用水总量控制指标。南方丰水地区水资源相对丰沛,缺水压力小,用水主体的用水量尚未触及水量的"天花板",水权交易需求不足、市场有限,水权制度建设积极性不高,迫切性不强。

(4) 法律法规不完备限制水权制度改革的决心与尝试

法律法规是水权制度改革的前提和保障,由于法律法规不完备,南方丰水地区水权制度在实践推进过程中面临着不少争议。一是关于可交易取水权,按照现有法规政策,可交易水权仅体现为《取水许可和水资源费征收管理条例》第27条规定的取水权中的节约水量部分,而且要受到很多限制。水权交易制度推进中,争议主要体现在,取水权中不属于节约的水量能否交易?通过交易取得的水权能否再交易?水库富余库容能否用于交易？农村集体经济组织水使用权能否交易？二是关于水权交易主体，目前争议集中在以下方面：其一是政府能否直接作为交易主体，与现有的取水权人（如灌区管理单位）或需要用水的企业签订协议；其二是灌区、水库的管理单位能否直接作为交易主体，将灌区、水库的取水权转让给其他单位。以上是水权交易的主体和客体的基本法律问题，然而当前的法律、法规对其界定并不完备，致使水行政主管部门对推进水权制度改革有所畏惧，任何制度的改革必须在法律允许的框架中，因此，关于水权制度的法律法规滞后一定程度上阻碍了改革的进程。

2. 南方丰水地区推进水权制度建设的对策建议

（1）全流域形成并广泛宣传水资源权属化管理的共识

水资源短缺能够唤起管理部门和用水者的水资源权属意识，而且随着稀缺程度的增强会对水权愈加关切。但水资源短缺压力并非建立水权制度的必要条件和前提，南方丰水地区水资源管理体制改革同样亟须探索并深入推进水权制度建设，因为这是建立自然资源产权制度的重要内容之一和必然要求，是深入推进生态文明建设的一种根本性制度安排，是突破长期以来水资源的行政化管理的一种制度创新。

水权制度建设过程同时也是公民水权水市场意识不断觉醒，传统水资源管理体制机制逐步变革的过程。因此，在实践推进南方丰水地区水权制度过程中，需要强化水权制度建设宣传，充分利用广播、电视、报刊等新闻媒介，采取印发宣传材料等多种宣传途径和形式，对水量分配、水权明晰、水权交易和水市场建设的原则、办法、制度等内容进行广泛宣传，以使取用水户充分了解其拥有水权的内涵和权利义务，并增强社会各界和取用水户对推进流域水权制度建设的重要性和必要性的认识，为推动流域水权制度建设营造良好的氛围。同时，可适时召开南方丰水地区水权交易实践工作座谈会，对各地水权交易经验予以总结推广。

（2）进一步理顺南方丰水地区取水许可与水权两种制度的关系

建立南方丰水地区水权制度并不是意味着废止取水许可制度。实践证明，取水许可制度是水资源管理的一种有效制度，对于规范水资源用途、限制水资源利用量、调节用水结构等起到了至关重要的作用,也是水行政主管部门落实最严格水资源管理的重要抓手。水权制度建设并不是取消取水许可制度,而另建立一种新制度的问题,相反,取水许可制度是建立水权制度的支撑和依托,水权制度是取水许可制度的有益补充,二者相互促进、优势互补,南方丰水地区可在全国率先探索取水许可证与水权证双证并行的水资源管理机制。

①依据取水许可完成南方丰水地区水权确权

取水许可制度是水权分配所必须依托的程序,也是进行水权分配的历史基础。其本身就是日常水资源管理中水资源分配的主要渠道,在规定发放取水许可的程序的同时,也规范了基本的分配原则和核算方法。因此,在赋予取水许可以适用于水权分配的更完备的权利内涵之后,可以认为,用水户的水权分配和取水许可管理在很大程度上具有同一性。因此,在规范和完善农业等取水许可工作后,南方丰水地区可依据取水许可证核发等量水权证,并进行确权登记。

②充分发挥水权证对取水许可证的补充功能

取水许可管理尽管是目前制度环境下开展水资源分配的最主要途径,但是它在管理尺度、范围方面不能完全满足水权制度建设的要求。水权证有其独立于取水许可证的价值,取水许可是一种行政许可,其交易功能受到限制,而取水权具有了明确的财产权价值,可通过转让、租赁、抵押甚至是入股的方式流转,而这是取水许可制度所不能覆盖的内容。南方丰水地区应在水权确权登记的基础上,充分发挥水权制度的市场配置功能,挖掘水权的资产价值,活化水权的市场配置,放大水资源由行政化配置向市场化配置的制度红利。

③灵活解决取水许可证与水权证期限不同问题

当前取水许可证的有效年限一般为 5 年,而水权证的期限则更长,虽然对于水权证的期限存在诸多争议,为充分发挥取水权的财产权属性,水权证的期限应维持较长时间跨度,以保持其归属稳定性,一般认为,这一期限应在 20 年或 25 年以上。因此,在用水户水权证的存续期内,取水许可证期满后可多次向当地水行政主管部门或南方丰水地区管理局申领,在无重大用水变化的前提下,水行政主管部门应予以核发。

(3) 根据流域特点拓展水权制度的内涵和范畴

国内试点地区水权制度建设主要关注水资源量的使用权,其是依据流域或区域水量层层分配而最终形成的取水权,并重点探索水权分配、确权登记、交易及政府监管问题。对于南方丰水地区而言,水量并非最为敏感的因素,这也是对水权概念关注程度不够的现实原因之一,2016年出台的《水权交易管理暂行办法》中所列出的三种主要水权交易类型:区域水权交易、取水权交易以及灌区用水户水权交易在南方丰水地区都缺乏大范围推广的现实土壤,相反,水质问题对南方丰水地区则更为关键,水质性缺水问题是南方丰水地区水权制度建设的有力切入点。因此,南方丰水地区水权制度建设应从当地水情特点出发,拓展水权制度的内涵,丰富水权制度的范畴,建立水量与水质并重的丰水地区特色水权制度。

在实践中,建议南方丰水地区实行水的排污权证与水权证合一制度,在水权证中明确排水的污染物含量标准,实行用水量与排污量的统一管理,实现水权证的水量与水质双重权利规定与义务履行。

(4) 完善南方丰水地区水量分配方案

依据南方丰水地区水资源综合规划、流域水资源开发利用总量,将水资源开发利用总量分配到流域内各区域,形成水量分配方案。在具体确定江河水量分配的对象时,可以直接利用流域水资源开发利用总量,也可利用流域水资源可利用量(即流域水资源可消耗量)以及其他方便管理、利于操作、统筹生活生产生态环境用水的可用于分配的水量。按照便于落实水量分配方案的要求,各省级区域在市一级开展水量分配,明确县(包括县)以上的行政区域水资源开发利用总量,同时明确其实现的水源(如特定河段、水库、湖泊)以及跨行政区域河流、湖泊的边界断面流量、湖泊水位及其水质等。

(5) 探索南方丰水地区初始分配环节的有偿获得水权

目前初始水权的取得环节尚未引入市场机制。与土地使用权等在取得环节通过招标、拍卖、挂牌等引入市场机制的做法不同,目前初始水权的取得环节主要依靠行政手段,市场机制尚未得到运用。这其中,主要是缺乏上位法的支持,但实践证明,初始水权有偿获取是强化水权财产性属性、树立用水户权属意识的必要举措,也为后期推行水权交易有偿转让扫清障碍。

建议南方丰水地区在流域水权初始分配环节探索有偿出让,可参考新疆吐鲁番的经验,新疆吐鲁番利用市场机制实行了初始水权的政府有偿出让,即新增取用水的工业企业需要与政府签订协议,并交纳水权转让费;政府和企业签订协议之后,需要通过组织建设水库、灌区改造、节水工程等方式,解决企业新增用水问题。可科学评估水权基础价格,在此基础上引入市场竞争机制,充分发掘水权的内在价值,利用价格杠杆实现水资源向更好效益、更绿色用途倾斜。尤其是对于利用南方优美水环境进行经营的活动,如商品水生产、漂流等盈利性活动,可在水权初始分配中率先实行有偿使用,以使南方丰水地区用水者充分补偿水环境的正外部性。

(6)探索建立南方丰水地区水权交易平台

水权交易平台是推动水权交易、培育水市场的中介服务场所,具体负责组织水权交易、提供中介服务、汇集和发布交易信息、开展咨询和培训等工作。根据水权交易类型、市场发育程度和交易规模,先行探索建立水权供需信息系统、水权交易所或水权交易中心、水银行等水权交易平台,明确监管要求,建立操作规则,形成有序的运作机制,引导和带动水权交易。参考水交所等交易平台的建设经验,结合南方丰水地区水市场建设的实际需要,水权交易平台建设应当在流域和省区两个层级开展,除了研究建立流域级水权交易平台之外,可根据水权交易的需求和规模,鼓励有条件的省市设置水权交易中心。

同时,水权与农村产权一样具有多样性,关系农民切身利益,管理工作涉及多个职能部门,南方丰水地区水权流转工作必须积极稳妥推进。未来的南方丰水地区水权交易所也需要从水权交易开始,积累经验后逐步向排污权、水金融、水产品等扩展,要做到积极稳妥,操作性强,影响力大。

第二节 北方缺水地区水权交易试点情况及经验分析

（一）山西省清徐县水权试点及经验

1. 基本情况

清徐县位于晋中盆地的西北边缘，辖四镇五乡一街道办，188个行政村，常住人口34万，其中农业人口26万。全县耕地面积43.6万亩，是省会太原市的主要副食品基地。全县有小型水库2座，引水工程3处，抽水站39处，机井1820眼（其中农业灌溉用水井1298眼），小泉小水利用工程179处。灌溉面积38.55万亩，占总耕地面积的88.4%。其中河灌面积20.86万亩，纯井灌区9.44万亩，井河结合灌溉面积7.67万亩，小泉小水灌溉面积0.58万亩。

截至2017年年底，全县节水灌溉面积达到24万亩，占总灌溉面积的62.3%，其中低压管道灌溉面积12.83万亩。高标准节水灌溉面积6.7万亩，其中管道灌溉面积2.68万亩，喷灌面积0.93万亩，微灌1.66万亩。渠道防渗节水面积8.58万亩。

清徐县多年平均水资源可利用量为8 395万 m^3，当地水资源总量为5 536.8万 m^3，其中地下水4 545万 m^3，地表水1 076万 m^3，重复量84.2万 m^3。全县人均水资源量185 m^3，仅为全省人均量的43.6%，全国平均水平的8.6%。

随着清徐县经济社会的快速发展，水资源供需矛盾日趋尖锐。主要表现为：①用水满足程度仅为64.9%，年缺水量4 536万 m^3。②天然降雨量呈减少态势，在灌溉面积不增加的情况下农业用水需求日趋增加。③外来客水供水量逐年减少，加剧了供需矛盾。④地下水超采导致水环境日趋恶化，表现为泉水断流和地下水水位普遍快速下降，边山断裂带以下地区地下水水位年均下降1.65 m。全县地下水年平均超采1 807万 m^3。⑤汾河沿岸地下水受到不同程度的污染。

2. 工作思路和具体做法

1）工作思路

清徐县针对水资源供需矛盾日趋尖锐的情势，从2004年开始，以山西省节水型社会建设试点为契机，按照"以供定需"的水资源管理理念和"保证生活用水、调控工业用水、稳定农业用水、维系生态用水"的水资源配置原则，以初始水权分配为核心的宏观总量控制和微观定额管理、用水计量控制监测和节水工程三大体系建设为重点，以配套政策法规为保障，进行了全面深入和具有创新性的水权制度建设和执行实践。

2）具体做法

（1）水权确权方面

全县在对可利用水资源的数量、类型和时空分布进行全面分析评价的基础上，以可利用水资源量为基数进行了水权的初始分配。具体采用了四级分配办法：一级分配——县水行政主管部门对全县的可利用水资源在工业、农业、生活、生态四大类用水部门之间进行分配；二级分配——县水行政主管部门将一级分配的部门水量在所属的9个乡镇和3个县直属供水单位间进行分配；三级分配——各乡镇将二级分配所分水量落实到所属各村委会；四级分配——各村委会将所分配到的水量分别落实到本村所属的各单位取水工程和各用水户。

截至2018年底，全县188个行政村全部落实了初始水权，80个井灌区村全部成立了村级用水管理委员会，通过村民"一事一议"将水权落实到了农民用水户，以亩定水，水随地走，并实行了阶梯水价。

（2）水权交易方面

① 交易主体

县政府出台《清徐县水权交易市场建设与管理指导意见》，构建县、乡、村三级水市场。县级交易主体为县政府、各跨县的灌区管理局、县各用水部门和乡镇政府，乡级交易主体为各工业用水企业和村民委员会，村级交易主体为村内各用水户。

② 交易程序

提交交易申请：用水部门（用水户）根据供需盈亏向管理部门提出

交易申请。

交易申请审查：管理部门对申请内容进行审查，主要包括资格、范围、条件等。

交易主体谈判：买卖双方主要就价格进行商谈。

交易价格审查：水利部门会同物价部门对交易价格按国家水价和交易指导价进行审查。

办理成交登记手续：完成上述步骤后，进行成交登记。

③ 交易价格限价

未支付水资源费的配额水权交易限价：工业用水为水资源费的5倍，农业用水为水资源费的2倍。

已支付水资源费的配额水权交易限价：工业用水为水资源费的6倍，农业用水为水资源费的3倍。

已支付完整水价的配额水权交易限价：工业用水为水资源费的3倍，农业用水为水资源费的1.5倍。

已支付工程水价但未支付水资源费的配额水权交易限价：工业用水为水资源费的4倍，农业用水为水资源费的2倍。

④ 交易市场的监管

县水务局负责全县水市场的组织管理和宏观调控工作；各乡镇水管站负责乡级水市场的组织和管理；村民委员会或用水户协会对村级水市场实施组织和管理。

3. 主要经验

（1）摸清全县水资源"家底"是前提

要进行合理可行的水权分配，前提是摸清全县可利用水资源的数量、类型和时空分布，进行全面分析评价，以可利用水资源量为基数在工业、农业、生活、生态四大类用水部门之间进行分配。

（2）先进的用水计量控制是支撑

水权分配到户，计量控制是关键，研发使用先进的计量设备是重要支撑。清徐县进行了大规模的用水计量控制监测体系建设。全县共安装用水计量控制器1 668台，其中工业用水计量控制设备370台，农业灌溉机井控制设备1 298台，实现了对全县地下水的计量和控制。

为随时掌握全县地下水开采情况,分不同地质单元安装了地下水水位自动监测装置,可进行实时地下水水位变化监测。

(3) 节水工程体系建设是基础

清徐县农业用水占总用水量的80%以上,水权执行落实的主战场在农业,是用水大户。为确保全县农业水资源使用权的落实,近年强力推进了节水工程体系建设和分区农业高效用水模式探索。

2005年以来,清徐县多渠道筹集资金,累计投资4.62亿元,改造输水管道578 km,更新机井310眼,更新改造机电灌站9处,建设小型桥涵工程719件,渠道防渗483 km,受益面积达30万亩。

此外,清徐县完成了清泉东湖、西湖地面水替代工业企业取用地下水工程,东湖、西湖的蓄水能力为3 600万 m³,2007年工程投入运行,对边山地区乃至清徐全县地下水环境的恢复和改善起到了重要作用。

(4) 制度建设是保障

为确保水权制度的落实,清徐县陆续出台了《清徐县水资源初始配置方案》《清徐县用水定额指标》《清徐县水权交易市场建设与管理的指导意见》《清徐县水价管理办法》《清徐县企业取用水管理实施办法》《清徐县节约用水管理办法》6部政策制度,并已行文执行。

(5) "三权"结合是有效手段

在井灌区以水利工程为水权支撑,探索工程产权、水权和管理使用权"三权"的有机结合。产权全部归村集体所有;水权由村民委员会根据村级分配总量,按农户的人口数量、牲畜数量、灌溉面积确定并分配,以发放水权证的形式落实到地块,水随地走,有地就有水;管理权通过村民代表大会选举成立用水管理委员会,代表村集体行使水利工程的管理权,所有工程范围内受益农户都享有工程使用权。多年运行实践表明,产权、水权与管理使用权的有机结合,可以确保水权的高效使用。

4. 主要成效

(1) 节水成效

清徐县水权制度从2004年开始逐步落实和执行。2005年全县农业灌溉地下水开采总量为4 482万 m³,比2004年的5 942万 m³减少了1 460万 m³,减少24.6%;2007年用水量为3 692万 m³,比2004年减少 2 250 万 m³,减少 37.9%;2009 年用水量为 3 548 万 m³,比 2004 年减少 2 394 万 m³,减少 40.3%;2011 年用水量为 3 590 万 m³,比 2004 年减少 2 352 万 m³,减少 39.6%;2013 年用水量为 3 493 万 m³,比 2004 年减少 2 449 万 m³,减少 41.2%;2017 年用水量为 3 490 万 m³,比 2004 年减少 2 452 万 m³,减少 41.3%,节水效果明显。

(2) 水环境保护成效

水权分配制度实施以来,清徐县每年可节水 2 000 万 m³ 以上,地下水水位下降速度从 2005 年开始减缓,2007 年起实现止降回升。2014 年地下水水位与 2004 年相比,回升 10.55 m,年均回升 0.96 m。2011 年平泉自流井群在断流 10 年后复流,并呈水量逐年增大趋势,目前已达到 0.056 m³/s。

(3) 社会效益

①节水型社会建设和节水工程的实施,全面提高了水资源的利用效率,减少了灌溉用电量,降低了生产成本,降低了农民劳动强度。

②增强了各级领导和群众的水忧患意识,调动了农民节约用水的主动性。农民自觉调整作物种植结构,采用节水作物品种,积极自筹资金进行田间灌溉工程建设,如划小地块小畦灌溉、平整土地,配套输水灌溉出水口以下的田间小白龙管道,变"浇地"为"浇庄稼",确保了水资源的高效利用。

③解决了水费收取难的问题。用水必须交费,交费才能用水,实现了群众明白用水、干部清白管理,减少了用水纠纷,改善了干群关系,促进了农村和谐社会建设。

(二) 新疆吐鲁番地区水权交易改革实践

1. 基本情况

新疆吐鲁番地区干旱缺水,随着新型工业化、城镇化、农牧业现代化的快速发展,资源性、结构性、工程性缺水问题逐渐显现,地下水水位下降、生态环境恶化压力日益增加。只有实现水资源的高效利用,才能缓解这些矛盾和问题,为地区可持续发展提供坚实水利保障。因此,2011 年吐鲁番地区在全疆率先实施水权改革,出台了《吐鲁番地区水权转让管理办法(试行)》,开展了水权转让的有益尝试,探索出一条通过市场机制促进高效用水的道路。

(1) 水资源概况

吐鲁番地区年均降水量 16.4 mm,蒸发量 3 000 mm,区域内有 14 条主要河流,水资源总量 12.6 亿 m³,水资源可利用量 12.26 亿 m³,其中地表水资源可利用量 6.32 亿 m³,地下水资源可利用量 5.94 亿 m³。水资源呈现如下特征:一是总量和人均占有量较少。区域水资源总量仅占全疆水资源量的 1.51%。2010 年人均水资源量约 2 022 m³,为全疆平均水平的 57.52%。二是时空分布不均。区域可供开发利用的水量由西向东和由北向南都逐渐减少,在时间分布上各河道来水主要集中在 6—10 月份。三是入境水量占比较大。吐鲁番地区入境水量为 4.0 亿 m³,占全地区地表水资源量的 37.74%。

(2) 水资源开发利用存在的问题

一是用水总量远超可利用量。随着地区经济社会快速发展,人口和灌溉面积大幅度增加,用水总量超出水资源可利用量 2.18 亿 m³。二是用水结构不合理。2010 年以前地区农业用水始终保持在 93% 以上,亩均灌溉定额达到 800 m³,用水结构极不合理、效率低下、用水浪费现象十分严重。三是工程性缺水严重。地区虽已建有 13 座水库,但山区控制性水库仅为 2 座,大多数水库属于小型水库,对流域水资源利用的调节作用甚微。四是地下水超采严重。随着灌溉面积的无序扩张,机电井工程快速增加至 6 405 眼,每年超采地下水近 2.54 亿 m³,地下水水位每年下降 1~2 m,形成了较大范围地下水漏斗区,坎儿井数量已由 1957 年最高峰的 1 237 条下降到 246 条。

(3) 生态恶化逐渐显现

一是艾丁湖逐渐处于消亡的边缘。随着入湖水量的逐年减少,艾丁湖水面面积由 1909 年的 230 km² 缩减到 20 km²,并时有干涸,演变为季节性湖泊,并且生态系统呈严重恶化趋势,极有可能变成第二个罗布泊。二是土地沙化趋势明显。随着地下水水位下降,固沙植物大量枯死,风蚀、风积作用加剧,土地沙化、沙漠化趋势不断加重,库木塔格沙漠持续扩大。在达浪坎、迪坎尔一带均可见大片沙地及流动沙丘,喀瓦坎儿井一带沙漠即将与库木塔格沙漠连为一体,土地沙漠化加剧。

2. 工作思路和具体做法

(1) 工作思路

吐鲁番地区各级领导认识到,在加快发展过程中逐步解决好水资源开发利用矛盾和问题极为重要。借助国家西部大开发战略,吐鲁番地区实施了大批的水利工程建设并取得了一些成效,但未根本解决问题,因此通过调查研究,启动了水权改革,借此进行一次新的尝试。

水权改革的主要思路:水是基础性的自然资源和战略性的经济资源,具有商品属性,符合市场调配范畴。实施初始水权确权登记,强化水权改革,建立水权交易市场,通过市场配置资源的有效途径,将有限的水资源向高经济价值的行业和产业转移,调整用水结构,提高用水效率;将国有水权转让收益投入水库工程建设、退地减水、高效节水等工作,使用水户水权互相转让,进而促进节约用水、减少用水总量、调配水资源时空分布、缓解地下水超采、保护生态环境。

(2) 具体做法

出台《吐鲁番地区水权转让管理办法(试行)》,在初始水权的确定、水权转让费征收标准、年限等方面做了明确规定。一是水权转让费用(包括节水工程建设费、运行维护费、水利工程更新改造费,为提高供水保证率的成本补偿、生态环境和第三方利益的补偿及必要的经济利益补偿等),最低限额不低于对占用的等量水源和相关工程设施进行等效替代的费用。二是原有工业企业新增用水量、新建工业企业用水量,在水资源论证有水量保障的情况下,新增用水必须首先取得水权,水权的取得必须通过转让,转让水权的价格不低于 10 元/m³,转让获得的水资源使用权不超过 20 年。三是石油工业新增用水,在水资源论证有水量保障的情况下,转让水权的价格不低于 20 元/m³,转让获得的水资源使用权不超过 20 年。四是工业企业通过水权转让取得水的使用权,自取得使用权之日起 3 年内必须足量开发使用,不使用的将无偿收回使用权;不足量使用的,将无偿收回剩余水量的使用权。五是通过政府调控的水权转让收取的转让资金,60%留县(市)财政设立专户进行管理,40%上交地区财政设立专户管理。资金将全部用于水利工程建设,专款专用,不得挤占、挪用。除水权转让费外,水费及水资源费、水资源补偿费按原规定进行征收管理。

3. 主要经验

(1) 推进企业新增工业用水水权以转让方式获得

水权转让管理办法出台以来,企业新增工业用水已全部通过购买水权的形式取得使用权,并与当地政府签订了水权转让协议、确定了水权转让费、制订了年度缴费计划。在执行过程中,根据企业不同情况,对水权转让年限采取了灵活处理,对于生产年限可能不足20年的一些小企业,在实施水权转让时,按实际转让年限,采取每年征收0.5元/m³水权转让费的办法。2011年以来,全地区先后与新疆万向化肥能源有限公司、中铝新疆铝电有限公司等多家企业签订了水权转让合同,转让水量合计4 750万m³,转让费合计4.75亿元,目前已到位2.2亿元。

(2) 推动水权改革和水库工程建设形成良性循环

为确保水权转让费的规范使用,吐鲁番地区对水权转让费进行了专户储存、专款专用,收取的水权转让费主要用于水库等水利工程建设。

吐鲁番地区以水权转让的方式,将筹集的2.2亿元资金大部分和其他项目资金一起投入阿拉沟水库、二塘沟水库、柯柯亚二库和煤窑沟水库工程,既加快了工程建设步伐,又取得了8 840万m³的新增工业供水能力,为水权转让创造了条件。因此,通过水权改革出让水权筹集水利建设资金,推动了地区水库工程建设,提高了用水保证率,缓解了用水矛盾,不仅为工业企业取得水权提供了供水保障,也为水权转让提供了可操作基础,进而保障了水权改革的可持续性。

(3) 通过工业园区供水工程建设为水权配置创造条件

吐鲁番地区为了促进水权改革顺利进行,通过招商引资和自筹资金的方式筹集资金1.9亿元,建设完成了坎儿其水库至沙尔湖煤矿区供水工程、红山水库至托克逊县重能源化工工业园区供水工程、阿拉沟水库至同心工业园区工程;近期还将新建阿拉沟水库至伊拉湖工业园区供水工程、鄯善县四库联网引水工程。这些供水工程建设,为水权有效配置创造了条件。

（4）农业节水向工业用水的水权转让基础已初步成型

吐鲁番地区针对农业用水比重大、用水效率低的问题，大力开展灌区节水改造，推进以高效节水为主的农田水利基本建设，压减农业用水量，目前已实施高效节水灌溉面积63万亩，每年节约水量近0.63亿 m^3，这为农业水权向工业水权转让奠定了基础。

（5）实施"退地减水"后地下水水位出现恢复性增长

为减少农业用水，调整用水结构，减少地下水开采量，2012年吐鲁番地区制定了《地区"关井退田"实施办法》，率先在全疆启动了"关井退田"工作，刚性减少灌溉面积。通过摸底调查，制定关退规划，每年逐级签订目标责任书，并采取将关退工作纳入绩效管理和干部考核等措施，对机关事业单位非法开荒土地实施了退减。截至2017年年底，累计关闭机井391眼，退地13.99万亩，退地减水工作开展以来，年节约水量0.98亿 m^3，地下水水位出现恢复性增长，在监控区范围内较2010年恢复了1 245 km^2，占总监控面积的37.25%，地下水漏斗区影响范围逐渐减小。

4. 主要成效

2011年《吐鲁番地区水权转让管理办法（试行）》出台以来，通过水权转让，极大地推动了各县（市）加快水库建设，推广高效节水、退地减水等工作的积极性，降低了区域用水总量，调整了用水结构、缓解了地下水水位下降和生态环境恶化趋势，取得了很好的成效。截至2017年年底，全地区用水总量已由2010年的14.44亿 m^3 下降到12.91亿 m^3，减少1.53亿 m^3；农业用水在各业用水总量中所占的比例已由2010年的93.22%下降到89.25%，下降3.97%；地下水超采量由2010年的2.54亿 m^3 下降到1.66亿 m^3，部分区域地下水水位得以回升；全地区坎儿井由2010年以前每年干涸29条下降到6条。通过水权改革，极大地调动了各族群众农业节水、高效用水的积极性，加快了水库和工业供水工程建设步伐，促进了水资源优化配置和可持续利用。

（三）河北省邯郸市成安县水权交易实践

1. 基本情况

河北成安县是农业县，耕地面积52.6万亩，同时也是资源型缺水县，人均水资源量仅为 197 m³，不足全国平均水平的 1/10，仅占全省平均水平的 71%。2014 年以前，成安县节水型社会建设和农田水利建设为农业水价综合改革做了大量基础工作，水价改革延续了节水型社会建设水权管理理念，推广了小农水建设在计量设备应用上的改进，建成了农业灌溉用水管理平台。成安县在河北省率先完成了水权确权登记工作，界定了初始水权。成安县以农业节水体系框架为基础，市场、政府与用水户之间经过博弈，确定节余水权政府回购水价为 0.2 元/m³。

2. 具体做法

（1）明确水权，定额管理

按照优先生活，保障工业、生态、农业用水原则，成安县政府制定了《成安县水资源使用权分配方案》，完成全县水权确权登记工作，发放《水权证》8.2 万本，实现农业水权登记管理全覆盖，为水资源定额管理工作奠定了基础。

（2）完善设施，计量收费

全县农业灌溉机井 7 096 眼，其中 6 039 眼安装了计量设施，实施"水电一卡通"，在计量水量的同时，实现了电量的传输。

（3）定额管理，超用加价

在政府补贴、不增加农民负担的前提下，水权额度内用水执行现行水价，超水权部分用水量每立方米加收 0.1 元，定额内节水奖励额度为 0.2 元/m³。

（4）节余水权，政府回购

2016 年 12 月成安县政府确定政府回购水价为 0.2 元/m³。截至 2017 年 3 月 31 日，成安县已完成行尹村、长巷营村、南干罗、王耳营村 4 个试点村水权回购节余水权额度 310 865.23 m³，涉及农户 617 户，回购总金额 62 173.046 元，目前由成安县水利局进行回购资金支付。

成安县政府水权回购主要工作流程如下。

①政府批复回购方案

2016 年 11 月，水利厅选定邯郸市成安县先行开展政府回购农业用水户 2016 年度节余水权额度，使用政府专项资金引导用水户参与农业水权交易。

12月初,成安县水利局向县人民政府上报开展水权额度政府回购工作方案。12月26日,成安县人民政府批复同意政府回购工作方案。

②联合制定回购水价

2017年2月9日,经县水利局商县财政局、县物价局联合印发《关于制定政府回购水价的通知》,确定政府回购水价为0.2元/m³。

③用水量核实公示

成安县水利局委托唐山海森电子股份有限公司对成安县开展2016年度农业灌溉实际用水量核实,数据用于开展政府回购节余水权额度工作。核实完成后向试点村公示2016年度用水核实统计情况,以及回购价格等回购信息(见图5-3)。

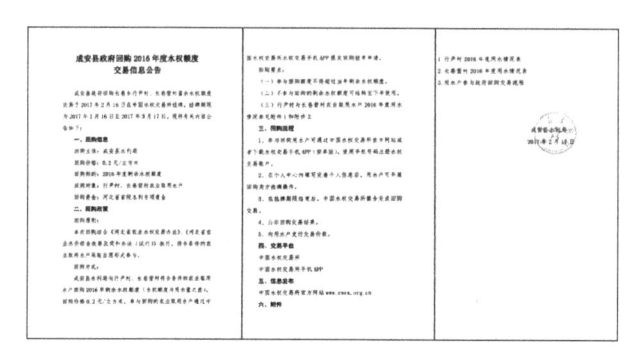

图5-3 成安县农业灌溉实际用水量核实公示

④政府回购专题培训

2017年2月23日,成安县水利局针对政府回购组织专题培训,向20多个村农民用水协会重点介绍政府回购相关政策,说明回购价格。水交所讲解参与政府回购的流程及App使用方式,并赴试点村对农民用水协会成员进行现场指导。

⑤县水利局回购挂牌

在政府报批、统计数据公示后,成安县水利局向水交所书面申请政府回购挂牌。水交所审核通过后,将试点村2016年节余水权额度、回购价格,以及水权额度结转、交易相关政策在官方网站进行公告(见图5-4)。

图 5-4　县水利局委托水交所水权回购挂牌

⑥用水户委托协会挂牌

试点村用水户以书面形式委托本村农民用水协会进行挂牌。协会代表确认并统计用水户节余水权额度,统一使用水权交易手机 App 挂单。

⑦交易撮合及资金结算

在规定回购截止日期时,水交所完成对政府回购挂单和协会挂单的撮合,并向县水利局出具水权交易鉴证书。成安县水利局完成回购资金支付。

Ⅲ 案例篇

第六章

区域水权交易典型案例

第一节　浙江省东阳—义乌水权交易

(一) 案例描述

1. 协议签订时东阳—义乌的基本情况

东阳和义乌两市毗邻,位于浙江省中部的金(金华)衢(衢州)盆地,同属于钱塘江流域,处于钱塘江重要支流金华江上游。东阳全市总面积1 739 km²,人口79万,耕地25 004公顷,境内东阳江多年平均径流量达到8.74亿 m³,还有南江及其他丰水溪流,拥有横锦水库和南江水库两座大型水库,水资源总量16.08亿 m³,人均水资源量2 126 m³。

义乌全市总面积1 103 km²,人口67万,耕地22 912公顷,多年平均水资源总量7.19亿 m³,人均水资源量1 130 m³,远低于浙江省2 100 m³和全国2 292 m³的水平,是一个缺水型城市。2000年义乌市的人均GDP已经高达17 945元,但水资源不足成为义乌市经济社会发展的瓶颈。

东阳市—义乌市由于地缘、水资源禀赋、经济社会发展等因素,从临时性水行政协调发展到永久性水权交易,开创了我国水权交易制度探索的先河。

2. 东阳市—义乌市水权交易

由于干旱,义乌市曾经几度出现"水危机",而近邻东阳市却拥有相对丰沛的水源。1995年和1996年,在上级政府的协调下,东阳市两次向义乌市提供200余万 m³ 优质水资源。通过上级行政协调配置的方式,义乌市暂时解决了临时性缺水问题。

随着城市化发展进程的加速,优质水资源短缺问题再次限制了义乌市社会经济的发展。为从长计议,义乌市提出希望从东阳市跨区域引水的设想,但双方就购买"商品水"还是水权转让、是临时性转让还是永久性转让等问题一直存在分歧。后来经过多方协商,在水权理论的指导下,东阳、义乌双方终于在2000年11月24日在东阳市举行了水权转让协议签字仪式。水权交易协议的核心内容是义乌市一次性出资2亿元购买东阳横锦水库每年4 999.9万 m³ 优质水资源(国家现行一类饮用水的标准)的永久性使用权,并负责横锦水库到义乌的引水管道工程的规划设计和投资建设。

(二) 案例评述

1. 取得成效

一是开创了区域水权交易的先例。水权交易主体是东阳市(转让方)、义乌市(受让方)人民政府,交易对象是横锦水库水资源使用权,交易水量是每年4 999.9万 m³ 的水,定价方式是双方政府直接协商定价,交易总价是2亿元,交易期限是永久性的。结合《水权交易管理暂行办法》的相关规定,东阳市—义乌市水权交易属于区域水权交易的范畴,这是我国发生的首例区域水权交易实践。

二是倒逼我国出台水权交易管理制度。东阳市与义乌市开展了国内首例水权交易实践,加之随后数年其他地区也陆续开展了水权交易实践探索工作。这些水权交易实践工作在取得成效的同时,也引起了较大争议。正是因为地区水权实践暴露的问题,倒逼国家和行业主管部门尽快出台相应的管理制度,以指导水权管理实践工作。事实上,在东阳—义乌案例发生后的第5年,水利部于2005年即出台了《水利部关于水权转让的若干意见》和《水权制度建设框架》。

三是为提高水资源利用效率提供了参考。义乌市通过用市场手段购买东阳市横锦水库优质水资源的方式,解决了水资源时空分布不均的难题,为提高水资源配置效率和使用效率提供了参考。水权交易不仅促使东阳市实施农业节水改造工程、改变农业灌溉方式、提高用水效率、开发新的水源,而且也让义乌市慎重考虑如何节约、利用好这些买来的水。

2. 经验总结

一是政府在水权交易中发挥着基础调控作用。东阳市—义乌市从临时性水行政协调发展到永久性水权交易经历了10余年时间,及至两地政府协商水权交易方式、价格、管理等内容,当地各级政府都发挥了良好的协调、沟通作用,促进了水权交易意向的达成。这充分说明政府在水权交易过程中发挥了基础调控作用。

二是通过制度创新实现交易双方的"共赢"。东阳市—义乌市通过水权交易既解决了义乌市对优质水资源的需求问题,确保了当地社会经济的可持续发展;又为东阳市带来了可观的财政收入,促进了当地经济的整体发展,取得了较好的社会经济效果。义乌市的用水得到保障后,吸引更多中小企业来此投资,增加了就业机会,提高了政府税收收入,推动了义乌市"现代化商贸名城"的建设。东阳市以3 880万元的灌区改造和移民安置投资,以及4 500万元的梓溪流域开发投资为成本,获取了2亿元的水利建设资金以及每年约500万元的供水收入和新增发电量的售电收入,极大地改善了财政状况,促进了当地经济的整体发展。

3. 存在问题

一是永久性水权交易合法性受到质疑。首先,按照《宪法》水资源属于国家所有,东阳市—义乌市政府只是代表国家行使水资源管理的相关权利与义务,所以不具备永久性出让水资源使用权的法理基础。其次,东阳—义乌水权交易合同没有写明交易期限等内容,以"本合同未尽事宜,双方协商解决"的方式留下了大量的"公共领域",很容易引起纠纷。

二是水权交易可能引起一定程度的负面效应。作为供水方的东阳市,将水资源从农业部门供给给工业部门,会导致农业灌溉面积和耕种面积下降,农产品产量减产,以农产品为原料的加工制造业会遭受损失,最直接的便是就业机会减少。同时,还可能使当地的零售业、餐饮业和服务业受到影响。另外,东阳市政府与灌区农民作为横锦水库集体水权的共同拥有者,在农民拥有水库产权(使用权)既成事实的情况下,由政府单方面有偿转让水权,还没有向农民提供相应的补偿,亦可能会引起农民的不满。

三是东阳跨流域引水,影响嵊州市用水安全。东阳市从长乐江的主要支流梓溪引水导致长乐江来水量大为减少,给嵊州市的城市供水、南山水库灌区用水以及一些水利工程带来负面影响,可能会损害嵊州市的利益。东阳跨流域从梓溪引水,采取的实际上是"库内损失流域外补"的方式,卖的是本应流入嵊州的水,这种行为对嵊州市利益造成潜在影响,其跨流域引水的做法还可能对嵊州市的可持续发展、乃至整个长乐江流域造成危害。

第二节　河南省平顶山市—新密市跨流域水权交易

(一) 案例描述

新密市地跨淮河和黄河两个流域,全市没有外来水源,主要依靠开采地下水,人均水资源量仅有 180 m^3。由于开采过量,地下水水位每年下降 5 m 左右。水资源短缺已成为制约新密市经济社会发展的主要瓶颈,2014 年城区三分之一的居民曾遭遇断水危机,使新密市看到了"引用外水"的紧迫性。平顶山市地处淮河流域,境内共有大中型水库 170 多座,虽然 2014 年也遭遇过旱灾,但南水北调中线工程通水后,给平顶山带来了 2.5 亿 m^3 的优质水源,加之平顶山市启动了四库联动等水资源调配工程,水资源保障能力大大提高。通过水资源优化配置、大力节水,还有部分水量可以转让,为水权交易奠定了基础。

新密市水资源的严重短缺和平顶山市水资源一定程度上的结余使两市产生了交易意向。在对两市进行调研之后,河南省水利厅及时协调新密市与平顶山市政府之间、水利部门之间就水权交易进行了协商，并在交易总量、交易时间、交易价格等方面达成了初步意向。2015年11月26日，平顶山市政府与新密市政府在河南省水利厅签订《河南省平顶山市新密市水量交易意向书》（以下简称《意向书》），就两市间跨流域水量交易达成初步共识。根据《意向书》，水权交易期限为20年，平顶山每年转让不超过2 200万 m^3 的南水北调中线计划用水量给新密市，原则上每3年签订一次具体协议。

2016年3月，水交所筹建办调研组一行赴河南省就平顶山—新密水权交易进行了调研，与河南省水利厅、两市水利（务）局进行了深入座谈，建议利用水交所平台完成该单交易。同年5月，水交所组织双方进行了进一步协商，确定了交易价款、交易总量、交易服务费、交易保证金等事项，商定了在水交所开业活动上进行签约等具体事宜。

(二) 协议内容

1. 交易水量与交易期限

根据协议，首期交易期限起止时间自2016年7月1日至2018年10月31日，分为三期转让，交易水量共计2 400万 m^3。其中，第一期自2016年7月1日至2016年10月31日，转让水量400万 m^3，第二期自2016年11月1日至2017年10月31日，转让水量1 000万 m^3，第三期自2017年11月1日至2018年10月31日，转让水量1 000万 m^3。

2. 交易价格

河南省印发的《关于南水北调水量交易价格的指导意见》（豫水政资〔2015〕31号）明确交易价格应以南水北调中线工程综合水价为参考，适当增加一定的交易收益。根据《国家发展改革委关于南水北调中线一期主体工程运行初期供水价格政策的通知》（发改价格〔2014〕2959号）和河南省发改委印发《河南省发展和改革委员会河南省南水北调中线工程建设领导小组办公室河南省财政厅河南省水利厅关于我省南水北调工程供水价格的通知》（豫发改价管〔2015〕438号），平顶山—新密水量交易价格为0.87元/ m^3（见表6-1），交易总价款为2 088万元整。

表 6-1　平顶山市—新密市跨水权交易定价明细

项目		价格（元/m³）	依据	付款方	收款方
综合水价	基本水价	0.36	豫发改价管〔2015〕438号黄河南段价格	新密市	南水北调管理单位
	计量水价	0.38	豫发改价管〔2015〕438号黄河南段价格	新密市	南水北调管理单位
交易收益		0.13	发改价格〔2014〕2959号水源工程综合水价	新密市	平顶山市
总价格		0.87			

（三）效果评价

平顶山市通过南水北调干渠和配套工程将交易水量输送到郑州市尖岗水库，新密市通过修建引水入密工程，将交易的水量从尖岗水库输送到新密市城区。引水入密工程分为取水工程、输水工程、调蓄工程、水厂工程和供水工程，总投资约 3.9 亿元。其中输水管道长约 24 公里，设计引水规模每日 8 万 m³，新建水厂规模为每日 5 万 m³。工程已于 2016 年 7 月完成建设，为实现该宗水量交易提供了工程保障。

第三节　河北云州水库—北京白河堡水库水权交易

（一）案例描述

中国水权交易所（以下简称"水交所"）是经国务院同意，由水利部和北京市政府联合发起设立的国家级水权交易平台。根据水利部印发的《水权交易管理暂行办法》（水政法〔2016〕156号），水权交易包括区域水权交易、取水权交易、灌溉用水户水权交易三类。目前，交易方式主要包括协议转让、公开交易两种。2016年10月，河北云州水库管理处与北京白河堡水库管理处正式签署交易协议。从交易类型来看，该单交易属于区域间水权交易,从交易方式来看属于协议转让。

(二)交易具体内容

河北云州水库—北京白河堡水库水权交易与永定河上游区域间水量交易一样,也是《21世纪初期首都水资源可持续利用规划》框架下,河北、山西向北京集中输水工作的一部分。

1. 原有工作程序

2003年起,每年汛前由协调小组组织召开工作会,总结上一年度工作成果,部署本年度规划实施重点工作和集中输水工作。海河水利委员会(以下简称"海委")委托具有资质的第三方根据永定河上游、潮白河上游水资源条件,在了解相关省市水资源供需基础上,编制年度水量调度方案和实施方案,经各省市协商一致后,由海委报协调小组审批。实施方案批复后,海委下达调度指令,山西省水利厅、河北省水利厅接到调度指令后,将调度指令下达至市、县两级水行政主管部门及各水库管理单位。输水完成后,海委向协调小组办公室报送年度输水总结。2015年,由水利部代表协调小组布置年度集中输水工作,审批年度水量调度方案和实施方案,并印发海委和两省一市(河北省、山西省、北京市)。输水结束后,海委向水利部报送集中输水工作报告,总结本年度集中输水工作。

2. 从集中输水到水权交易

为贯彻落实中央关于市场要对资源配置起决定性作用的精神,水利部决定从2016年起,不再审批年度水量调度和实施方案,改为通过水权交易的方式解决首都输水问题,并由水利部水资源司、财务司指导海委协调推动水权交易。2016年6月28日,永定河上游区域间水量交易的成功签约是利用市场优化配置水资源的生动探索。2016年7月,河北云州水库与北京白河堡水库也决定通过水交所完成集中输水。

2016年7月11日,水交所在北京组织召开了河北云州水库—北京白河堡水库水权交易业务协调会,邀请了水利部财务司、水资源司、海委、北京市水务局、河北省水利厅等有关单位参加会议。云州水库管理处和白河堡水库管理处通过协商,就此次交易的交易水量、交易价格、交割方式、交易期限等进行了充分讨论,达成了初步意向。

(三) 协议内容

2016年10月12日,海委在天津召开了2016年度山西省、河北省向北京市集中输水工作协调会,审议通过了集中输水实施方案,明确了包括云州水库在内的永定河、潮白河上游水库向北京集中下泄的水量,于10月17日起实施集中输水。云州水库管理处与白河堡水库管理处按照集中输水实施方案要求的水量签署交易协议。

交易水量与交易期限:河北云州水库—北京白河堡水库首次交易期限为一年(2016年度)。交易水量按照集中输水实施方案测算,即1 300万 m^3。

交易价格:按永定河上游集中输水统一价格执行,即放水0.06元/m^3,收水0.35元/m^3。待集中输水完成后根据实际放水量和收水量结算交易价款。

(四) 交易的效果评价

2016年12月6日,集中输水工作顺利完成,经统计,河北云州水库放水1 385万 m^3,北京白河堡水库净收水量为987万 m^3,收水率为71.3%。本次水权交易取得了以下两方面效果。

1. 建立了新的输水工作机制

河北云州水库—北京白河堡水库水权交易是在海委集中输水协调会后签署的。本次协调会的召开,体现了水利部将集中输水权限正式下放海委,也确立了由海委、两省一市有关单位、水交所共同参与的新的工作机制,为未来推动集中输水工作进一步市场化奠定了制度基础。

2. 是两手发力配置水资源的生动体现

此单交易由云州水库、白河堡水库发起,水交所利用自身优势,通过业务协调会形式将相关水行政主管部门、流域机构、交易双方召集在一起,为交易相关方提供了层级高、服务好的交流对接平台,交易双方可自由协商价格,提出需求,打破了过去较为倚重行政手段推进工作的束缚,为保障交易相关方权益、体现水资源真实价值做出了有益探索。

第四节 永定河上游跨区域水量交易

(一) 案例描述

永定河上游区域间水量交易是基于永定河上游的集中输水,交易转让方包括河北省的张家口市友谊水库管理处、张家口市响水堡水库管理处和山西省的大同市册田水库管理局,受让方为北京市官厅水库管理处。

1. 输水背景

为保障首都供水安全和周边地区社会经济共同可持续发展,2001年5月,国务院以国函〔2001〕53号文对《21世纪初期(2001—2005年)首都水资源可持续利用规划》(以下简称《首水规》)予以批复,《首水规》对官厅、密云水库上游的来水量进行了明确规定,成立了以水利部为组长单位,国家计委、财政部、北京市人民政府为副组长单位,建设部、国家环保总局、国家林业局、河北省和山西省人民政府参加的"21世纪初期首都水资源可持续利用协调小组"(以下简称协调小组),办公室设在水利部。为进一步规范永定河干流用水秩序,合理配置流域水资源,加强水资源管理,水利部编制了《永定河干流水量分配方案》,于2007年获得国务院批复(国函〔2007〕135号)。

自2003年集中输水以来,在协调小组的有力推动下,在海委的组织协调和相关省市的积极配合下,经过多年探索,集中输水工作有序开展,有效保障了首都供水安全。

2. 工作程序

2003年起,每年汛前由协调小组组织召开工作会,总结上一年度工作成果,部署本年度规划实施重点工作和集中输水工作。海委委托具有资质的第三方根据永定河上游水资源条件,在了解相关省市水资源供需基础上，编制永定河上游年度水量调度方案和实施方案，经与各省市协商一致后，由海委报协调小组审批。实施方案批复后，海委下达调度指令，山西省水利厅、河北省水利厅接到调度指令后，将调度指令下达至市、县两级水行政主管部门及各水库管理单位。输水完成后，海委向协调小组办公室报送年度输水总结。

随着集中输水工作机制的建立，工作流程基本固定，近几年已不再召开协调小组工作会。2015年，由水利部代表协调小组布置年度集中输水工作，审批年度水量调度方案和实施方案，并印发海委和两省一市（河北省、山西省、北京市）。输水结束后，海委向水利部报送集中输水工作的报告，总结本年度集中输水工作。

3. 从集中输水到水量交易

为贯彻落实党中央、国务院关于水权水市场建设的决策部署，发挥市场机制在水资源配置中的重要作用，从2016年起，通过跨区域水权交易的方式实施永定河上游集中输水。2016年3月，水交所筹建办调研组一行赴河北省、山西省、北京市就永定河上游区域间水权交易进行了调研，并与相关水利部门进行了座谈。同年5月，水交所又组织由水利部相关司局、交易各方代表参加的协调会，商定了交易价款、交易总量、交易服务费、交易保证金等具体签约事项。

（二）协议内容

2016年6月28日，永定河上游区域间水量交易在水交所开业活动上正式签约（见图6-1），水量交易鉴定书如图6-2所示。

1. 交易水量与交易期限

首次永定河上游水量交易期限为一年（2016年度）。首次交易水量按照2015年度山西、河北两省集中输水量确定，即5 741万 m^3。

2. 交易价格

首年交易的交易价格仍按集中输水的管理费用综合测算，定为0.294元/m^3，5 741万 m^3 交易水量总价款共计1 687.85万元。

图 6-1　山西、河北与北京达成永定河上游水量交易

图 6-2　永定河上游水量交易鉴定书

第五节　区域水权交易案例的总结

区域水权交易主要是区域政府之间的政治民主协商。2000年岁末，浙江省东阳市和义乌市签订了有偿转让用水权的协议，这起事件被誉为我国首例城市间的水权交易。2005年1月，横锦水库引水工程正式通水，宣告了我国首例水权交易获得实质性的成功。东阳—义乌水权交易的新意，在于打破了行政手段垄断水权分配的传统。在此之前，我国的水权分配主要是指令分配和行政划拨。东阳—义乌水权交易展现两个地方政府如何通过政治民主协商实现水资源的优化配置。

东阳—义乌交易产生的背景是，两个地方商贸往来频繁，两个地市领导交流频繁、关系特别友好。东阳水库中有富余的水，义乌缺水同时当地取水成本又很高，于是义乌向东阳水库购水，实质是有偿供水，通过区域政治协商来解决水资源稀缺的问题。实际上区域水权交易并不是真正意义上的市场，应该被称为"准市场"。从政治经济学的角度，这种机制是既不同于传统"指令配置"也不同于"完全市场"的"准市场"。这种机制通过"政治民主协商制度"和"利益补偿机制"，以此来协调地方利益分配，达到同时兼顾优化流域水资源配置的效率的目标和缩小地区差距、保障农民利益的公平目标。其他地方的区域水权交易实践，实际也是类似的情况。

河南省所推动的区域水权交易主要是，不同行政区域之间通过政治民主协商的方式分配水资源，实质是水资源丰裕地区向水资源稀缺地区提供的有偿供水。河南能够推动区域水权交易的方式，主要因为有南水北调的特殊条件。广东省的河源市与广州市政府也想通过这种方式分配水资源。区域水权交易不同于一般的市场交易，交易双方往往处在一条河流的上下游，或者一条河流的左右岸。交易是一对一完成的，并没有更多的参与者，没有太多的市场竞争，也没有市场价格可以参考，最后往往变成两座城市之间的政治民主协商，成交价格取决于两座城市之间的政治博弈的结果。区域水权交易的背后需要各级水利部门付出大量的协调与沟通的努力,并且往往并不容易达成协议。河南的区域水权交易就是在河南省水利厅大力撮合下促成的。

需要注意的是,个别城市之间通过有偿供水的方式来解决水资源稀缺的问题只是个案,并没有成为普遍的情况。我国大范围的区域水资源调配,主要还是通过行政配置的方式,依靠制定中长期的用水规划与用水计划,通过各级政府的行政协调来解决这个问题。区域水权交易未来的演变情况,取决于水权配置制度的执行情况。如果各级水权配置制度硬化,用水权总量控制分解到地市,分解到县成为常态,各级政府需严守水资源总量约束。如果一个地方政府缺水,需要向邻近的地方政府购买,那么区域水权交易制度才可能变成常态化的现实。在现在这种水权配置制度并不严格,区域之间的水资源总量划分取决于各个地方政府领导在上一级政府中政治博弈的力量对比的情况下,区域水权交易制度只能是行政划拨水资源的补充。

第七章
取水权交易典型案例

第一节 山西省运城市绛县槐泉灌区—中设华晋铸造有限公司行业间取水权交易

(一) 案例描述

1. 绛县水资源情况

绛县位于山西省南部,运城市东北部,地形东南高峻,西北平缓,境内有涑水河系、浍水河系两大水系,年均径流量 0.7 m³/s。绛县干旱少雨,水资源匮乏,多年平均降水量 609 mm,水资源总量 1.05 亿 m³。随着工、农业经济的迅速发展,绛县对水资源的需求也迅速增加,水资源供需矛盾日益突出,由于绛县供水主要水源为地下水,地下水的无序开采导致地下水超采严重。

2. 政策背景

根据《国务院关于实行最严格水资源管理制度的意见》,绛县加强地下水动态监测,实行地下水用水总量和水位双控制度。在地下水超采区,禁止农业、工业建设项目和服务业新增取用地下水,并逐步削减超采量,实现地下水采补平衡。深层承压地下水原则上只能作为应急和战略储备水源。为实现水资源优化配置与可持续利用,贯彻落实党中央、国务院对水权制度建设的部署,2016 年以来运城市委、市政府主要领导高度重视水权制度改革工作,把该项工作写进政府工作报告,列入相关政府年度考核目标。市水务局主要领导亲自抓,多次听取汇报,督促工作进展。作为一项新的改革任务,为了摸索经验,稳步推进,运城市率先在条件成熟、积极性高的绛县、芮城分别开展了工业和农业水权改革转让试点工作。

3. 交易需求

本次水权交易的受让方华晋公司座落于绛县华信经济开发区内,拥有年产量3万吨铸件、3万吨铁合金的冶铸生产能力,现状水源为地下水。由于开发区内企业集中,开发区及周边的地下水资源超采严重,地下水水位下降明显,导致华晋公司的地下水供水量已不能满足企业的年需水量,且供水成本逐渐增大。寻找新的替代水源、解决企业生产用水,成为保证企业正常发展的首要问题。经过分析论证,卖方绛县槐泉灌区的里册峪水库位于华晋公司的上游,在保证农业灌溉需水量的前提下,水库尚有富余水量,经错峰调度可满足企业用水需求。华晋公司生活用水水源由园区自来水管网供给,生产用水水源需通过槐泉灌区水权转让获得用水指标,作为华晋公司的新水源。

4. 中设华晋铸造有限公司需水情况

华晋公司目前生产和生活用水采自7眼自备水源井,水源井分布在下村、里册村和槐泉村,运城市水资源管理委员会批准该公司的取水方式为凿井取水,允许年开采地下深层水90万 m^3,取水许可证编号:取水晋运字〔2013〕00013。因地下水水位下降,根据绛县水资办的监测数据,华晋公司的7眼自备水源井已报废3眼,其他4眼自备水源井水位下降15 m,单井出水量仅50 m^3/h,已不能满足企业的用水需求。根据生产规模规划及用水定额,经测算,华晋公司年用水量预计加大到150万 m^3。

5. 绛县槐泉灌区供水合理性分析

根据《山西中设华晋铸造有限公司供水合理性分析报告》测算,槐泉灌区位于绛县城东北20 km的中条山北麓,属汾河水系浍河流域,设计灌溉面积4.99万亩,有效灌溉面积4.58万亩,是山西省运城市绛县境内最大的自流灌区。灌区水源工程包括里册峪水库、磨里峪水库、106眼机井等,其中里册峪水库控制流域面积73 km^2,总库容667万 m^3,106眼机井的年供水能力约520万 m^3。

在平水年（$P=50\%$），里册峪水库年可供水量为 1 221.1 万 m³，灌区农业灌溉和华晋公司的总需水量为 716 万 m³，在只依靠水库供水的情况下，仍有富余水量 505.1 万 m³，能够满足华晋公司年用水量 150 万 m³ 的要求。

在中等干旱年（$P=75\%$），里册峪水库年可供水量为 838.1 万 m³，灌区机井可供水量为 643.5 万 m³，灌区农业灌溉和华晋公司的总需水量为 1 075.3 万 m³，通过水库和灌区机井联合供水，水库仍有富余水量 404.5 万 m³，能够满足华晋公司年用水量 150 万 m³ 的要求。

在特大干旱年（$P=95\%$），里册峪水库应首先保证灌区的农业灌溉，企业可启用自备水源井和厂内调蓄设施来满足其用水要求。

同时经山西省地质勘查局二一四地质队实验室经取样分析与华晋公司复验，里册峪水库水质完全满足企业生产用水水质要求。

6. 运城市水务局批复

根据绛县水务局《关于绛县槐泉灌区与山西中设华晋铸造有限公司进行水权交易的报告》（绛水字〔2016〕59 号）和经专家评审修改后的《山西中设华晋铸造有限公司供水合理性分析报告》，2016 年 10 月 18 日运城市水务局以运水资源函〔2016〕168 号对本次水权交易进行了批复，同意绛县开展工业用水取水权交易试点工作，由槐泉灌区与华晋公司在水交所平台进行交易，明确了交易水量、交易期限，提出两家单位在完成水权交易，取得水交所出具的《水权交易鉴证书》后，持相关材料到县、市水行政主管部门分别办理水权变更手续。

（二）协议内容

2016 年 8 月，水交所董事长石玉波带队赴山西省水利厅与运城等 5 市水资办进行了座谈，了解到华晋公司的交易需求。9 月华晋公司作为买方在水交所公开挂牌，交易水量 6 300 万 m³，交易期限 35 年，交易价格 1.2~1.5 元/m³。待公告期结束后，槐泉灌区作为唯一卖方应牌，交易转为线下协议转让模式。经水交所撮合，待运城市水务局批复后，10 月 28 日，槐泉灌区与华晋公司取水权交易协议签约仪式在运城市水务局防汛会商中心举行，水交所总经理张彬，市水务局党组书记、局长樊剑展,党组成员、总工王俊武,党组成员、水资办主任李强及绛县等十三个县(市、区)水务(水利)局相关负责人、水资办主任在场见证,这是运城市签订的首家取水权转让交易协议。本次水权交易协议由水交所标准协议与补充协议组成,采取了"长期意向"与"短期协议"相结合的水权交易动态调整机制,协议确定了交易价款、交易总量、交易服务费、交易保证金、双方的义务与权利以及违约责任等事项,保障了水权交易的稳定性和灵活性。

1. 交易水量与交易期限

根据《运城市水务局关于绛县槐泉灌区与山西中设华晋铸造有限公司进行水权交易的意见》(运水资源函〔2016〕168号)与双方签订的水权交易协议,槐泉灌区在取水许可证有效期内,利用里册峪水库富余水量与山西中设华晋铸造有限公司进行水权交易,此次交易水量为180万 m^3 每年,并确定总体交易意向35年,本次交易期限为5年,从灌区实际供水日期开始计,待交易期限届满,槐泉灌区取水许可证办理延续后,双方续签交易协议。

2. 交易价格

本次交易价格综合考虑了水资源费、供水成本费、计量监测设施费、水权交易管理费、税费等因素,交易单价为1.2元/m^3,5年的交易总价款为1 080万元。本次交易期限届满后,双方续签交易协议时交易价格另行确定。

(三)交易效果评价

本次取水权交易取得了以下三方面效果。

第一,不仅解决了企业用水需求,还降低了企业运行成本,华晋公司原自备井供水系统,地下水资源费标准为2元/m^3,利用里册峪水库地表水水源,水资源费标准为0.5元/m^3,按照年用水量150万 m^3 计算,年节省水资源费225万元。同时省去了自备井供水设施的运行维护费用,以及相关的人工费用。

第二,拓展了灌区的供水市场,带来可观的经济效益。槐泉灌区现有管理人员36名,临时人员5人,为自收自支水利单位,过去单一依靠农业灌溉水价,收入不稳定,经常出现入不敷出的局面,通过本次取水权交易,增加了稳定的工业供水收入,改变了灌区经济现状,有利于灌区今后更好地运行维护,提高管理水平。

第三,优化企业供水水源结构,将企业水源由地下水置换为地表水,压减了地下水开采,给下一步关井压采工作打下了基础,有利于地下水资源的涵养,有利于水生态的保护。

本次灌区与工业企业间的取水权交易是一个生态、企业、灌区三赢的案例,为有节水潜力的灌区及水库管理单位、地下水超采区的工业企业提供了一个很好的示范,对推广水权交易,利用市场机制优化配置水资源是一个很好的宣传,也为地下水超采治理提供了一个新的模式,将会对当地水资源管理产生深远的影响。

第二节　宁夏中宁县—宁夏京能中宁电厂行业间取水权交易

(一) 案例描述

1. 中宁县水资源情况

中卫市中宁县地处黄河流域,属大陆性季风气候,干旱少雨,蒸发强烈,多年平均降雨量221 mm,多年平均蒸发量2 055 mm。当地水资源量少质差,可利用的水资源十分有限。根据宁夏自治区《实行最严格水资源管理制度考核办法》(宁政办发〔2013〕61号),2015年中宁县取水总量控制"红线"指标为5.90亿 m^3,其中,取用黄河水的总量指标为5.58亿 m^3。2014年,中宁县取水总量已经达到6.68亿 m^3,取水总量已超总量控制"红线"指标0.78亿 m^3,全县水资源供需形势十分紧张,同时用水结构不合理,农业(含生态)取水占总取水量的95%以上,限制了新增工业用水的空间。为此,自治区确定将中宁县作为水权交易试点之一,重点开展通过农业节水改造工程节余出的农业水权转向工业的水权交易试点工作。

2. 宁夏京能中宁电厂项目需水情况

根据《宁夏京能中宁电厂 2×660 MW 工程项目水资源论证报告书》,宁夏京能中宁电厂项目年均取水量为 223.4 万 m^3,其中生产用水 219.02 万 m^3,生活用自来水 4.38 万 m^3。生活用水水源由园区自来水管网供给,生产用水水源需通过水权交易获得水权指标。

3. 中宁县试点地区节水潜力

中宁县水权交易试点地区位于舟塔乡,内有 1 个乡级农民用水者协会和 11 个分会,全乡灌溉面积 2.55 万亩,种植作物以枸杞为主,面积达到 2.2 万亩,占总灌溉面积的 88%。试点区枸杞种植大多采用漫灌或畦灌,田间净灌溉定额在 480 m^3/亩,而枸杞采取滴灌种植后,田间净定额可以减少到 300 m^3/亩,有较大的节水潜力。目前,舟塔乡规划节水改造 1 万亩枸杞全部采用滴灌的项目已于 2015 年 9 月完成。节水改造后,农田灌溉水有效利用系数由 0.41 提高到 0.65,1 万亩枸杞的节水潜力为 716 万 m^3,故试点区可交易的水量为 716 万 m^3,完全可以满足宁夏京能中宁电厂的需求。

(二) 协议内容

2016 年 5 月,水交所邀请宁夏水利厅、中宁县政府、京能集团中宁电厂筹建处的代表进行座谈,协商通过水交所平台完成水权交易的具体事宜,商定了交易价款、交易总量、交易服务费、交易保证金以及在水交所开业活动上进行签约等事宜。考虑中宁县政府尚未完成水权确权到乡镇一级的工作(截止到签约前),水权尚属中宁县政府,因此由中宁县政府授权的中宁国有资本运营有限公司作为水权转让方,受让方为宁夏京能中宁电厂筹建处。

1. 交易水量与交易期限

按照宁夏京能中宁电厂 2×660 MW 工程项目生产用水需水情况,此次交易水量为 219.02 万 m^3/a,并确定交易年限为 15 年,从电厂项目投产发电用水开始计,投产运营满 15 年后续签交易协议。交易期限内总交易水量 3 285.3 万 m^3。

2. 交易价格

宁夏中宁县行业间水权交易的交易价格按宁夏水利科学研究院的建议价格执行,建议价包括了农业节水工程总投资费用、节水工程年运行维护费用、水权使用权转让费和水权交易管理费四个部分。节水工程总投资:每年节水灌溉投资59.32万元,交易期内(15年)节水灌溉建设工程累计总投资889.74万元,试点区交易水量219.02万 m^3 ,则单方水节水投资为0.271元/ m^3 。节水工程年运行维护费用:根据人工薪酬等因素计算,运行维护费18.10万元/a,交易期内(15年)总运行费用为271.63万元。试点区每年要向中宁电厂转让219.02万 m^3 农业水权,单方水年运行维护费用为0.083元/ m^3 。水权使用权转让费:按照转让方丧失了利用水权作为生产要素获得持续性收益的机会的计算原则,由于试点区每亩每年平均1 120元收益,亩均定额1 175 m^3 ,且水作为生产要素的效益系数取0.3,则单方水效益为0.29元,再按照8%的贴现率计算,15年转让期的单方水总效益为8.385元,试点区交易水量219.02万 m^3 ,则水权使用权转让总费用为1 836.59万元,平均每年单方水收益为0.559元/ m^3 。水权交易管理费,按水权交易成本费(前三项合计)的2%计,则交易服务费为59.96万元,试点区交易水量219.02万 m^3 ,交易15年,则单方水价格为0.018元/ m^3 。

综上所述,交易总单价为(0.271+0.083+0.559+0.018)元/ m^3 =0.931元/ m^3 ,15年的交易总价款为3 057.92万元。

第三节　取水权交易案例的总结

以水权转换为标志的取水权交易蓬勃发展,并有着较为广阔的前景。黄河中上游的宁夏、内蒙古的水权转换工作,是我国水市场探索中的重要范例。由于内蒙古和宁夏用水达到了黄河分配的用水指标,两自治区为了解决工业和城市发展的用水问题,只能通过调整用水结构、大力推行灌区节水解决。地方政府代表灌区和农民的利益与企业谈判,让企业多付点钱投资农业节水,节约的水资源供新增的企业来发展经济。根据水权转换的思路,两自治区尝试通过农业节水、将节余水量有偿转让给工业项目,探索出了水资源优化配置的有效途径。2004年5月,水利部出台了《关于内蒙古宁夏黄河干流水权转换试点工作的指导意见》,紧接着黄河水利委员会(以下简称黄委)发布了《黄河水权转换管理实施办法(试行)》,为黄河上中游地区的水权转让提供了依据。经过4年的探索实践,试点工作取得重要进展。截至2008年10月,黄委已审批26个水权转换项目,其中内蒙古20个,宁夏6个,合计转换水量2.28亿 m³,节水工程总投资12.26亿元。试点地区在未增加黄河取水总量的前提下,为当地拟建工业项目提供了生产用水。鄂尔多斯市14个受让水量的工业项目,由于水权转换每年新增的工业产值达266亿元。同时拓展了水利融资渠道,农业节水投入空前增长。截至2007年底,鄂尔多斯南岸灌区改造工程实际融资达6.9亿元,是中华人民共和国成立50多年来国家投入到该灌区节水改造资金总和的28倍。以宁夏—内蒙古地区的水权转换为代表的取水权交易,是三种类型的水权交易中运用范围最广和有着较好前景的项目。截至2017年8月,在目前水交所挂牌交易的案例中,相关地区取水权交易的数量最多,共有7个。

水权转换为缓解黄河流域水资源供需矛盾,促进节水型社会建设,保障经济社会发展用水需求,作出了积极贡献。水权转换试点在实践中取得了"多赢"的效果:一是在未增加黄河取水总量的前提下,为当地拟建工业项目提供了生产用水,促进了区域经济快速发展;二是拓展了水利融资渠道,灌区节水工程建设速度加快,提高了水资源利用效率和效益,实现了水资源优化配置;三是保护了农民合法用水权益,输水损失减少,水费支出下降,为农民赢得了实惠。水权转换试点探索了一条农业支持工业、工业反哺农业的经济社会发展新路,有利于维持黄河健康生命,有利于保障黄河水资源的可持续利用。通过水权转换,宁蒙地区已经从过去黄河水资源的超采大户,正在变为量水而行、以水定发展、高效配置水资源的一个典范。当然长期看水权转换也有其问题,可能造成负面影响。因为以往水流过程中的地下渗漏变成地下水,水权转换后的节水项目使得水流不再渗漏成地下水,由此可能对生态环境有负面的影响,因此还需要适当评估。

目前黄河水权转换主要是省区内、行政区内部的水权转移,已经产生了十分可观的效益。实际上,水权转换可以进一步扩展到跨行政区和跨省区。以《黄河流域"十一五"节水型社会建设规划》的数据为基础进行测算,发现如果黄河流域引入跨省区的水市场,所节约的节水投资是可观的。根据这项成果,如果黄河引入全流域的跨省区水市场,相对于2010年全流域节水规划投资,工农业两部门之间的水交易所节约的投资为25亿元,相当于工农两部门规划节水投资的18.5%。如果是内蒙古的工农业两部门,通过水交易可以节约1.5亿元,相当于内蒙古两部门规划节水投资的7.3%。如果黄河上游四个省区组成一个区域市场的话,可以节约14亿元节水投资,相当于这四省区两部门规划投资的17%。进一步推算可得,由于规划2020年工农业两部门节水投资为450亿元,引入水市场预期带来的投资将节约超过100亿元。

从全世界范围来看,水权市场在实践中的作用往往低于理论预期。其中交易成本对水权市场的制约作用被很多理论研究证实和强调。交易成本包括信息成本、谈判成本、行政审批成本、履约成本等,是影响水权市场效率的重要因素。水权转换中的交易成本通常都是很高的,所以水权市场要想有效运作,关键是降低交易成本。事实上,黄河水权转换之所以采取政府主导型的市场形式,就是因为这是一种大大节约交易成本的做法。现阶段依靠市场主体之间自发的谈判和实施水权转换,显然由于交易成本过高而不可行。因此,在今后水权市场的政策设计中,水管理部门需要多研究制定能够有效降低交易成本的政策和措施,同时加强相关的监管。

第八章
灌溉用水户水权交易典型案例

第一节 石羊河流域典型灌区水权交易市场模式

石羊河流域的水资源问题关系西北地区生态安全及河西走廊大通道的安全，水权制度建设的地方积极性较强，工作基础较好。

(一) 研究区概况

石羊河流域水系主要有西大河、东大河、西营河、杂木河、金塔河、黄羊河、古浪河和大靖河8条较大河流，其他沿山小沟小河多为泉水河流。流域内灌区类型主要有纯井灌区、渠灌区和井渠混灌区。流域水资源总量为16.6亿 m^3，其中地表天然水资源量为15.6亿 m^3，与地表水不重复的地下水水资源量0.99亿 m^3，水资源开发利用程度128.5%。

石羊河流域各年农业灌溉用水比例都高达70%以上，工业、生态用水比例不足25%，农业生产用水严重挤占生态用水，用水结构不合理。水资源稀缺度的不断提高使石羊河流域上下游之间、用水户之间的水资源利用存在多重矛盾，下游民勤生态水权的预留尤显重要。因此，石羊河流域的协调持续发展必须建立新的水循环条件下的水权交易模式和市场，营造良好的水资源利用秩序，调整水权动态配置，优化用水结构，缓解用水矛盾和修复生态环境，为流域治理和长期发展奠定制度基础。

(二) 石羊河流域水权交易市场运行模式

根据石羊河流域水权市场交易一般流程、水资源现状和水权交易的特殊性,石羊河流域水权交易采用"集市型交易"和"协议型交易"两种运行模式。集市型水权交易源于股票交易中的集合竞价,通过集市对多个买家和卖家的报价进行统一撮合,形成市场均衡价格,交易对象为用水户或用水小组,而协议型交易主要针对的对象为用水者协会,通过互相协商进行水权交易。

1. 集市型交易

(1) 交易程序

集市型交易流程包括交易申请、交易审核、交易后水量变更3个环节。具体程序为:①用水农户或用水小组向用水者协会提交出售或购买需求申请。②用水者协会审核交易申请是否满足交易条件。③如审核通过,用水者协会登录平台,提交水量交易申请单;如审核未通过,拒绝提交申请单。④用水者协会提交完成交易申请单,等待上级行政主管单位审核。

(2) 审核程序

具体审核步骤为:①用水者协会提交申请单,首先由乡镇水资源管理办公室审核,审核通过后继续后续操作,审核不通过则申请单将不参与本轮次集市交易,同时通知用水者协会修改申请单信息,直至满足交易条件。②乡镇水资源管理办公室审核通过后将由灌区水管站审核交易申请单,审核通过后申请单流转至灌区水权交易中心继续进行审核。否则,水量交易申请单将不能参与集市型交易,同时通知用水者协会修改申请单信息。③灌区水管站审核通过后,申请单将由灌区水权交易中心负责审核,否则将通知用水者协会重新修改申请单信息。④灌区水权交易中心审核通过,申请单等待进行集市型撮合交易。⑤灌区水权交易中心在规定时间开展水权交易集市撮合,完成本轮次集市交易,同时锁定卖方协会水量数据,等待付款确认,过户水量数据。

各级行政主管单位拒审理由包括出售价格不满足政府指导价、水量出售影响灌区轮次用水计划和配水能力、出售的水权类型不符合水权交易规则。

(3) 配水程序

具体程序为:①集市撮合成功后,达成水量交易的用水者协会在规定的时间内到相应的水权交易中心付款结账。②由灌区水权交易中心登录系统后台,找到相应的交易记录,确认付款动作。③系统确认付款,卖方协会核减出售水量,同时将核减的水量配置到买方协会水量账户。④完成确认付款,水量配置,本轮次集市型交易完成。

2. 协议型交易

协议型交易流程具体为:①用水小组或用水者协会向灌区水权交易中心提交协议交易申请。②灌区水权交易中心审核交易申请。③灌区水权交易中心审核通过,并登录系统后台,提交水量数据、交易价格和联系人及联系电话等信息,完成发布协议型交易挂牌申请。④协议型挂牌申请单数据信息将在平台首页进行公示,寻找合适买方或卖方协会。⑤买方或卖方协会电话联系沟通,达成协议型交易,将最终交易数据信息上报提交灌区水权交易中心。⑥灌区水权交易中心备份交易数据,撤销首页协议型挂牌数据,完成协议型水量交易。

(三) 石羊河流域典型灌区水权交易运行模式

1. 纯井灌区水权交易市场运行模式

由于石羊河流域地下水生态问题比较敏感,井灌区用水户统一实行用水计划申请制度,用水程序如下:用水户提出申请→协会核对加注意见→乡镇水资源管理办公室审核批复→水管单位确认后出售水票和刷卡充值→供电所依据水票向用水户供电→取水。取水过程中水管单位加强轮次水量公示与动态监管。

2. 渠灌区水权交易市场运行模式

渠灌区水权交易程序如下:交易协会双方提出申请,乡镇水资源办公室审批,管理站复核,经灌区水权交易中心同意,双方签订交易协议,管理站配水、乡镇水资源办落实,报灌区水权交易中心备案。为加强对协会水权交易的监督管理,灌区单独建立水权交易供、用水台账,协会对交易水量、交易水价进行公示,确保水权交易规范开展,切实保护水权交易双方的合法权益。

3. 井渠混灌区水权交易市场运行模式

井渠混灌区水权交易程序如下:坚持以地表水为主、地下水为辅的原则,在不突破水权用量前提下,按照地表水优先、地下水严控的原则分别核定农民用水户的地表水、地下水用水指标,地表水核定丰、平、枯水年用水指标,并核定相应的地下水用水指标。水权配置实行年初预算、年内审计、年终决算和年度调剂,优化地表水、地下水用水指标结构。在地表水基本能满足用水需求的灌溉片区或灌溉轮次,不再核定地下水用水指标;在地表水不能满足用水需求的灌溉片区或灌溉轮次,优先核定地表水用水指标,缺额部分核定地下水用水指标;在有效降水时段,限用地下水用水指标,延期使用地表水用水指标。

第二节 甘肃省武威市凉州区灌溉用水户水权交易

武威市凉州区地处河西走廊东端,石羊河流域中上游,总面积 5 081 km², 农田配水面积 146.02 万亩,现辖 37 个乡镇, 2 个生态建设指挥部, 8 个城区街道办事处, 445 个行政村,总人口 103.53 万,其中农村人口 77.9 万人。区内属大陆性干旱气候,年均降水量 171 mm,年蒸发量 1 943 mm。发源于祁连山北麓的西营河、金塔河、杂木河、黄羊河是区内主要的地表水资源,多年平均径流量 8.95 亿 m³,可利用水资源量约为 6.69 亿 m³,地下水开采量为 3.53 亿 m³,水资源可利用总量为 10.22 亿 m³,是资源性和结构性缺水地区。凉州区从 2006 年开始,推行水权水价制度改革,通过广泛宣传动员,明晰水权到户,培育建立水市场,调整水价政策,加强用水计量,组建用水户协会,创新管理机制等措施,建立形成了以水权水价管理为核心的水资源管理制度体系,促进了经济增长方式的根本转变。

(一) 水权水价改革情况

1. 广泛宣传动员,形成良好的节水文化氛围

凉州区从提高群众节水观念入手,开展了长期性的节水教育活动,在思想意识和理论基础方面形成了有力的支撑。充分发挥社会媒体的

主要作用。在电视、报刊等新闻媒体上进行大规模、大范围、大众化的节水宣传;在交通干道沿线制作永久性标牌,刷写节水宣传标语,在集镇、示范区组织巡回演讲,现身教育,实地考察等;通过以会代训,专题培训等活动对干部群众开展节水培训。几年来,印发各类宣传材料350多万份,开展各类节水培训43.6万多人次。增强了全民节约用水、依法治水意识,促进了水权水价政策的落实,为转变用水方式,节约和保护水资源打下了良好的群众基础。

2. 以控制水权为核心,落实最严格的水资源管理制度

凉州区节水型社会建设能够有所成效,主要是牵住了水权改革这个"牛鼻子"。一是明晰水权到户,按照石羊河流域水资源分配方案。连续11年制定年度水资源配置方案,坚持宏观总量控制与微观定额管理。将水权逐级分配到灌区、乡镇、协会,明晰到17.95万用水户。每年逐户核发水权证(如图8-1)。用水户按照"节约归己,超用不补,流程流转"的原则,合理安排使用。二是优化用水结果。按照"压减农业用水,节约生活用水,增加生态用水,保证工业用水"的原则,对各行业用水进行了优化配置,水资源供给向用水效益较好的二三产业转移,逐步破解结构性缺水命题。同时,在农业用水中,建立抗旱高峰期优先向高效益作物供水机制;对特色林果业单独配置水权;井水灌区种植的高耗水作物不予供水,通过水权"倒逼"助推农业结构调整。三是强化水权过程性控制。水管单位按渠系和单井制定分轮次供水计划,用水户协会制定分时到户、配水到地用水计划。健全各类作物供用水台账,实行水资源管理举报制度,分阶段开展用水审计,对水资源使用实现精细化管理和全过程监督,杜绝超用、乱用水权现象发生,确保用水总量控制不突破。四是加强用水计量管理。河水灌区对干、支渠道量水堰进行全面更新改造,在斗、农渠道上配套水堰和标准量水断面,实现了斗口准确计量。井水灌区对4 887眼机电井安装运行了地下水智能化取水计量设施,实现了井口精准计量,探索建立用水计量远程监控系统,实现了配水到户、计量到户、记账到户、收费到组,有效控制了用水定额。

图 8-1　武威市凉州区水权使用证样式

3. 安装计量设施，实现地下水信息化远程控制

凉州区于2007年一次性对全区4 887眼机电井全部安装了智能化计量设施，智能化计量设施主要由智能控水控制器、IC卡缴费终端、中间管理和后台管理主机及其配套软件构成。水表通过感应器将信息传送到主板，当卡上水量用完后，自动关闭电路，系统停止运行，达到自动控制用水的目的。研发应用了地下水信息化管理系统，在机井智能化计量设施上加装通信模块、为机井取水等数据信息提供通信卡，互联网传输至信息化管理终端，系统运行过程中，结合灌区年度单井配置水量、年初机井水表读数，借助远程终端传输的机井当前用水量、累计用水量，能够迅速判断该眼机井水量使用情况及当前水表读数，将信息数据实时传输至水管所控制中心，并将单井控制面积，种植作物、分配水量、机井和计量设施信息等数据录入系统，管理人员能够随时掌握机井运行情况，若出现水权超用等违规取水行为可远程关闭机井，有效实现的水资源监管。

4. 发挥水价"杠杆"作用，撬动农业结构调整

凉州区深入开展了水价综合改革，形成了激励节约用水的科学水价机制。一是适时调整农业水价标准。2006年以来对水价进行了三次大的调整，地表水计量水价由2006年的每立方米0.06元调整到了

目前的0.2元,地下水由每亩8元单一制水价调整为基本水费每亩2元和计量水价每立方米0.05元的两部制水价。二是实现分类水价。对日光温室等设施农业、大田节水滴灌的种植作物,地表水水费优惠25%,地下水优惠50%,并免征水资源费;对采用传统方式种植的小麦、大麦、露地平作玉米等高耗水低效益作物,地表水水费上浮25%,地下水水费上浮50%;特色林果业种植和生态用水,按农业用水价格的50%计收。三是推行累进加价。农业供水实行超定额累进加价制度,根据用水超定额30%以下、31%至50%、50%以上不同情况,超额部分分别按标准水价的150%、200%、300%收取水费。四是探索开展末级渠系水价。依托农业水价综合改革示范项目,试点推行了末级渠系水价,核定末级渠系水价标准为每立方米0.0308元,由农民用水户协会收取使用。通过制定和落实多样化的水价政策,充分发挥价格"指挥部"和"杠杆"的作用,激励节约用水,引导群众开发高效节水产业,推动"设施农牧业+特色林果业"主题生产模式发展。

5. 组建农民用水户协会,实现民主参与式管理

凉州区水权水价改革的主战场在农村,主力军是广大农民群众,农民用水户协会既是群众的"火车头",也是水管单位与群众联系的"纽带"。目前,全区组建运行农民用水户协会433个,有工作人员2278人,参与农户共17.95万户,全区除部分山旱地外所有需工程设施引水灌溉的农田面积全部由协会管理。民政部门对协会全部进行了登记注册,水行政部门以灌水小组为单位向用水户颁发集体会员奖。将协会分为一、二、三级,分类管理,现有一类协会63个、二类协会135个、三类协会235个。协会运行费用通过政府补贴和会员缴纳会费的方式解决,政府每年补助运行经费70多万元。通过分类管理,年度考评,达标晋级,互学互促,不断规范协会管理,形成了"农户+用水户协会+水管单位"的民主参与运行模式,在组织群众落实水权水价政策,管护田间节水工程设施,推广节水技术,调整种植结构等方面发挥了重要作用。

6. 创新管理机制,规范用水行为

凉州区以加强制度建设和水行政执法为重点,为水资源管理创建平安环境。一是健全管理制度。适时编制出台了《凉州区初始水权确

定及初始水量配置办法》《凉州区用水总量控制办法》《凉州区用水审计办法》等规范性文件,内容涵盖水权管理、行业用水定额、水量调度、水价改革等各个方面。二是建立乡镇部门联动机制。区政府将水资源管理相关指标纳入各乡镇、部门考核内容,灌区委员会定期进行水情会商;乡镇、水务、电力部门协调落实以水定电、以电控水、水电联动的控水措施;公安、水务等部门联合打击违规取水行为,形成了乡镇、部门齐抓共管水资源的局面。三是严格执法落实。严格执行节约用水"三同时"制度,对新扩建、改建取水项目实施取水许可审批制度和水资源论证。划分地下水禁采区、超采区,加强机井取水管理,严格控制新打机井,规范旧井更新审批程序。严格落实禁止开荒、禁止打井、禁止放牧、禁止乱采滥伐、禁止野外用火"五禁"规定,营造了良好的水事环境。

(二) 水权交易情况

凉州区把水权市场建设作为水权价格制度改革进一步深化的抓手,鼓励开展水权交易,激发用水者的节水源动力,实现水资源的二次优化配置和余缺调剂。

1. 出台规章制度

制定出台了《凉州区加快水权水市场建设指导意见》《凉州区农业用水交易管理指导意见》《石羊河流域武威市凉州区水权转让管理办法》等规范性文件,初步对农业用水交易范围、条件、方式等进行了规范。

2. 搭建交易平台

全区依托水行政部门和基层水管单位,成立了1个区级、7个灌区级水权交易中心,明确各级交易中心职责,建立完善各种交易资料、台账,配备专人做好水权交易引导和服务工作。在水权交易过程中,探索形成了《灌区水权交易流程图》,制定了《水权交易申请》《水权交易协议》《水量交易结算》《水权交易公示》等制度和模式,保障了水权交易工作有序进行。

3. 规范水权交易程序

目前开展的水权交易形式有两种。一是协会内灌水小组同用水户农业灌溉轮次小额度水权交易,由各用水小组向农民用水户协会提供水量余缺信息,报送购买或售水申请,双方自主协商,自主议价,自助结算,由农民用水户协会交易平台登记办理水权转让手续,交易水量由农民用水户协会辅助协调供给;二是农民用水户协会间交易,由农民用水户协会双方向所在地水管站(所)提出申请,经水管站(所)和乡镇水资源管理办公室审查同意报灌区水管单位审核报备后进行交易。具体交易由乡镇水权交易平台主持进行,交易水量由所在水管站(所)辅助协调供给。交易水权应在工程条件满足的情况下进行,地表水交易水量使用要根据来水情况、供水条件等统筹确定,不得跨年度使用,地下水交易水量在当年内使用。

4. 推行在线网络水权交易

依托清华大学研发的在线网上水权交易系统,在网上发布各用水户的余缺水量信息,由用水户在网上开展水权交易,系统自动生成交易协议,并可实时查询交易信息,为水市场的发展创造了条件。

5. 水权交易价格限额

水权交易价格以物价部门核定的水价为基础,农业灌溉用水交易水价由交易双方协商确定,但不超过正常水价的3倍,交易后的收益归出售水权的用水户所有。

目前,凉州区水权交易重点在农业内部进行,2015年度全区共开展水权交易241起,交易水量467.68万 m^3。

(三) 取得成效

1. 激发了节水的自身动力

凉州区积极开展水权水价改革,明晰水权到户,组建运行农民用水户协会,制定落实多样化的水价政策,建立形成了以水权水价为核心的水资源管理体系,激发了广大农民群众的节水积极性,把节水变成了公众的自觉行动,由过去的"要我节水"转变为"我要节水",催生了节水的内生动力。

2. 用水结构不断优化

全区农业、生态、工业、生活用水比例由2006年的91.4∶2.2∶4.1∶2.3调整到了2015年的73.5∶6.3∶15.2∶5.0。通过"以水调结构"，引导群众发展高效节水产业，推动"设施农牧业＋特色林果业"主题生产模式发展，凉州区农业种植业结构得到了进一步优化。

3. 节水增收效果明显

自水权水价制度改革以来，全区各行业节水效果明显，用水总量由2006年的12.53亿m³控制到了目前的10.22亿m³，河水灌区灌溉水利用率由0.52提高到了0.57，井水灌区由0.76提高到了0.84。

4. 实现了重点治理两个约束性目标

重点治理实施以来，2006年至2015年，全区累计向下游民勤蔡旗断面调水18.19亿m³。其中：2010年过水量达到2.32亿m³，实现重点治理近期目标；2012年过水量达到3.48亿m³，提前8年实现2020年目标。地下水开采量由2006年的4.58亿m³减少到2015年的3.53亿m³，地下水水位下降趋势得到有效遏制，部分区域地下水水位开始回升。《石羊河流域重点治理规划》确定的两大约束性目标如期实现。

第三节 灌溉用水户水权交易案例总结

灌溉用水户的水权交易并没有成熟的试点，部分试点区转而主动推动农业综合水价改革和灌溉制度改革。灌溉用水户水权交易主要指的是已明确用水权益的灌溉用水户或者用水组织之间的水权交易。最早的试点在甘肃张掖地区，随后在黑河流域部分地区也有零星的试点。河北衡水桃城区也曾经试验过传统的水权交易模式。这些试点都是在地方政府的强有力推动下，给农民发放水票，同时硬化水资源使用的总量，让农民之间相互交易。简单来说，在一年年初，根据地区的降雨情况、种植习惯等因素，根据节水指标和耕地面积确定每个农户的用水定额。如果农户用水超过定额就从别人处购买，如果农户用水没有达到定额就可以把定额卖给别人。

实际上试点交易的规模很小，许多地区的试点最后不了了之。这里面的原因在于，第一，政府推动农户层面水权交易过于繁琐，行政成本较高。政府需要确定地区的水资源总量,同时分配给农户相应的水权。农户每一次灌溉完毕后,政府都需要登记农户的水资源使用量。第二,农户层面水权交易的收益太小。中国的基本国情之一,是小农户分散的农业经营,全国户均土地经营规模不足 0.5 公顷。而在澳大利亚墨累-达令流域——这个水权市场比较发达的流域,农户平均经营的土地约 3 000 公顷,相当于中国一个中等乡镇经营土地的总和;美国农户平均经营土地约 250 公顷。这两个国家户均经营土地是中国农户的几百上千倍,也决定了他们以农户为基础的水权交易具有很大的规模效益。中国农户土地规模太小,进行水权交易的收益只有几十元,这让农户不太有节水的积极性。第三,水资源年际变化太大,水文条件不稳定,这让政府提前确定水资源总量存在困难。想要提前确定一个地方的水资源总量,需要了解当地的水文与降雨的情况。水权交易最早施行的地方主要是甘肃黑河流域,这些地方水资源主要依靠冰雪融水和水库用水,水资源总量容易确定。在河北衡水试验的过程中,由于降雨无法预测,水资源年际变化很大,因此政府在每个灌溉年度前确定的每个农户的用水定额往往不符合实际。要么是用水定额过高,使得每个农户都不需要节水。要么是用水定额过低,几乎所有农户的水权都不够自家使用,更没有多余的农业水权用于交易。在中国小农经济下,农户层面的水权交易的成本远远大于其收益。这一国情差别决定了,中国的水权市场难以走基于农户的交易模式,我国水权市场的主体,特别是出让方主体,主要应当是灌区、灌域和取水许可大户。

第九章
类水权交易典型案例

我国水资源管理实践中,存在着大量的案例,虽然这些案例不是严格意义上的区域水权、取水权或灌溉用水户水权交易,但本质上,却是利用水权交易的思维,利用市场的手段调节跨行政区域或不同用水主体之间的用水矛盾,这里我们将其称为"类水权交易",典型案例如下。

第一节 庆元县大岩坑水电站跨流域引水纠纷协调

(一) 案例描述

1. 案情梳理

2000年底,浙江省庆元县在瓯江流域南阳溪支流兴建大岩坑水电站,从毗邻的交溪流域上游浙闽界河托溪开挖引水隧洞进行跨流域引水,引发浙江省庆元县与福建省寿宁县之间的省际边界水事矛盾。

大岩坑水电站2000年下半年经浙江省有关部门批复兴建,位于庆元县张村乡境内的南阳溪(属瓯江流域)支流大岩坑上,装机3.6万kW,总投资2.2亿元。该水电站水库坝址以上控制流域面积只有22 km^2,主要依靠引水隧洞从周边地区跨流域引水发电,引水面积78 km^2,其中从交溪流域上游浙闽界河托溪引水面积为29 km^2。大岩坑水电站水库及被引水河流的地理位置见图9-1。

位于托溪下游的福建省寿宁县认为,大岩坑水电站从托溪跨流域引水将对其下游地区生活、生产和生态环境用水以及水力资源开发产

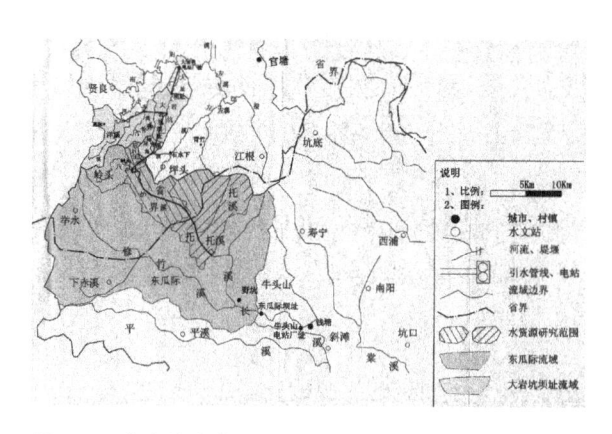

图 9-1　大岩坑水电站水库及被引水河流的地理位置图

生不利影响,因此要求浙江方面停止跨流域引水工程建设,但浙江方面认为托溪上游在其境内,且引水面积不大,不会影响下游地区用水,双方由此产生矛盾。

2. 调处方案

按照部领导的指示精神,在部政策法规司和其他有关司局的指导、支持下,本着依法治水、团结治水、实事求是、维护省际边界稳定的原则,水利部太湖流域管理局会同浙江、福建省水利厅积极运用水权理论,提出实施跨流域调水,在充分考虑下游地区生活、生产和生态用水的前提下,必须对河流下游地区进行必要的补偿,实行有偿调水。经过各方三年的不懈努力,终于在 2003 年底形成了有关各方都能接受的协调方案。达成协议如下:大岩坑水电站补偿福建省寿宁县 300 万元,另申请国家对补偿水库给予 400 万元资金补助,用于福建省寿宁县修建补偿水库;大岩坑水电站每年从交溪流域上游支流托溪的八炉溪、后苍溪两条溪流上跨流域引水 2 622 万 m^3。具体工作包括以下两点。

一是客观分析引水工程对下游造成的影响。组织编制了《大岩坑水电站跨流域引水影响分析及托溪上游水量分配咨询研究报告》,明晰了托溪的水资源承载能力;客观分析大岩坑水电站跨流域引水对下游地区生活、生产、生态用水和牛头山水电站的影响;合理确定河流的生态流量;合理确定浙江方面的跨流域引水权;兼顾科学性与可操作性以及上下游利益,提出推荐分水方案。

二是采用经济手段实行有偿调水。如何运用经济手段调整托溪上下游水资源供需关系,对下游实行合理补偿,是实施大岩坑跨流域引水矛盾调处的关键所在。经过协商,双方同意在福建境内修建补偿水库(总库容约 100 万 m³),浙江方面对水库投资进行补偿,补偿金额为人民币 300 万元;鉴于该地区存在一定的工程性缺水,加之庆元、寿宁两县又属于欠发达地区,申请国家对补偿水库给予 400 万元资金补助。

(二) 案例评述

1. 取得成效

一是为开展跨流域"取水权交易"树立了典型。本案例属于跨流域"取水权交易"类型的水权交易。由于浙江省庆元县通过开挖引水隧洞方式从托溪进行跨流域引水,事实上造成福建省寿宁县失去了部分水资源的使用权,即福建省寿宁县原本拥有的取水权向浙江省庆元县转移,由于最终双方达成补偿协议,因此形成了事实上的水权交易。在交易过程中水权出让方为福建省寿宁县,受让方为浙江省庆元县。

二是为测算补偿标准建立了示范。基于大岩坑水电站因增加获得的"标的"水量可能引起的"效益测算"和因电站引水造成寿宁县生活、生产、生态等的"损失测算",最终确定同意在福建境内修建补偿水库,浙江方面对水库投资补偿人民币 300 万元,并申请国家对补偿水库给予 400 万元资金补助。另还具体约定了补偿款的付款方式。

2. 经验总结

一是为化解省际水事矛盾提供了经验。首先必须贯彻落实《水法》,编制省际矛盾多发区水利规划和水量分配方案。只有规划在先,才能有效预防和调处省际边界水事矛盾。其次在省际水事矛盾多发区应尽快建立协商机制和预防机制。由于省际边界水资源开发利用活动日益增多,为加强沟通、增强信任,预防和协调省际边界水事矛盾,应在省际矛盾多发区尽快建立协商机制和预防机制,相互通报相关水事情况,磋商和协调有关问题,进行定期或不定期交流沟通,并将有关情况抄送上级水行政主管部门和流域管理机构。

二是为确定"可交易水权"的适度规模提供了经验。本次对引水量亦即最后双方的交易水量的合理测算方法,为确定"可交易水权"的适度规模提供了依据。其一,按照《全国水资源综合规划技术细则(试行)》中有关生态环境用水预测的方法,确定省界断面采用 0.14 m³/s,托溪乡断面采用 0.30 m³/s 作为生态环境用水需求的标准流量,生态环境用水需求年保证率达到 90%;其二,在测算"可配置水资源总量"和"水环境承载能力"时,采用国际上"河流本身的开发利用率不得超过40%;用水超过 40%,生态就会有严重影响"的惯用标准;其三,在测算调水量时采用国际上"调水量不得超过调出河流总水量的 20%"的惯用标准。本案例的测算方法为其他同类跨流域"取水权交易"在确定"可交易水权"时提供了借鉴。

3. 存在问题

一是本案例涉及的"水权交易"实际上是被动开展的,不仅增加了交易过程的复杂性,也提高了交易协调成本。2000 年底,浙江省庆元县在瓯江流域南阳溪支流兴建大岩坑水电站,2001 年 1 月 8 日福建省水利厅即向太湖局请示要求责令该引水工程停止建设。后经过多次协调,2003 年 11 月 13 日,太湖局在浙江省庆元县主持召开了大岩坑水电站跨流域引水工程省际边界水事矛盾第三次协调会,并形成了一揽子解决矛盾的会议纪要。可见,本案例涉及的"水权交易"实际上是被动开展的。如果在项目论证阶段,即依据相关法律法规,提前磋商引水方案,防患于未然,不仅可以避免停工损失,还可以大大减少协调成本。

二是本案例涉及的"水权交易"实际上不是标准的水权交易方式。标准的水权交易需要具备几个核心要素,包括交易主体、交易方式、交易水量、交易价格、交易期限。在本案中交易主体、交易方式、交易水量是清晰的,但交易价格实际上是多方通过磋商敲定补偿费而形成的,并不是采用科学的水权交易价格议价方式制定的。同时,双方并没有明确"交易期限",事实上就造成了"无期限"的交易期限。

第二节 福州福清核电有限公司北林水库征购

(一) 案例描述

中核集团福建福清核电有限公司(以下简称"福清核电厂")成立于2006年5月16日,由中国核工业集团公司、华电福建发电有限公司和福建省投资开发集团共同出资组建。福清核电厂共规划6台百万千瓦级二代改进型压水堆核电机组,实行一次规划,连续建设,总投资近千亿元。

由于核电设备的特殊性,为保障福清核电厂水资源供应,维护电站设备设施安全稳定运行,福清核电厂于2006年以2 034.120 848万元向福清市三山镇人民政府(以下简称"三山镇政府")征购取得北林水库永久使用权。该水库位于北林坑溪上,地处福清市三山镇西南部道北村,距三山镇政府3 km,距福清核电厂12 km。

为了不影响水库周边居民的农业与生产生活用水,征购协议要求福清核电厂保留北林水库的农业灌溉和就近居民生活用水调节供给功能,年调节供水总量不超过230万 m^3,水库提供地方用水保证率为90%。

(二) 案例评述

1. 取得成效

福清核电厂通过向三山镇政府征购北林水库,获得水库内水资源的永久使用权,可视为一次取水权交易,交易为永久时限,是水权理论的一次成功应用;要求对周边居民生产、生活的保障则体现了多方利益补偿的措施,确保水权交易行为不影响第三方利益。福清核电厂征购北林水库具有借鉴意义的成效如下所示。

一是通过"取水权交易",解决了企业的水源问题。福清核电厂通过出资征购水库,获得了水库供水范围内的长期取水权,避免了因水资源短缺而引发的生产及安全问题,成功将水权理论运用到保障特殊企业的安全稳定运行中。

二是在水权交易中充分体现了对第三方利益的保障。北林水库周边居民生产、生活所需的部分水资源依赖于水库水源,属于取水权交易中的利益相关方。福清核电厂同三山镇政府达成协议,免费为周边居民提供非营利性所需的水资源,延续了附近居民的水资源使用权,水库附近居民等相关第三方的利益得到保障。

2. 经验总结

大型及特殊企业用水不仅关系到企业的正常运转,同时也关系到人员和设备安全,保障稳定的水资源供给意义重大。但目前,各地区和企业解决水资源保障问题尚缺乏管理和实践经验,福清核电厂水库征购为相关企业提供了良好的范本,主要如下。

一是通过直接购买水库的水权交易方式为企业解决水源问题提供了范例。本案例是对水资源保障有特殊要求的企业开展的一个取水权交易,是企业通过直接购买水库的水权的交易方式解决水源问题的有益尝试。尽管太湖流域取水许可指标富足,但在一些特殊的区域,针对某些对水资源保障程度要求较高的企业同样存在开展水权交易的必要性和可行性。

二是为水库整体水权转让交易价格测算积累了经验。本案例中福清核电厂征购北林水库可视为一次取水权交易。交易主体是:出让方为三山镇政府,受让方为福清核电厂;客体为北林水库库容水资源的使用权;涉及的第三方包括水库附近的居民等。此次水库征购价款为2 034.120 848万元,具体构成如表9-1。

表9-1 北林水库报价明细表

项目	金额(万元)
征地	706.002
赔青	21.887 5
建库	385.534 348

(续表)

项目	金额(万元)
维修	187.897
安置(学校)	198
配套	304.55
历年农业税补偿	170.25
后续溢洪道200米征用及建设费用	60
汇总	2 034.120 848

本案例通过细化水库征地、赔青、建库和维修等各项成本,形成易于被双方接受的交易价格,为水库整体水权转让交易价格测算积累了经验。

3. 存在问题

本案例作为一次具有代表性的取水权交易,在取得良好经验的同时,也存在一些问题,主要有如下两点。

一是本案例中福清核电厂获得了永久时限的取水权,不利于水权的长效管理。如果将水资源使用权取得时间设置为永久期限,一方面在未来水权管理发生变化时难以对这部分的水权做出优化配置,另一方面在未来也可能引发其他利益纠纷。

二是本案例中未能明确附近居民和企业生产生活用水的费用等细节问题,存在纠纷隐患。由于当年附近居民生产生活用水量较少,不影响福清核电厂的正常用水,由企业代为支付这部分用水费用近期内也不会产生较高成本。但随着附近居民用水结构的变化,用水状况和用水成本都将产生变化,如果长期由福清核电厂免费提供水资源可能存在水事纠纷隐患。事实上,之前就已发生过类似的纠纷情况。水库附近一养鳗场因大量用水,一年估计会产生200万元左右的费用。福清核电厂认为鳗鱼厂属于盈利性企业,已超出生产、生活用水的范畴,应缴纳一定费用,而地方政府则认为协议要求水库保障群众生产、生活用水,采取的是不予协调的态度,曾一度引发双方的矛盾。

第三节 晋江流域上下游水资源冲突协调

(一) 案例描述

1. 晋江流域基本情况

晋江是泉州市第一大江,发源于福建省中部戴云山,上游有东溪和西溪两大支流,两支流于南安市丰州镇井兜村双溪口汇合始称晋江。晋江流域面积 5 629 km², 河长 182 km, 河道平均坡降 1.9‰, 来水主要集中在汛期 5—9 月。根据《2016 福建省水资源公报》, 晋江流域年降水量 2 618.2 mm, 多年平均降水量 1 518.5 mm, 比多年平均值偏多 72.4%; 地表水资源量 96.69 亿 m³, 多年平均值 53.76 亿 m³, 与多年平均值比较偏多 79.9%。

泉州市水权制度建设工作开展较早,出台了《泉州市晋江下游水量分配方案》《泉州市水资源配置调度管理规定》《晋江、洛阳江上游水资源保护补偿专项资金管理暂行规定》等水权制度文件。

2. 泉州市水量分配制度

1996 年,面对晋江流域上下游用水量逐年增长、各县(市、区)用水矛盾日趋突出,泉州市制定了《泉州市晋江下游水量分配方案》, 对晋江流域金鸡闸以下的水资源按县级行政区进行了比例分配。泉州市将来水保证率 97% 时的流量, 以各县(市、区)1994 年经济社会发展及用水状况预测和 2000 年水资源需求和可供流量为依据, 按政府预留 10% 发展和应急水量的原则, 根据各县(市、区)经济社会发展对需水量比例进行了合理分配。

2010 年, 泉州市由于晋江流域各县(市、区)需水量的不断增长、经济发展的不均衡、行政区划调整、国家水权制度建设要求等因素, 在充分调研和征求各县(市、区)意见的基础上, 对施行了 15 年的晋江流域下游水量分配方案进行了调整。鲤城区原水量根据金鸡拦河闸重建工程等项目的出资比例(0.45∶0.45∶0.1)划分给鲤城区、丰泽区、洛江区;南安市由于沿海三镇经济发展的需要以及在生态环境保护和水资源保护方面的贡献较大,泉州市从政府预留水量中划拨了 0.20 m^3/s 的晋江南岸分配水量;由于区划调整,惠安县将其原有水量按调整后的土地面积分配给调整区域;新设立的泉州台商投资区分配水量由市级政府预留水量和其他区域调整水量组成。

3. 泉州市水权交易制度

2008 年,泉州市出台《泉州市水资源配置调度管理规定》,确立水权转让的有关规则:一是年度水量调度计划外使用其他县(市、区)计划内水量分配指标的,应当按照水权转让的原则获得用水指标(即取水权交易);二是各行政区域超出或节余水量分配方案的分配定额,可以进行跨流域、跨县(市、区)、跨工程的水权转让(即区域水权交易),如石狮二期引水工程申请超配额的 2.54 m^3/s 的水量;三是用水超出水权分配定额的县(市、区)需要按规定的标准缴纳水权补偿费,由泉州市水行政主管部门向水权出让方进行补偿(即水权补偿价格);四是现有引蓄水工程发生的水权转让费用按福建省水资源费标准执行,新增引蓄水工程增加的可供水量,水权补偿费暂按福建省水资源费标准的两倍执行(即水权交易价格);五是同一个流域(或水利工程供水区域)内实行统一工程水价。

(二) 案例评述

泉州市以《泉州市晋江下游水量分配方案》为基础,制定了晋江流域水权转让规则、重点水利工程建设资金分摊制度、水资源保护补偿机制,为晋江流域开展水权交易、重点水利工程建设筹资、下游对上游的生态补偿等工作奠定了基础。泉州市水权制度建设在取得良好成果的同时,也存在一些问题,为太湖流域水权制度建设提供了借鉴。

1. 取得成效

一是开展了区域水权交易。2014 年,泉州市为解决沿海地区供水问题,实施了"七库连通工程",其中,彭村水库工程项目涉及对区域外福州市永泰县用水安全、生态环境的影响。在《泉州市水资源配置调度管理规定》的约束下,泉州市政府与福州市政府经过多轮协商,签订了调水补偿协议,形成了事实上的区域水权交易。

泉州市为补偿对下游福州市永泰县的生态环境影响,以支付补偿资金1 926万元给永泰县的方式,每年减少彭村水库向下游福州市永泰县大樟溪的下泄水量5 000万 m³。

二是建立基于水量分配方案的投资分摊制度。泉州市政府根据《泉州市晋江下游水量分配方案》,协调流域下游受益的县(市、区)按水量分配比例出资建设流域重点水利工程,建立了基于水量分配方案的投资分摊制度。

泉州市通过受益县(市、区)按水量分配比例分摊出资的方式,已实现多项重点水利工程的投资建设和筹资工作,例如:山美水库扩蓄工程建设(工程投资6 880万元)、金鸡拦河闸重建工程建设(工程投资2.58亿元)、南北干渠改造工程建设(工程投资4亿元)、七库连通工程筹资、白濑水库水利枢纽工程筹资等。

三是建立基于水量分配方案的生态补偿机制。2005年,泉州市政府出台《晋江、洛阳江上游水资源保护补偿专项资金管理暂行规定》,要求晋江下游缺水县按《泉州市晋江下游水量分配方案》,每年筹集2 000万元补偿上游供水县,资金主要用于晋江上游生态环境保护、水污染治理等。截至2016年,泉州市下达补偿资金11.464 1亿元,为晋江上游地区开展生态保护基础设施建设、环境保护提供了有力的资金支持,激发了上游各县(市、区)开展生态保护的热情。

四是构建了水资源监管网络平台。泉州市通过与科研单位合作,开发出了水资源动态管理系统,并将其投入了实际应用,实现了对晋江流域重要取用水口、排污口水质水量的动态监督与管理。同时,依托水资源动态管理系统,泉州市搭建了网上水权交易平台,为泉州市各县(市、区)开展区域水权交易、取水权交易提供了技术支撑和交流渠道。

2. 经验总结

一是在同一行政区域内探索水权制度改革可以大大降低行政协调难度。晋江流域各县(市、区)位于泉州市境内,降低了泉州市推行水权制度建设工作的行政协调难度,为编制、实施流域水量分配方案,制定水权转让规则,建立重点水利工程资金分摊制度,形成全流域生态保护机制等提供了便利。

二是水权制度建设应以水量分配方案为基础。泉州市以晋江流域水量分配方案为基础，依据流域各县(市、区)水量分配比例，确立了水权转让规则、水利工程建设资金分摊制度、生态补偿机制等规章制度，完善了泉州水权制度体系，为推进流域水权制度建设工作提供了支撑。

三是在县(市、区)级探索水权制度取得了良好的效果。泉州市选取晋江流域各县(市、区)开展水权制度改革试点，由于其涉及范围有限、利益相关方较少、权责较为清晰，降低了行政沟通协调成本，提高了工作效率，泉州市水权制度改革工作取得了良好的社会经济效果。

3. 存在问题

一是水权交易缺乏市场参与，以行政配置为主。泉州市石狮二期引水工程申请的超配额水量以及彭村水库减少的下泄水量都是通过行政配置手段实现的，既未完全反映水权市场的调节作用，也未反映水权交易的市场价格。未来的水权交易应该在行政配置的基础上，多考虑市场因素，发挥市场的调节作用，提高水资源利用效率。

二是水权交易制度探索不足。泉州市水权转让规则未能明晰水权交易主体、交易类型、交易期限、交易监管等内容，未能有效规范水权交易事项，难以激发泉州市县域之间、县与自来水厂之间、大工业用水企业之间、自来水企业与用水户之间开展水权交易。泉州市可以结合《水权交易管理暂行办法》，进一步明确水权交易相关事项。

Ⅳ 价格篇

第十章
水权交易价格的界定、构成与价格政策

第一节 水权交易价格的内涵分析

(一) 定义

价格机制是激发与调节水权交易的最重要手段之一,水权交易价格也是国家推进价格体系改革的关键一环。水权交易价格的标的,是从水资源所有权中分离出来的水资源使用权,因此水权交易价格可以界定为用水者为获得水资源使用权所需要支付的费用总和。

(二) 定性

按照《中华人民共和国价格法》第十八条规定,与国民经济发展和人民生活关系重大的极少数商品价格、资源稀缺的少数商品价格、自然垄断经营的商品价格、重要的公用事业价格、重要的公益性服务价格,政府在必要时可以实行政府指导价或者政府定价。

水权交易价格,是从国家对水资源享有的所有权中分离出来的水资源使用权的价值体现,既具有稀缺性,也具有一定的垄断性,还是对区域经济发展重要的公益性服务,其价格形成应统筹政府与市场的双重需求,实行政府指导价或者政府定价。

(三) 特征

结合经济学理论与国内水权交易实践,水权交易价格具有如下几方面的重要性质。

1. 水权交易价格是水资源使用权的价值体现，具有产权收益性

水权交易价格的标的——水资源使用权，本质上属于用益物权。按照《民法典》等有关规定，用益物权是指用益物权人对他人所有的不动产或者动产，依法享有占有、使用和收益的权利。《民法典》在"用益物权"篇中明确规定：国家所有或者国家所有由集体使用以及法律规定属于集体所有的自然资源，单位、个人依法可以占有、使用和收益。《生态文明体制改革总体方案》提出"探索建立水权制度……分清水资源所有权、使用权及使用量。"据此，对于国家所有的水资源，可以从水资源所有权中分离出水资源使用权，由取用水户享有占有、使用和收益水资源的权利。权利对应着收益，水权交易价格就是通过市场实现水权收益的一种形式。

水权交易价格与一般商品价格的本质不同在于，水权交易价格是一种产权收益。根据马克思主义经济学，一般商品价格存在的基础是其中凝结着无差异人类劳动，而水权价格表现为转让相应权利所要求的收益，是水资源使用权在经济上的一种体现。因此，决定水权价格的主要依据不仅仅是水资源的稀缺性价值和为取得水资源所投入的工程成本，而且还包括该部分水的使用权为购入者带来的预期收益或使卖出者遭受的损失，即至少包括稀缺性、资源产权和合理收益这三个部分。通常，由于水资源的特殊性，政府对水权交易价格进行规制，水权交易价格是在政府管制、监督下由市场调节，买卖双方协商决定。

水权作为用益物权，属于私法上的权利，水权在组织与个人之间的流转，权利的获得者必须为所获权利支付一定的价格，即水权的财产性收益。水权交易价格一方面取决于水资源的效用性大小及稀缺性的强弱，水资源具有效用且稀缺是水权具有财产性价值的前提条件，也是水权价值的基础，进而在市场上才会形成水权交易价格，通常，我国北方地区表现为资源型缺水，南方地区表现为水质型缺水，因水权用途的不同、水量水质等问题导致的水权稀缺性变化，都将使水权价值发生重大的改变，应充分评价水权的价值，从而在水权交易价格上充分反映水权持有人的财产性收益。另一方面，水权交易价格还需要体现水资源的

产权价值,即水权购买方对获得水权后经济收益增长的预期,以及水权出让方的水权机会成本。

2. 水权交易价格是政府对水权交易"准市场"进行调控的重要手段

水权交易是一种特殊的财产交易形式,本质上是公权约束下的私权交易行为,其价格形成离不开政府的宏观调控。在社会主义市场经济条件下建设水权制度,需要处理好政府管制和市场机制的关系。水资源的特殊性、重要性决定了水资源配置不能完全由市场来承担。在宏观配置中,要充分发挥政府的宏观调控作用,这是国家水权制度实践推进的前提;在微观配置中应当积极引入市场机制,充分发挥市场机制对水资源配置的作用,这是国家水权制度实践推进的重要内容。

水权交易价格是政府对水权交易进行宏观调控的重要手段。其一,政府在水权交易审核阶段,保证生态水权、生活水权等不进入交易环节,无论价格多高均不能进行交易;其二,政府发布水权交易指导价,以规范水权交易的整体价格水平;其三,政府通过直接组织、招投标优先考虑、预留水权,甚至通过交易价格补贴等方式,保证地区优先发展产业的水权需求;其四,政府设立水权交易最高限价,以防止出现水权买方垄断行为;其五,政府通过水资源税费形式,限制水权多占少用等水权囤积行为;最后,政府亲自或通过政府控股的水权交易平台,组织大型农业节水工程,从而批量转向工业企业的方式,促进水权的高效配置,这其中,政府或其平台公司实质上扮演了水权交易市场的做市商角色。

当然,在政府的价格调控下,水权交易价格最终由利益相关方均衡达成,均衡价格的形成具有多种形式,既有交易双方的协商均衡价,也有以招投标等方式为代表的中标价,亦有交易平台组织的场内竞价,甚至有灌区用水户在农民用水者协会组织下的非正式临时交易价。综上,水权交易价格是政府宏观调控下出让方价格诉求和受让方支付意愿均衡的结果。

3. 水权交易价格是实现水资源高效配置的重要驱动因素之一

根据经济学理论,价格机制能够促进资源更高效率配置的原理如下:由于资源产权的所有者对于资源拥有排他性的所有权和独占性的使用权,因此,资源产权的需求者要获得资源的产权,就必须支付价格,这种价格就是其获得资源的代价,由于资源相对于人们的需求而言是有限的或稀缺的,因此,为获得稀缺的资源,在资源产权的需求者之间必然存在着激烈的竞争。在这种情况下,只有那些效率高、需求量大的资源使用者才愿意或能够为获得稀缺的资源而支付最高的价格,这样就使得资源向使用效率高的使用者手中流动,从而实现资源的最佳配置和最优利用。

在市场机制配置水资源的过程中,通过水权交易可实现水资源由低效向高效部门转移,水权交易价格发挥水资源市场化配置的经济杠杆作用,能够通过水权交易价格的高低筛选出水资源利用效率和效益更高的部门,并促进水资源向该部门流动,实现水资源行政配置手段无法完成的更高效的配置方式。

4. 水权交易价格形成受多种因素共同影响

水权交易价格是一种十分复杂、特殊性极为明显的权属价格,首先,水权交易价格受其客体——水资源特殊自然属性的影响,由于水资源量的不确定性和区域的限制性,水权价格在时空上的差别较为明显;其次,水权的用途较为广泛,既有关乎人类生存的生活用水,又有制约生态文明建设的生态用水,以及从灌溉到工业、服务业等形形色色的生产用水,因此,水权用途不同,交易价格和用水户的支付意愿截然不同;再次,水权的交易成本因地而异,甚至每个交易案例都不同,既有交易成本较低的用水指标的交易,又有跨地区的输调水,需建设成本较高的引输水工程,从而使水权交易价格产生量级上的差别。此外,用水户的水权财产价值意识,水权难以标准化、实时化交易等因素制约着水权交易价格的形成。

水权交易价格要远远比土地使用权、林权、碳排放权等权属价格复杂,这也给水权交易价格制定带来了极大的困难。面对如此多因素叠加影响下的水权交易价格问题,试图得出一个放之四海而皆准的水权交易价格模型是非常困难的。

(四)区域水权价格与取水权价格

2016年水利部出台的《水权交易管理暂行办法》按照确权类型、交易主体和范围,将我国水权交易主要归结为三种形式,分别为区域水权交易、取水权交易和灌溉用水户水权交易。但并不排除各地探索的其他类型。这些都是我国未来推进水权交易的重要方式。本研究主要围绕前两种水权交易形式展开,主要考虑以下三个因素。

1. 交易水量大

区域水权交易是不同行政区域之间的水权交易,取水权交易是获得取水权人(通常为农业取水权人)通过调整产品和产业结构、改革工艺、节水等措施节约水资源的,在取水许可有效期和取水限额内向符合条件的其他单位或者个人有偿转让相应取水权的水权交易。相对于灌溉用水户水权交易,这两种水权交易形式涉及的水量较大,对价格问题的关注较为强烈,同时,目前区域水权和取水权交易价格形成尚无权威、普遍接受的做法和经验,价格研究的需求较为迫切和必要。

2. 交易重要性更强

区域水权交易和取水权交易是水权制度建设最为重要的两种形式,其中取水权交易在《取水许可和水资源费征收管理条例》(国务院460号令)中得到明确。而且这两种交易形式符合我国水权制度改革的主要发展方向,是水权交易重点发展的两种形式,符合水权制度建设的初衷和根本目的。而灌溉用水户之间的水权交易更多的是取水量之间的临时性、季节性需求,交易的农户自我协调性更强,水权交易也相对更为简单。

3. 利用价格机制进行调节的必要性更高

相比于灌区内部交易,对区域水权和取水权交易价格进行调解更有利于支撑区域经济发展,促进水资源在行业间、区域间更高效率的配置,实现水权交易的多方共赢。而对于灌溉用水户水权交易,水权交易价格并不敏感,这是因为我国人均占有的资源量非常有限,全国户均土地经营规模不足0.5公顷。而在某水权市场比较发达的国家,农户平均经营的土地约3 000公顷,他们以农户为基础的水权交易具有很大的规模效益。灌区农户分散经营限制了通过水权市场途径的潜在收益;小农层面水权交易的收益可能还不及推动水权交易的成本。因此,灌区的水权交易价格调节重要性弱于区域水权和取水权交易。

综合考虑,区域水权交易和取水权交易不仅交易水量更大,交易重要性更强,也是水权交易制度重要的改革方向,同时,这两种交易形式的价格问题也更为复杂。因此,本研究侧重于对区域水权交易和取水权交易两种形式的交易价格形成展开研究。

第二节 水权交易价格的构成研究

本小节采用实地调研+问卷调查相结合的方式,针对区域间交易、行业间交易两种主要类型,分别选择河南、广东、内蒙古、江西、宁夏等典型省份开展了调研。

(一) 区域间水权交易价格构成

1. 河南省南水北调受水区水权交易

2015年3月,河南省水利厅会同省发改委、财政厅、南水北调办联合印发了《河南省南水北调水量交易管理办法(试行)》(豫水政资〔2015〕6号,以下简称《交易办法》),对水量交易程序进行了规范。2015年7月,省水利厅印发《关于南水北调水量交易价格的指导意见》(豫水政资〔2015〕31号),对南水北调水量交易价格提出了建议参考价。2016年4月,省水利厅会同省南水北调办印发了《关于南水北调水量指标使用问题的意见》(豫水政资〔2016〕20号)。2017年2月,省水利厅印发了《关于完善南水北调水量交易程序的函》。2017年6月,经省水利厅批复,河南省水权收储转让中心印发了《河南省水权收储转让(交易)规则》。这些规定对试点方案中的水量交易程序作了进一步细化和明确。

(1) 交易标的。南水北调受水区部分节余的用水指标的所有权。在交易之前,受水区各地市都已经明确用水指标所有权。

(2) 交易主体。按照《交易办法》,南水北调水量交易的主体是县级以上地方人民政府。省辖市所属县级区域(省直管县除外)需要交易水量的,需经省辖市人民政府同意。县级以上地方人民政府可委托水行政主管部门或者其他相关单位开展水量交易。

（3）定价方式。河南省建立了政府建议价与市场协议价相结合的定价方式。省水利厅通过发布指导意见的形式,提出了建议参考价,以该建议参考价为基础进行协商,保障了交易的顺利推进。

（4）价格构成。鉴于南水北调工程运行试行两部制水价(基本水价＋计量水价)的实际情况,将综合水价(含基本水价和计量水价),以及产生的交易收益,共同作为水权交易价格的重要构成。基本水价和计量水价按照国家和省发改委明确的标准执行。交易收益参考价,借鉴成本法的价格计算方法,省水利厅建议在水权试点期间,以水源地同类水源的水价或受让方所在地同类水源水价为参考,最高不宜超过国家发改委明确的南水北调中线一期主体工程的水源工程综合水价(即0.13元/m³)。今后随着经济社会发展水平的提高和水资源价值的进一步凸显,交易双方可以在该价格基础上进行动态调整。

近年来河南省南水北调水量交易情况如表10-1所示。交易价格为0.87元/m³,其中,基本水价0.36元/m³,计量水价0.38元/m³,交易收益价格0.13元/m³。

表10-1　河南省南水北调水量交易情况一览表

签约时间	甲方	乙方	交易水量(m³)	交易期限 协议期限	交易期限 意向期限	交易价格(元/m³) 总价格	交易价格(元/m³) 其中:交易收益	说明
2016.6	平顶山市政府	新密市政府	2 400万	3年	20年	0.87	0.13	2015年11月签订意向书
2016.9	南阳市水利局	新郑市政府	2.4亿	3年	无	0.87	0.13	2017年3月再次就该标的在中国水交所签订协议

(续表)

签约时间	甲方	乙方	交易水量(m³)	交易期限		交易价格(元/m³)		说明
				协议期限	意向期限	总价格	其中:交易收益	
2017.4	省水权收储转让中心有限公司	开封市政府	1~2亿	不低于10年		0.87	0.13	尚未签订正式协议
2017.5	省水权收储转让中心有限公司	郑州市高新区管委会	3 700万	不低于10年		0.87	0.13	尚未签订正式协议

2. 广东省惠州市——广州市水权交易

继《广东省水权交易管理试行办法》之后，广东省法制办正在审查《广东省水利厅关于水权交易程序的规定（送审稿）》，进一步明确了水权交易的适用范围、平台职能，细化了交易流程，包括申请交易、确认资格、信息公告、意向登记、确定交易方式、签订协议、资金结算以及交易鉴证等环节，并规定交易平台应定时提交相关统计数据和分析报告。广东省惠州市——广州市的水权交易是2017年《广东省水权交易管理试行办法》正式生效后广东省首宗挂牌交易项目。

（1）交易标的。按照双方交易协议（编号：GDEEX（SQ）201700001），其交易标的包括两项：一是用水总量控制指标，二是东江流域取水量分配指标。

（2）交易水量：用水总量控制指标成交量514.6万 m³/a，东江流域取水量分配指标成交量10 292万 m³/a。

（3）交易主体：转让方为惠州市人民政府，受让方为广州市人民政府，实际取水单位为广州市两家企业——中电荔新电力实业有限公司和旺隆热电有限公司。

（4）交易期限：5年。转让期限届满后，用水总量控制指标以及广东省东江流域取水量分配指标归还转让方惠州市。

（5）交易价格：用水总量控制指标的成交价格0.662元/(m³·a)，

广东省东江流域取水量分配指标的成交价格 0.01 元/(m³·a)。广州市中电荔新电力实业有限公司和广州市旺隆热电有限公司负责支付交易价款,水权交易每年价款为 443.585 2 万元,5 年总价款为 2 217.926 万元。

(6) 交易价格构成:有关用水总量控制指标的交易价格构成,详见表 10-2。

表 10-2　广东省用水总量控制指标的交易价格构成

构成项	测算方式
工程成本水价	有明确来源的工程改造资金
工程管理及维护成本水价	工程运行管理费以灌区续建配套与节水改造工程初步设计报告为依据
经济水价	经济水价主要是考虑改造工程投入资金的时间价值,根据《建设项目经济评价方法与参数》,按照内部收益率来考虑资金的时间价值或边际成本

(7) 交易方式:协议转让。转让方惠州市人民政府委托第三方专业机构对拟进行的水权转让价格进行研究测算,并组织专家对价格进行了论证。转让方惠州市人民政府以专家论证通过后的价格作为项目转让价格,在省交易平台对项目进行公开挂牌转让。受让方广州市人民政府在公告期限内提交了受让材料,接受了转让公告中的价格等项目转让条件,并在交易平台办理了受让登记,作为受让方与转让方围绕该挂牌转让价格进行商议,最后确定成交价格。省交易平台组织双方签订交易协议。关于服务费用,协议规定,本项目交易服务费按交易总价款 1‰ 计收,转让方、受让方各承担 50%。

3. 江西省萍乡市芦溪—安源水权交易

(1) 交易主体:江西萍乡市芦溪—安源水权交易,甲方为芦溪县,乙方为安源区政府、萍乡经济技术开发区管委会。

(2) 交易标的:芦溪县(甲方)山口岩水库一定期限的水资源使用权。

(3) 交易期限:25 年(2015—2040 年),十年分期支付。

（4）交易价格：安源区政府、萍乡经济技术开发区管委会与芦溪县政府三方签订供水协议，交易价格折合 0.04 元/m³。

（5）价格构成：一是用于维持环境健康的费用。芦溪县为保障山口岩水库周边的气候调节、固碳释氧、水质达到供水标准支付的成本。二是用于保障交易正常进行的费用，也用于保障区域供水安全，类似于保证金。三是用于"保本微利"原则下的运营成本。

（6）定价方式：围绕水权交易未来可产生的收益，协商确定交易价格。首先，由出让方、受让方根据上述价格构成，测算未来十年由于水权交易而产生的总收益（包括直接效益和环境改善的正外部性效益等）。其次，出让方与受让方进行协调，充分考虑到交易的水资源使用权来自出让方，这部分水资源使用权本可以在出让方产生同样的效益，发生水权交易相当于使出让方付出了上述成本，应当由受让方支付一定费用用以弥补出让方损失，表现为受让方需要支付的水权交易价格。经芦溪县政府、安源区政府、萍乡经济技术开发区管委会、萍乡水务有限公司多方协商，最终确定水权交易价格折合 0.04 元/m³。

（二）行业间水权交易价格构成

1. 宁夏回族自治区农业向工业交易价格

宁夏自治区黄河水权转让是我国首次在黄河流域进行的大规模跨行业水权交易实践。宁夏自治区为解决工业发展用水问题，确立了由工业投资农业节水，农业节约用水支持工业发展，探索形成了"农业综合节水—水权有偿转让—工业高效用水"的水权转让模式，在保障生活用水、基本生态用水和国家粮食安全的条件下，实施水权有偿转让。其水权交易是在水资源管理部门的宏观调控下实施的，宁夏自治区水利厅及各级政府部门负责水权转让工作的组织实施，协调转让方、受让方和出资方及当地相关部门的工作；水利厅灌溉管理局及相关单位负责水权转让项目的规划、设计、施工组织与管理。

2017 年，宁夏全区农业向工业的水权交易，较为典型的是中卫市中宁县中宁国有资本运营有限公司（农业水权所有权人）向宁夏华夏环保资源综合利用有限公司的交易。

交易标的：水资源使用权。

交易水量：每年33.45万 m³。

交易时限：13年。

交易价格：每年1.447元/m³。

交易价格构成：详见表10-3。

表10-3　宁夏回族自治区水权交易价格构成

构成项	测算方式
(1) 农业节水工程投资费用	
a. 节水改造工程投资	对一次性节水改造投资按使用年限进行年均分摊
b. 计量监测费用	选用无喉道量水槽
(2) 节水工程(含计量监测)运行维护费用	
a. 人工薪酬	当地人工成本
b. 工程维护费用	固定资产的1%
c. 工程管理费用	固定资产的1%
(3) 水权使用权转让费用	按照水作为重要的生产要素在农业生产中的可持续投入原则进行测算
(4) 水权交易管理费	按(1)(2)(3)三项合计的2%计

其中，构成项"节水改造工程投资"以《2014年度中宁县规模化节水灌溉增效示范项目实施方案》为依据。构成项"工程维护费用"和"工程管理费用"的依据是《水利建设项目经济评价规范》(SL 72—2013)。

交易方式：当地的水权交易平台参与协调，供需双方最终确定交易价格。

2. 内蒙古自治区沈乌灌域农业向工业交易的价格

(1) 交易标的：灌区节余水量对应的一定期限内的水资源使用权。

(2) 交易主体：自治区河套灌区管理总局(巴彦淖尔市水务局)作为出让方；用水工业企业作为受让方。各方接受自治区水利厅及相关部门的监督管理。

(3) 交易期限：25年。

(4) 交易价格。根据水利部黄河水利委员会(简称"黄委")批复的

《内蒙古黄河干流水权盟市间转让河套灌区沈乌灌域试点工程可行性研究报告》以及内蒙古自治区水利厅关于《内蒙古黄河干流水权盟市间转让试点工程初步设计报告》的批复,沈乌灌域节水改造后向鄂尔多斯等地能源化工项目进行的转让价格为 1.03 元/m³,按照节余水量计收。

(5)定价方式:依据成本制定基准价格,后进行协商定价。根据自治区水权交易暂行办法等有关规定,基准价格的具体测算公式:交易价格=水权交易总费用/(水权交易期限×年交易水量)。水权交易总费用包括水权交易成本和合理收益。水权交易总费用要综合考虑保障持续获得水权的工程建设成本与运行成本以及必要的经济补偿与生态补偿,并结合当地水资源供给状况、水权交易期限等因素,合理确定。

(6)价格构成:

a. 节水工程建设费用,包括灌溉渠系的防渗砌护工程、配套建筑物、末级渠系节水工程、量水设施、设备等新增费用,该部分费用在节水工程竣工前按计划付清。

b. 节水工程和量水设施的运行维护费用,是指上述新增工程的岁修及日常维护费用,在交易期限内每年按照节水工程造价的 2% 计算。

c. 节水工程的更新改造费用,是指当节水工程的设计使用期限短于水权交易期限时所必须增加的费用。

d. 工程供水因保证率较高致使农业损失的补偿。

e. 必要的经济利益补偿和生态补偿等。

f. 财务费用。

g. 国家和自治区规定的其他费用。

目前,自治区对于行业间交易,只收取节水工程建设费、节水工程和量水设施运行维护费、节水工程更新改造费三项费用。"工程供水因保证率较高致使农业损失的补偿"和"必要的经济利益补偿和生态补偿"两项费用,由于当前条件下较难核算,需要根据有关政策规定另行核定。

(7)管理体系:由自治区水利厅成立的跨盟市水权转让工作领导小组抓全面工作,内蒙古水务投资(集团)有限公司是项目实施的管理主体,在自治区水利厅指导下负责项目前期工作、资金筹措和监督管理等。内蒙古自治区河套灌区管理总局(巴彦淖尔市水务局)为灌区节水改造工程项目实施主体,履行项目业主相关职责。自治区水权收储转让中心主要负责盟市间水权收储转让,行业、企业结余水权和节水改造结余水权的收储转让,投资实施节水项目并对节约水权收储转让。

第三节 水权交易价格形成的相关法律法规及政策分析

(一) 国家层面

1.《中华人民共和国价格法》

第三条规定,政府指导价,是指依照本法规定,由政府价格主管部门或者其他有关部门,按照定价权限和范围规定基准价及其浮动幅度,指导经营者制定的价格。政府定价,是指依照本法规定,由政府价格主管部门或者其他有关部门,按照定价权限和范围制定的价格。

第十八条规定,与国民经济发展和人民生活关系重大的极少数商品价格、资源稀缺的少数商品价格、自然垄断经营的商品价格、重要的公用事业价格、重要的公益性服务价格,政府在必要时可以实行政府指导价或者政府定价。

第二十一条对制定政府指导价、政府定价提出定价依据:有关商品或者服务的社会平均成本,市场供求状况,国民经济与社会发展要求以及社会承受能力。

2.《中华人民共和国价格管理条例》

第六条规定,商品价格构成包括生产商品的社会平均成本、税金、利润以及正常的流通费用。

第七条规定,制定、调整实行国家定价和国家指导价的商品价格,应当接近商品价值,反映供求状况,符合国家政策要求,并且遵循下列原则:①各类商品价格应当保持合理的比价关系;②应当有明确的质量标准或者等级规格标准,实行按质定价;③在减少流通环节、降低流通费用的前提下,实行合理的购销差价、批零差价、地区差价和季节差价。

第八条规定,国家定价是指由县级以上(含县级,以下同)各级人民政府物价部门、业务主管部门按照国家规定权限制定的商品价格和收费标准。国家指导价是指由县级以上各级人民政府物价部门、业务主管部门按照国家规定权限,通过规定基准价和浮动幅度、差率、利润率、最高限价和最低保护价等,指导企业制定的商品价格和收费标准。

3.《国务院关于全民所有自然资源资产有偿使用制度改革的指导意见》(国发〔2016〕82号)

在"基本原则"的"市场配置、完善规则"的原则中,对资源资产价格制定提出明确要求:"充分发挥市场配置资源的决定性作用,……推动将全民所有自然资源资产有偿使用逐步纳入统一的公共资源交易平台,完善全民所有自然资源资产价格评估方法和管理制度,构建完善价格形成机制,建立健全有偿使用信息公开和服务制度,确保国家所有者权益得到充分有效维护。"

4.《水权交易管理暂行办法》(水利部水政法〔2016〕156号公布)

第二章"区域水权交易"第九条、第十条指明,"开展区域水权交易,应当通过水权交易平台公告其转让、受让意向,寻求确定交易对象,明确可交易水量、交易期限、交易价格等事项。""交易各方一般应当以水权交易平台或者其他具备相应能力的机构评估价为基准价格,进行协商定价或者竞价;也可以直接协商定价。"

综上:

在水权交易价格形成基本依据方面,在需求迫切地区,水权交易价格,是从国家对水资源享有的所有权中分离出来的水资源使用权的价值体现,既具有稀缺性,也具有一定的垄断性,还是对区域经济发展重要的公益性服务,应当实行政府指导价或者政府定价。水权交易价格形成,既需要依托当地水利工程建设、运行养护、更新改造的社会平均成本,还需要充分考虑水资源在供需双方之间的稀缺性程度、当前与未来的用水效益,以及可支付能力。

在水权交易价格形成机制方面,水权交易价格,既有政府的资源垄断性，也能够发挥市场对稀缺水资源优化配置的作用，在当前条件下，可由县级以上物价部门和水行政主管部门按照权限，通过规定基准价和浮动幅度、最高限度、最低下限等，指导供需双方协商议定交易价格。

同时，水权交易价格形成机制不仅是在全行业内发挥市场机制作用的有效体现，也将会是国家推进自然资源资产有偿使用制度的重要组成部分。

（二）典型省份

1. 内蒙古自治区

《内蒙古自治区水权交易管理办法》（2017年4月1日起施行）第二十二条规定水权交易的基准费用由取得水权的综合成本、合理收益、税费等因素确定。灌区向企业水权转让的基准费用包括节水改造相关费用、税费等。

第二十三条详细规定了灌区向企业水权转让的节水改造相关费用，包括节水工程建设费用、节水工程和量水设施的运行维护费用、节水工程的更新改造费用、工业供水因保证率较高致使农业损失的补偿费用、必要的经济利益补偿和生态补偿费用、财务费用以及国家和自治区规定的其他费用。

2. 广东省

《广东省水权交易管理试行办法》（2017年2月1日起施行）第十八条规定，水权交易价格根据成本投入、市场供求关系等确定，实行市场调节。

同时，广东省水利厅正在向省法制办报送《广东省水利厅关于水权交易程序的规定（送审稿）》，在第七条中明确，交易公告内容包括申请方的基本情况、交易标的、交易数量、交易期限、交易价格以及其他相关信息。

3. 河南省

出台了《河南省南水北调水量交易管理办法（试行）》（豫水政资〔2015〕6号）、《关于南水北调水量交易价格的指导意见》（豫水政资〔2015〕31号）、《关于南水北调水量指标使用问题的意见》（豫水政资

〔2016〕20号)和《河南省水权收储转让(交易)规则》。

按照上述规定,水量交易前,由省水利厅会同省南水北调办对跨区域的水量交易条件进行审核。省辖市行政区内跨县(市、区)的水量交易,由省辖市水行政主管部门会同当地南水北调管理单位负责审核。审核通过后,由交易双方就水量交易的数量、期限、价格等进行协商。水量交易价格由转让方和受让方综合考虑南水北调工程基本水价、供求关系、交易成本、交易收益等因素协商确定。涉及节水改造的,还应当考虑节水工程建设、运行维护和更新改造等费用。《关于南水北调水量交易价格的指导意见》明确交易价格以南水北调中线工程综合水价为参考,适当增加一定的交易收益。

4. 新疆维吾尔自治区

《新疆维吾尔自治区水权改革和水市场建设指导意见(试行)》(2017年)明确提出,水权交易费指购买水资源使用权的费用,综合考虑水资源稀缺性、水权交易年限、水权转换工程建设成本、必要的经济利益补偿和生态补偿等因素,并经协商一致后合理确定。

5. 浙江省

在推进试点过程中,浙江省出台了《杭州市东苕溪流域水权制度改革试点方案》(2014年),以构建行政管理与市场机制相结合的水权制度体系,促进东苕溪流域水资源的优化配置、节约保护和高效利用。该方案明确,水权交易按照政府指导下的市场化运作方式进行,成交价格由市场供求关系决定。杭州市水权交易平台设在杭州产权交易所有限责任公司(以下简称杭交所),由杭交所组织相关市场主体进行水权交易。水权转让信息和购买信息通过水权交易平台公开挂牌,按价格优先、时间优先的原则自动匹配。匹配成功后,由杭交所组织交易双方签订水权交易合同。

(三) 现行水权交易价格形成过程中存在的不足

1. 价格构成上,还没有充分体现水资源使用权的真实价值

一般而言,价格是商品或服务内在价值的外在体现。水权交易价格,应当要充分体现出水资源的稀缺性、水资源产权以及水资源利用产

生的合理收益。目前来看，水权交易价格制定主要是基准价格+协商定价的方式，但在价格形成上，还没有充分体现交易标的——水资源使用权的真实价值。

按照劳动价值论观点，水资源使用权价值，既要包括凝结在水资源开发利用中的劳动价值，还要包括当期与未来一段时期的水资源有效利用产生的效用价值（含水资源在不同利用效益行业之间的级差价值），也要包括水资源开发利用对周边生态与地域之间的补偿价值。对应在价格形成上，则分别是工程设施建设运维成本及税收与利润、水资源使用成本、环境与经济成本。

但是，目前我国推进水权交易价格的典型地区制定的交易价格，还没有能够全面涵盖水资源使用权价值的三大方面。我国开展水权交易的典型地区，基本都采用"基准价格+协商议价"的价格形成方式。其中的基准价格，又以当前技术条件下方便测算的工程建设、运行养护、更新改造费用为主要构成项，这只是当前人类劳动的凝结。只有个别地区在此基础上，探索引入水权交易后水资源未来使用收益，及水资源的"地租资本化"（如河南、江西）。而对于因水资源从低收益行业流向高收益行业的使用成本，以及生态环境补偿成本与上下游地区的经济补偿成本，因其影响因素众多、相互关系复杂，加之当前技术条件（如生态系统影响的量化分析技术）相对不充分，还难以在水权交易价格形成中予以体现。

总体来看，现行水权交易价格形成过程，不能准确反映水资源使用权的价值，对风险、利益及补偿等价格组成部分难以有效量化，也没有体现水资源使用权与环境、水质、稀缺程度、用水效率等因素的关系。

2. **价格测算上，一些交易类型的价格定价原则尚不清晰，具有指导性的模型体系尚未建立**

水权交易价格是可交易的水资源使用权的价值体现，需要以全成本思路进行测算。但由于水权交易类型多样、交易地区水资源条件复杂，各地国民经济发展水平与经济结构差异巨大，加之水权交易价格影响因素众多、一些因素在当前技术条件下还难以定量测算等，应该如何因地制宜测算水权交易价格（尤其是基准价格），始终是一个难点。

目前，尽管一些水权交易地区已经在探索基于成本法测算基准价格，但都是从自身实际出发选择可测算且易于掌控的成本项，彼此之间差异较大，其他尚未引入价格机制但有意愿的水权交易试点地区将难以参考选用。

同时，国家在宏观层面上对基准价格测算，也是只提出相对原则性的意见：《水权交易管理暂行办法》第十条对区域水权交易定价规定"交易各方一般应当以水权交易平台或者其他具备相应能力的机构评估价为基准价格"，没有指出基准价格测算的基本原则、成本项及测算方式；第十六条第二款对取水权交易定价规定"交易价格根据补偿节约水资源成本、合理收益的原则，综合考虑节水投资、计量监测设施费用等因素确定"，对是否采用基准价格＋协商定价的方式没有明确，且对补偿成本中的具体成本构成也没有提出指向性意见，对各地如何规范引导水权交易价格缺乏指导性。

对于价格测算模型，国内外对自然资源所形成的权属价格测算已经开发了较多方法，有基于价格构成的成本法，有基于"地租资本化"的收益法、市场化法，还有基于潜在市场交易的支付意愿法、影子价格法等，这些方法基于不同的定价原则各具特色。而我国目前基于成本法（部分成本）的定价方式，比较单一，对水权交易中水资源使用权权能的最终实现，还不能充分满足其需求，需要针对不同交易类型提出推荐的交易价格测算方法与模型，为各地推进、指导水权交易价格定量测算提供一定借鉴。

3. 价格协商议价上，政府与市场关系还没有理顺，政府对水权交易的主导性依然明显

对于行业间水权交易的地区，按照《水权交易管理暂行办法》规定要在水权交易平台进行交易，对于交易量较小的可以直接签订协议，可称为线下交易。由于水资源使用权的公益性特征明显，无论是线上还是线下交易，都受到政府的严格监管。但是，我国水权交易市场尚不发育。在调研中，课题组了解到，平台上的水权交易往往也需要政府事先寻找合适的买家，做好牵线搭桥，做好谈判，在平台上进行签约即可。在这个过程中，政府方面往往会站在发展地方经济的角度上考虑水权

交易意向,对交易过程进行干预,对当地经济发展作用更大的需水企业将会有更大胜算,而非出价最高的企业。或者,个别地方政府会明显倾向于某一意向企业,而在协商过程中让其中标获得水权。

对于区域间水权交易的地区,进行协商定价的双方都是政府或其相关部门,但目前的协商议价规则尚不明确,对是否按照《水权交易管理暂行办法》要求围绕基准价格进行协商、是否充分体现水资源"优水优用"、如何在协商定价中考虑对上下游及生态环境的补偿等关键内容,并未要求必须在交易平台公开或采用其他方式公开,接受社会监督。在调研中,课题组也发现,当问及供需双方是按照何种流程、规则达成协商价格的,所调研地区水行政主管部门一般选择避而不答,或者极为简略地一带而过。如对议价规则不进行明确要求,未来将有可能对被交易水资源使用权造成侵害。

水权交易的议价不同于普通商品。国家虽是水资源的所有者,拥有相应的处置权,然而在交易市场中,交易双方进行交易的是水资源使用权,是用益物权。政府应该以监管者的身份参与交易过程,而不是以所有者的身份处理全部交易过程。而目前在水权交易过程中政府作用更为强大,议价权集中在政府的手中,政府在交易中频繁干涉交易双方,模糊了所有者与监管者的角色权限。缺乏交易规则将会造成政府力量更多地充当市场"无形的手",这与国家提出的资源资产有偿使用,适度扩大使用权的出让、转让、出租、担保、入股等权能要求相悖,不利于水权制度体系的建立及水权水市场的良性运行。

4. 制度体系上,水权水市场制度体系建设滞后,对交易标的等规定仍有待加强

进行水权交易的前提条件是清晰界定并由法律保障的初始水权。我国的初始水权界定,实际上就是通过法律制度将水资源所有权相分离的水资源经营、使用、收益等赋予不同权利主体。《取水许可和水资源费征收管理条例》第二十七条明确"……在取水许可的有效期和取水限额内,经原审批机关批准,可以依法有偿转让其节约的水资源,并到原审批机关办理取水权变更手续。"这为我国实施水权交易提供了制度基础。

但总体看,还存在以下几方面问题。一是缺乏对特定水权的法律保护。如农业灌溉用水,在水资源紧缺的情况下,由于其能够创造的经济价值较低,而这部分水权又不清晰、缺乏法律保护,往往会被城市和工业用水无偿挤占,相关保障、补偿制度机制等还不充分,在实际中还难以操作。二是水权交易相关制度建设滞后。2016年下半年至今,内蒙古、广东、新疆三省(自治区)已经制定出台了本辖区内的水权交易管理办法或水市场建设相关制度,在水利部出台的《水权交易管理暂行办法》的基础上进一步个性化、细化适合本地区的规定。河南、陕西、河北也出台了相应文件。但总体来看,《水权交易管理暂行办法》一些原则性规定还没法充分满足水资源供需关系各异、经济实力千差万别的地方需求。调研中,一些省份指出,对于交易标的中涉及的可交易指标有异议,认为用水总量控制指标属于行政管理指标,不具备权属属性,不应该列入交易标的;对于交易标的中水权是否有偿取得,也应当进行分类指导,认为定额内的水权、无偿取得的水权、利用国家投资节约出来的水权不能进行交易;对于交易对象,特别是农业向工业"点对点"转让水权,存在相当风险,如因建设期长造成交易水量(水权)被闲置,因关停并转造成交易水量(水权)被提前终止;对于非常规水源、地下水水权交易,规则尚不明朗。上述方面还普遍缺乏方向性指导,各地只能自行摸索,可能存在政策风险。

第十一章
水权交易价格形成的行业借鉴与方法比选

第一节　国内相关行业资源(权属)交易定价方法分析

(一) 国有土地使用权出让定价机制

国有土地使用权出让,是指国家以土地所有者的身份通过协议、招标和拍卖等方式将土地使用权在一定年限内让与土地使用者,并由土地使用者向国家支付土地使用权出让金的行为,它是我国国有土地有偿使用的主要形式。

1. 协议出让价格形成

第一阶段,由卖方确定基准地价。基准地价是在城镇规划区范围内,对现状利用条件下各级土地或均质地域,按照商业、住宅、工业等土地利用类型分别评估确定的某一估价时点上、一定年期物权性质的土地使用权的平均价格。基准地价是卖方转让土地使用权时所参照的最低标准。

基准地价的测算,包括用以评估单个宗地价格的市场比较法、收益还原法、剩余法和成本逼近法,也有适合于政府政策性批量估价的路线价估价法、标准宗地估价法、基准地价系数修订法等。

第二阶段,买卖双方明确交易标的地块的交易底价。所有潜在的买方都分别独立地对出让地段进行估值,是买卖双方各自所持有的心理价位。这个底价是由独立评估确定的。

第三阶段,确定(协议)成交价格。当双方明确了交易底价后,就土地使用权交易价格进行谈判协商,达成一个双方都认可的一致的价格成交。但在土地交易市场发育不完善的阶段,由于缺乏土地交易价格的信息,基准地价成为土地交易价格的主要信息来源。现实中,可能存在交易价格低于基准地价的情况。

2. 招标拍卖价格形成

第一阶段,卖方设计规则。必须能够甄别出谁是资源最有效率的使用者,"出价最高者"成为重要的甄别信号。随后,买方作为潜在的需求者,将面临选择接受或不接受拍卖人的规则,这是个筛选合格的竞标人的过程。在土地招标拍卖交易方式下,竞标人数越多,竞标人的期望收益就越接近于行业的平均利润。

第二阶段,买方竞标决策。所有的竞标人为了获取不低于行业平均利润的期望收益,以追求最大胜出概率为目标展开竞价策略。但在其中,竞标者会面临"赢者风险",即最后胜出的竞标人的出价高于共同估值,为了避免承担更大的损失,最后宁愿毁约赔付违约保证金,造成拍卖失败。

国有土地使用权出让市场是一个卖方垄断的市场结构,竞争性只存在于买者一方。在招标拍卖出让方式下,如何实现出让方的收益最大化,以及如何将资源分配给最有效率的使用者是招标拍卖机制设计的目标。在协议出让方式下,理论上如果潜在的需求者对地价评估是相互独立的,谈判是竞争性的,协议地价与竞标地价没有差异。但如果出让方有权决定和谁谈判,此时必有寻租空间的存在,那么买者之间的竞争就会在寻租阶段展开而不会将竞争持续到谈判阶段,使得实际成交价格总是等于基准地价,更显著低于竞标地价,那么通过基准地价的修正就失去了方向和意义,这将不利于国有土地的市场化进程。

(二) 碳排放权交易定价机制

碳排放权交易是指运用市场机制作为解决以二氧化碳为代表的温室气体减排路径,即把二氧化碳排放权作为一种商品,从而形成了二氧化碳排放权的交易,简称碳交易。《京都议定书》中明确规定了各国政府的减排任务,各国对企业实行二氧化碳额度控制的同时允许其在市场买卖超额或剩余的额度,以此来实现本国对二氧化碳排放权的总量控制。

2008年,我国相继成立了北京环境交易所、上海能源交易所及天津排放权交易所,之后又在多个省份成立了环境能源交易机构。2012年1月13日,国家发改委在北京、上海、广州、深圳开展了碳排放权交易试点工作,就此拉开了以交易为原则、以排放权配额为市场交易标的的碳排放权交易序幕。在配额分配方面,我国提出"十二五"期间,除免费发放配额外,政府预留少部分配额,通过拍卖方式进行分配。

1. 免费分配是政府按照一定标准免费为企业分配碳排放配额。免费分配主要有两种分配方法:历史排放量法和现实排放量法。

2. 标价出售是由政府环境部门通过评估某地区的环境容量所容许的最大排放量,然后依据排放总量的控制目标将其分解成若干规定的排放份额,再采用特定的技术方法定价后出售给各企业。从经济学的角度分析,有两种较为理想的定价方法:一是按照排放企业的个别成本与社会成本的差额进行定价;二是依据排放企业控制排放的边际成本来进行定价。

3. 公开拍卖是碳排放权由相关的政府部门统一管理,采用适当的方式进行公开拍卖,需要减排的企业可以通过竞价来获得下一年度的碳排放权。公开拍卖可以分为一级密封价格拍卖与二级密封价格拍卖。在一级密封价格拍卖中,政府部门负责将排放总量划分为若干配额,由企业根据自己对其他企业出价的预测和对一定份额的评价来决定自己的出价,然后将自己的出价报给拍卖人,最后出价最高的企业将获得相应份额的碳排放权。在二级密封价格拍卖中,企业仍然同时报价,报价最高者获得相应份额的碳排放权,但实施价格为次高报价。

深圳碳排放权交易试点中,其碳排放权交易价格主要由拍卖、挂牌等方式确定,每天有一个开盘价,交易双方根据开盘价如同在股市一样报价,最后确定交易价格。

北京碳排放权交易试点中,交易价格的确定主要由在交易所的交易双方根据市场价格多次报价要价之后确定,即以市场的方式实现。当排放配额交易价格出现异常波动时,市发展改革委员会将通过拍卖或回购配额等方式稳定碳排放交易价格，维护市场秩序。

第二节　国外水权水市场定价方法分析

(一) 国外定价方法

为了促进水权交易市场的高效运行，美、澳等国政府在水权交易价格的确定中着重考虑以下几个方面的问题：第一，如何规范对于水利基础设施的收费；第二，如何科学地界定水权在分配、管理、监督、运行环节产生的费用；第三，如何支付对于第三方影响产生的费用。

综合以上几方面，国外水权水市场定价机制中，将交易价格划分为四个组成，即水利基础设施定价、输水损失定价、水权交易管理成本定价、第三方影响定价。

1. 水利基础设施定价

方式一：利用沉没成本测算短期边际价格的交易定价。虽然看似比较高效，但由于这些基础设施往往都不是满负荷运行，造成边际价格常常会比平均成本更低，因此并不合理。

方式二：按照用户分类确定价格，难以实施。

方式三：平均成本法定价，该定价方式相对稳定，有利于政府制定相关政策。

如澳大利亚政府理事会有关价格改革政策规定，为避免价格垄断，价格应该不高于设施运行、维护和管理成本，外部性税收或 TER（同等税收制度），资产消耗和资本成本的计提。同时，为了体现交易价格的真实性，价格应该至少包括：工程维护和管理成本，外部性税收或 TER（不包括所得税），债务利息成本，股息（如有）。使用加权平均资本成本计算。但是也有一些例外，如澳大利亚维多利亚州的古尔本－墨累河灌区，大部分供水价格计价是根据在可获取水权之下可获得的水量来计算的，是个固定值，与实际灌水量没关系。新南威尔士州、维多利亚州等地下水灌区，是按照灌溉土地面积折算价格的。

2. 输水损失定价

澳大利亚与美国的做法相同,将输水损失费用计入水价,并平均给所有水权持有者,也就是说所有用水户的价格是相同的。

3. 水权交易管理成本定价

水权交易管理价格包括水权的分配、管理、监督和执行方面涉及的成本。这些成本中的一些可能不会归因于特定用户。但是,为个人用户发放新的水权,批准水权交易而收取相关费用可能是可行的。这种成本能补偿多大程度,可以影响水权交易的格局。有政策规定,至少应该补偿一部分或者全部的成本。例如,澳大利亚维多利亚州规定临时性水权交易需要支付一定成本,明确单位水量的价格。澳洲等国家对涉及特定地区地下水水权交易的,需要支付监督管理费用。美国科罗拉多州在法律文件中明确新设水权或开凿水井许可应当收取的费用。在美国一些地区水权交易成本占所交易水权价值的20%。

4. 第三方影响定价

尽管各国都知晓要在价格中体现对第三方影响的因素,但实际操作环节,还没有好的做法。对环境成本定价非常难,环境成本可能是非线性的。在环境影响定价中需要考虑以下几点因素:取水量、取水点的环境敏感性、取水时间顺序、水权转让的影响。目前比较成熟的做法是,在水利基础设施服务费用中包含了环境成本。如澳大利亚维多利亚州、昆士兰州,由用水方付费。维多利亚州北部地区,新灌区工程建设收费,包括对应对墨累河盐侵威胁的成本费用。

澳大利亚的水价制定由独立的第三方咨询公司IPART(不属政府机构)进行,政府核批实施。一般程序为:IPART公司首先制定水资源费价格,一般限高价,不同安全级别的用水采用不同的价格。如墨累河流域,一般安全级别的用水水资源费为0.0036澳元/m^3,而高安全级别的用水水资源费为0.004澳元/m^3;然后各州水源公司在水资源费的基础上加上自己寻找水源和蓄水、输水的成本及应有的利润,定出批发给各地方供水公司的批发价;最后各供水公司在批发价的基础上,加上自己制水和输水的成本及应有的利润,定出零售给各用水户的水价。但是,后两者的定价仍要接受IPART公司的咨询、政府的监督以及公众的听证,最后由政府审核批准。

(二) 经验借鉴

1. 水权交易价格可以采用全成本定价

澳大利亚水权交易价格,采用全成本回收定制水价,成本包括资产折旧、更新费用、环境成本和其他外部成本等,重点强调"使用者付费原则"并采用两部制水价,用户都须以取水许可证费的形式缴纳固定水费,并根据实际用水量缴纳计量水费。

2. 充分考量交易的第三方影响与环境影响

要通过合理确定环境污染和生态环境破坏的全部社会成本,实现环境成本的内部化。澳大利亚水权交易中,规定了环境用水的优先权,消耗性用水要以保证可持续发展为前提。在水权交易的过程中,州政府起着非常重要的作用,包括提供基本的法律和法规框架,建立有效的产权和水权制度,保证水权交易不会对第三方产生负面影响;建立用水和环境影响的科学与技术标准,规定环境流量。这些都可以为我国推进水权交易价格制定提供借鉴。

第三节 资源产品典型定价方法

(一) 成本导向定价法

1. 全成本定价法

全成本定价法是通过计算交易的各种成本投入与补偿最终确定交易价格的定价方法。一般交易涉及的成本主要包括资源耗费成本、工程建设与运行维护成本、环境影响成本及机会成本。

①资源耗费成本

资源耗费成本是指在经济活动中被利用消耗的资源价值。根据不同自然资源的特征,有些自然资源具有一次消耗性,如不可再生的矿产资源、部分可再生的森林资源(用材林)和稀缺的地下水资源,这些资源的使用为资源耗费成本,具有中间消耗的性质;有些自然资源具有多次消耗性,如土地资源、部分可再生的森林资源(特用林、防护林等),这些资源多次循环使用,类似于固定资产的性质,其资源耗费具有"固定资产折旧"的性质。

②工程建设与运行维护成本

为保证交易正常进行,有必要修建工程的,其工程建设与运行维护成本应包含在交易价格之内。

工程建设成本分为直接成本和间接成本两个方面。直接成本由人工费、材料费、机械使用费和其他直接费用组成。间接成本是指直接从事施工的单位在施工过程中为组织管理所发生的各项支出。运行维护成本是指已建工程的运行、维护费用。在确定交易价格时,可以根据经验或者参考其他相同、类似工程的运行维护成本确定这部分费用。

③环境影响成本

环境影响成本是指由于经济活动造成环境污染而使环境服务功能质量下降的代价,从资源开采、生产、运输、使用、回收到处理全过程,解决环境污染和避免生态环境破坏所需的全部费用。环境影响成本可分为环境保护支出和环境退化成本。

④机会成本

机会成本是指当把一定的经济资源用于生产某种产品时放弃的在其他方面可以获得的最大收益。机会成本与资源稀缺是密切相关的。

2. 影子价格法

影子价格法又称"影子价格""效率价格""最优计划价格",是运用线性规划等数学方法计算的、反映社会资源实现最佳配置的价格,是20世纪30年代提出的,后经萨缪尔森发展而成。自然资源的影子价格是静态价格,反映的是资源的稀缺程度。其理论基础是边际效用价值论,主要反映资源或产品的稀缺性和价格的关系。资源的利用存在以下约束条件:

$$Z_{\max} = \sum_{i=1}^{n} p_i q_i \tag{11-1}$$

$$b_{j1}q_1 + b_{j2}q_2 + \cdots + b_{ji}q_i \cdots + b_{mn}q_h \leqslant x_i \tag{11-2}$$

$$Y_{\min} = \sum_{j=1}^{m} X_j S_j \qquad (11\text{-}3)$$

$$b_{1i}S_1 + b_{2i}S_2 + \cdots + b_{ji}S_j + \cdots + b_{mi}S_m \geqslant p_i S_i \geqslant 0 \quad (11\text{-}4)$$

式(11-1)中,Z为生态或经济效益等目标值,p_i为第i类自然资源单位数量的收益系数,q_i为第i类自然资源的数量;式(11-2)为自然资源利用的约束式,其中b_{ji}为第i类自然资源的约束系数,x_i为第i类自然资源总量;式(11-3)为利用自然资源的生产总成本式,其中S_j即为自然资源的影子价格,x_j为第j种自然资源的使用量;式(11-4)为生产的约束式。

影子价格大于零,表示资源稀缺,稀缺程度越大,影子价格越大;当影子价格为零时,表示此种资源不稀缺,资源有剩余,增加此种资源的供给并不会带来经济效益。

3. CGE模型

CGE模型通过供给和需求函数明确地反映出生产者追求利润最大化和消费者追求效益最大化的行为。由于CGE模型能有效地模拟宏观经济的运行情况,尤其是在市场经济条件下,故而它能用来研究和计算部门和商品的价格。

CGE模型所分析的基本经济单元是生产者、消费者、政府和外国经济。典型的CGE模型,是用一组方程来描述供给、需求以及市场的关系,商品和生产要素以及所有的价格(包括商品价格)、工资的数量是变量,在生产者利润优化、消费者效益优化、进口收益利润和出口成本优化等一系列优化条件的约束下,求解得出在都达到均衡情况下的一组数量和价格。

一是生产行为。在CGE中,生产者力求在生产条件和资源约束之下实现其利润优化。这是一种次优解。与生产者相关的有两类方程:一类是描述性方程,例如生产者的生产过程、中间生产过程等;另一类是优化条件方程。在许多CGE模型中,假设生产者行为可以用柯布-道格拉斯函数或常替代弹性(CES)函数来描述。

二是消费行为。包括描述性方程和优化方程。消费者优化问题的实质是在预算约束条件下选择商品(包括服务、投资以及休闲)的最佳组合以实现尽可能高的效益。

三是政府行为。在CGE中通常将税收作为政府变量。同时,政府也是消费者。政府的收入来自税和费。政府开支包括各项公共事业、转移支付与政策性补贴。

四是外贸。通常按照常弹性转换方程(CET)来描述为了优化出口产品利润,把国内产品在国内市场和出口之间进行优化分配的过程。或用阿明顿(Armington)方程来描述为了实现最低成本把进口产品与国内产品进行优化组合的过程。

五是市场均衡。CGE的市场均衡及预算均衡包括如下几方面:产品市场均衡、要素市场均衡、资本市场均衡、政府预算均衡、居民收支平衡、国际市场均衡。

CGE模型经常被用来分析政策变动、技术革新、环境保护、资源价格等方面对国家或地区(国内或跨国的)福利、产业结构、劳动市场、环境状况、收入分配的影响。

4. 边际成本法

边际成本法将自然资源与环境结合起来,用统一的分析框架把环境和自然资源直接纳入经济和社会发展政策特别是价格政策中,通过政策的调节来管理资源环境。该理论认为资源的消耗使用应包括以下三种成本:①边际生产成本,它是指为了获得单位资源必须投入的直接费用;②边际使用成本,它是指用某种方式利用一个单位的某一资源时所放弃的以其他方式利用同一资源可能获取的最大纯收益;③边际外部成本,主要指所造成的损失,这种损失包括目前或者将来的损失,当然也包括各种外部环境成本。边际成本表示由社会所承担的消耗一种自然资源的费用,在理论上应是使用者为资源消耗行为所付出的价格。当价格小于边际成本时,会刺激资源过度使用;当价格大于边际成本时,会抑制资源的正常消费。

5. 双层决策定价法

双层规划模型是由两个不同层次的决策主体追求不同的目标函数组成的,目标函数间往往存在一定的关系。一般来说,上层决策者起着控制、协调的作用,下层决策者受到上层决策者一定程度的约束,相对自主做出保证自身利益最大化的决策,他们之间的影响是相互的。

由于水资源是一种基础性资源,水权市场只能是一种准市场,水权交易价格需要在政府给出合理的基准价格的基础上,通过协商定价。因此,构建以政府为代表的追求社会整体效益最大化的上层决策定价模型和以各区域用水户追求自身利益最大化的下层决策定价模型,可以达到政府管控与市场调节共同发挥作用的效果。政府层在保证社会福利最大化和水资源配置整体效益的基础上,以全成本核算方法为基础,制定出合理的基准价格供市场参考;市场层在考虑水权成本及受用方收益的基础上,充分发挥市场调控功能,使水权交易行为得到有效开展,交易主体能够协商制定价格。

(二) 协商竞争定价法

1. 协商定价法

协商定价法,是交易双方本着公平、自愿的原则,通过讨价还价协商达成交易价格的定价方法。交易过程中,交易双方通过协商谈判,不断加深对交易信息以及企业其他相关信息的了解,减少交易中因信息不对称所造成的不良影响。详见图11-1。同时,交易双方必须严格遵守市场的交易规则和制度,受政府相关部门的监管。

在完全竞争市场中,通过协商确定的商品交易价格都是由市场上的供给和需求决定的,反映了用户之间的经济关系。而在不完全竞争市场中,由于信息不充分,交易价格不能完全由市场来决定,还需要政府或价格评估权威机构进行合理干预。现在使用较多的方式是政府或独立第三方机构给出一定的基准价格(或评估价格)或者一定的价格区间,交易方以此为依据进行协商。涉及资源、资产权属类的产品交易,其基准价格应涵盖以下几个方面的费用:①工程建设费用;②工程和设施的运行维护费用;③工程的更新改造费用;④对相关行业的机会成本;⑤必要的经济利益补偿和生态补偿等。此外还有必要的税费等。

2. 招标定价法

随着交易市场不断活跃,供需双方数量增加,招标方式逐渐完善,可分为公开招标、邀请招标以及议标3种方式。

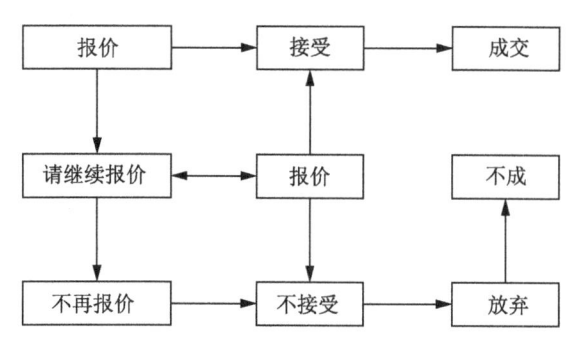

图 11-1 协商定价法流程图

(1) 招标价格

①招标底价。招标底价是根据交易基础价格计算出来的实现交易的最低价格,如果投标人的报价低于招标底价,则视为废标。

②评标标底价。评标标底价 $=(A+B_1+B_2+\cdots+B_i)/(i+1)$。式中,$A$ 为审定的招标底价,B_i 为在标底一定范围内的投标单位的报价。要确定一个标底有效的控制范围非常困难,可以有效杜绝标底泄露。

③招标控制价。招标人根据国家相关部门颁发的有关计价依据和方法,以及拟定的招标文件和招标清单,再结合具体情况编制的招标的最高投标限价。

(2) 招投标方式

①公开招标

公开招标是指招标人以招标公告的方式邀请不特定的法人或者其他组织参加投标竞争,从中择优选择中标单位。按照空间分布,公开招标可分为区域内竞争性招标和跨区域竞争性招标。区域内竞争性招标是指符合招标文件规定的区域内法人或其他组织,单独或联合其他区域内法人或组织参加投标,并用人民币结算的招标活动。跨区域竞争性招标是指突破管理的行政范围在全国范围内进行招标,符合招标文件规定的国内法人或其他组织,单独或联合其他法人或组织参加投标,并按照招标文件进行结算的招标活动。

②邀请招标

邀请招标也称有限竞争性招标或选择性招标,是指招标人以投标邀请书的方式邀请特定的法人或者其他组织投标。邀请招标不适用公开的公告形式；接受邀请的单位才是合格投标人；投标人的数量有限，根据招标项目的规模大小，一般在3至10个之间。

③议标

议标是通过谈判来确定中标者，主要有直接邀请议标方式和比价议标方式。直接邀请议标方式指由招标人或其代理人直接邀请需求者进行单独协商，达成协议后签订采购合同，如果一家协商不成则可以邀请另一家，直到协议达成为止。比价议标方式兼有邀请招标和协商的特点，一般适用于规模不大、内容简单的招标，由招标人将有关要求送交选定的几家法人或组织，限其在约定时间内提出报价，并经过分析选择报价合理的法人或组织。

（3）应用条件

公开招标、邀请招标以及议标的主要应用条件如表11-1所示。

表11-1 交易招标方式及其应用条件

招标方式	应用条件	投标人数量	数额标准	特别规定
公开招标	招标需求中核心边界条件和技术、经济参数明确完整或者公开招标数额标准以上的交易	不少于3家单位或组织参与投标	属于区域内竞争性招标，由区域内省、市、县级人民政府规定；属于跨区域竞争性招标，由上级人民政府或国务院规定	不得将应当以公开招标方式进行的交易化整为零或者以其他任何方式规避公开招标
邀请招标	1.具有特殊性，只能对有限范围的单位或组织招标的；2.采用公开招标方式的费用占招标项目总价值的比例过大的	从符合相应资格的单位或组织中，通过随机方式选择3家以上参与投标		在招标活动开始前，报经主管预算单位同意后，向本地区市级以上人民政府申请批准

(续表)

招标方式	应用条件	投标人数量	数额标准	特别规定
议标	1.技术复杂或者性质特殊,不能确定交易具体要求的;2.因专利、专有技术或者服务的时间、数量事先不能确定等不能事先计算出价格总额的;3.市场竞争不充分的交易项目;4.按照招标投标法及其实施条例必须进行招标的交易	如果一家协商不成则可以邀请另一家,直到协议达成为止	未达到公开招标数额标准的交易;达到公开招标数额标准、经批准采用非公开招标方式的交易;按照招标投标法及其实施条例必须进行招标的工程建设项目以外的交易	

3. 拍卖定价法

拍卖定价法是指卖方委托拍卖行,以公开叫卖方式引导买方报价,从中选择高价格成交的一种定价方法。由卖方预先发表公告,展出拍卖物品,买方预先看货,在规定时间内公开拍卖,由买方公开竞争叫价。拍卖定价法有场内拍卖价和网上/电子竞价两种形式。

(1) 场内拍卖竞价

场内拍卖竞价借助拍卖行的交易大厅,通过"一对多"的形式,由多个有购买意愿者参与竞争。每轮拍卖竞价中,交易需求方有"报价""不再报价""放弃"三种选择,根据采用的拍卖形式的不同通过多轮竞价最终确定交易价格。

(2) 网上/电子竞价

互联网交易是现代交易方式构建过程中不可忽视的一个领域。网上/电子竞价是指需求方利用互联网资源,获取交易信息、即时报价、分析市场行情,并通过互联网委托下单,实现实时交易。交易平台应采用网上交易平台的技术手段,建立以流域为单位的、以互联网为交易技术基础的交易网络。需求方可以随时登录网站,查看交易信息。

需要注意的是，当供应商出现提供虚假材料进行网上竞标，采取不正当手段诋毁、排挤或串通其他供应商等其他违反交易有关法律、法规的情形时，其网上竞价视为无效。

4. 集市型定价法

集市型定价法是指交易多方在集市中报出自己所意愿成交的价格和数量，通过算法排序，得出买家从高到低的报价和累计数量与卖家从低到高的报价和累计数量，在累计数量临近时，在买价略高于卖价的临界处达成交易，而边际卖家与边际买家两者的平均价格为最终成交价格。集市型水权交易是多人共同进行水权交易的一种方式，主要基于职能市场技术，通过计算机模型进行市场操作，在资源管理领域具有广泛的应用。在集市型水权交易中，买卖双方背对背地提交交易申请，并在集市中进行统一的撮合交易确定成交价格。

第四节　定价方法的适应性分析

（一）资源产品定价方法运用于水权交易定价方面的适应性分析

1. 成本导向定价法

（1）全成本定价法

①优点。第一，全成本定价法考虑了水权交易的所有成本，不仅虑及水资源的稀缺性，同时也兼顾了水权转让方的成本，另外还将生态环境损害成本内部化，是一种相对完整的定价模式。第二，全成本定价法通过计算水权交易的各种成本投入与各种补偿最终计算水权交易价格，适用于多种水权交易项目水权价格的制定。

②缺点。第一，全成本定价法微观层面所考虑的因素众多、计算明细间关系复杂。第二，各项目费用效益计算的内容和方法可能都不相同，影响定价的合理性。

(2) 影子价格法

①优点。能够反映出市场供求关系和资源稀缺程度。

②缺点。该方法数据量要求大,模型参数选定较困难,而且还需要市场机制相对比较完善才能够进行。水权交易市场是个准市场,采用影子价格法计算得到的水资源影子价格与生产价格、市场价格差别比较大,它反映的是水资源的稀缺程度和水资源与总体经济效益之间的关系,不能代替水资源本身的价值。

(3) CGE 模型

①优点。CGE 模型便于计算出在某一区域经济均衡条件下的水权交易的相对价格。

②缺点。CGE 模型要求的资料数量十分巨大。模型一般要求区域部门投入产出系数、劳动力分配、总投资及部门投资分配、消费额及政府、居民间分配以及各种弹性系数。因此,对于某一区域,为计算水资源的价格收集和处理资料的工作十分艰难。

(4) 边际成本法

边际生产成本的求解比较容易,而边际使用成本、边际外部成本的计算比较困难,其主要原因在于水资源来源——降水的不确定性、水资源用途多样性、水资源不可替代性、水资源供求的区域性以及水资源利用对自然环境的影响目前尚难全面把握。

(5) 双层决策定价法

①优点。第一,充分发挥政府管控与市场协商的共同作用。关于水权交易定价研究的重点多集中于单一层次决策,仅考虑了水权交易的成本,没有考虑不同层次决策之间的相互影响。双层决策定价法从政府规范层和市场层两个角度考虑价格制定,既能保证社会福利最大化和水资源的最优配置,又能满足水权交易各方的效用最大化。

第二,提高交易效率,降低交易成本。双层决策定价过程中,政府层制定出基准价格,市场层在此基础上通过交易双方协商定价。在此基础上,交易方协商过程中有了交易底价后,讨价还价的空间缩小,相对于单层决策定价法而言,提高了交易效率,同时,交易的标的也比较固定,从而能够大大降低信息收集成本和讨价还价成本。

②缺点。第一,双层决策定价法需要政府部门以及市场的双重作用才能实现,对政府及市场双方都有较高的要求。交易的人力、物力成本较高,且政府管控过程中可能存在行政效率低下、监管不严等问题。

第二,双层决策定价法仅适用于交易水量较大、交易敏感性强的区域水权交易。这时,发挥政府层的管控作用的效果才更明显。因为敏感性强的水权交易所带来的社会关注度高,政府的行政措施才更有效。

2. 协商竞争定价法

(1) 协商定价法

①优点。第一,提高交易达成的效率。水权交易双方通过协商定价,可以提高水权交易达成的效率。水权交易协商定价相比于其他定价方法而言是一种点对点、更直接的定价方法,交易双方平等、独立、自由,各自追求以所有权为基础的利益,双方可以就交易水权的质量、期限、价格等内容进行深入谈判。在不断的谈判过程中,双方可以充分表达自己的意愿,他们的权利、责任和义务等内容能够更快地得到明确,从而提高交易达成的效率。第二,降低社会总成本。在水权交易的双方协商定价机制中,需求方和供给方相对明确,交易的标的也比较固定,从而能够大大降低信息收集成本。同时在协商过程中,涉及的人员比较单一,组织协商所要花费的人力、物力较小,最终能够降低整个社会的总成本。第三,调动供需双方的积极性。水权交易协商定价的过程中,供需双方的地位平等,议价能力相当,两者均可以就自身的诉求进行多回合的谈判,从而二者在交易过程中会比较积极地争取自身的利益。因此,协商定价方法可以充分调动供需双方的积极性,充分发挥协商的自由、民主性,促成交易成功。

②缺点。第一,协商定价法可能需要花费很大的时间成本,并且其价格是交易双方在通过会计计算、制度妥协最后混合折衷下确定的,通常要低于市价。在水权交易协商定价的过程中有时也会出现协商不成功的结果。第二,协商定价方法会受到政府角色影响。协商定价方法在注重水权供求双方对交易水权的质量、价格、期限等方面诉求的同时,也需要政府来规范协商规则。如果对于协商规则没有具体的规定和监管,或者政府有一定的倾向性,将会影响市场机制作用发挥。

(2) 招标定价法

①优点。第一,有利于展开竞争,打破垄断。招标定价法符合价值规律的要求。实行招标水权交易,至少有两个水权需求方参加投标,通过竞争合理确定水权交易价格。第二,有利于水权需求方加强水权管理。由于实行招投标定价,放开水权交易市场,水权需求方之间的竞争日趋激烈,外来压力增加。这样就有助于促进水权需求方加强水权管理,提高自身素质,以在竞争中求生存、求发展。

②缺点。第一,招标底价应该由谁来编有待于研究。招标底价是根据交易基础价格计算出来的实现交易的最低价格,其重要性是大家公认的。并不是所有的水权转让方都有能力自行编制招标底价。第二,不同地区、不同等级的水权需求方取费费率不同,这给不同地区之间采用招投标定价法确定水权交易价格带来一定的障碍。取费费率是否应该统一有待商榷。

(3) 拍卖定价法

①优点。第一,在参与竞价人数较少的情况下,集中竞价大幅降低了交易所的维护成本和交易成本,有利于鼓励更多的用水户进入交易所进行交易。第二,参与竞价的水权意向受让方数目越多,最终成交的水权报价将越接近于所有意向受让方中的最高估价,有利于水资源的保值增值。第三,水权交易拍卖定价有利于以市场的方式合理有效地配置水资源,有利于产业结构的调整和升级,推动水权的流动。

②缺点。第一,会造成交易价格远高于市场价格。相对于交易水权的质量、期限等其他方面的诉求而言,拍卖定价法更多关注的是水权供求双方对交易水权价格方面的诉求,水权转让方利用买方竞争求购的心理从中选择高价格进行交易,交易价格往往高于市场价格。第二,通过拍卖定价的方式进行水权交易对参与水权转让竞价的用水户有较低的进入障碍,竞价有效性需要进行甄别。

(4) 集市型定价法

①优点。第一,集市型定价法的定价过程简单明了,并且不需要较多的历史成交数据为依据,克服了以往需要基于历史数据进行统计学分析的定价方法的不足之处。在很多情况下,水权交易样本量有限、交

易均衡价格影响因素复杂,基于统计结果的价格确定缺乏置信度。因此,集市型定价法能够得出令人信服同时又能满足交易各方需求的交易价格,解决了统计分析定价所存在的问题。第二,集市型定价法的定价模型简易,仅需要通过算法对双方报价进行排序,省去了大部分撮合的成本。而交易模型采用经济、金融等领域的理论框架,建立数学解析模型则侧重探讨水权交易定价的经济学机理。第三,集市型水权交易机制,较面对面的直接交易或者现场喊价模式,提高了交易的灵活性,减少了交易成本。集市型水权交易以最大成交量原则和最小成本原则来对集市中的水权交易进行定价和交易匹配。水权交易的参与者提交交易申请后,集市算法在价格约束和水量约束下,搜寻最大交易量以及其对应的边际卖家和边际买家,以两者均价为最终成交价格,这一过程能够减少很多不必要的交易成本,提高交易效率。

②缺点。第一,集市型定价法要求买卖双方报价,可能会存在交易方虚报价格或是投机者哄抬报价的现象,需要相关部门进行严格监管,杜绝无真实交易需求的报价方参与。第二,集市型定价法需要发挥中介服务组织的作用,通过集市撮合成交水权。而目前我国水权交易市场中类似咨询服务公司等第三方中介组织仍不完善,因此,集市的作用会大大削弱,不利于水权交易。

(二) 推荐方法

水权交易市场是一种准市场,水权交易价格需要在政府给出合理的基准价格的基础上,通过协商定价。同时,水权交易价格与水权交易形式密不可分,不同交易形式的确权类型、交易主体和范围划分不尽相同,水权交易价格也会受其影响而有所区别。因此,在确定水权交易定价方法时,应当从具体的水权交易形式出发,根据每种交易形式的特点选用合适的水权定价方法。

1. 区域水权交易定价方法

区域水权交易各方一般应当以水权交易平台或者其他具备相应能力的机构的评估价为基准价格进行协商定价或者直接协商定价,充分发挥协商定价法的优势,调动供需双方的积极性,提高交易达成效率,降低社会总成本,使得难度比较大的区域水权交易能够顺利开展,水资源实现优化配置。

区域水权交易的基准价格宜采用全成本核算的方法进行确定。水权交易总成本包括水权交易成本和合理收益,交易总费用应涵盖:①工程建设费用;②工程、设施的运行维护费用;③工程、设施的更新改造费用;④必要的经济利益补偿和生态补偿等。此外还有必要的税费等。

一般的区域水权协商交易都会通过水权交易平台来完成,交易主体会向水权交易平台提供一系列申请、许可、授权材料,水权交易平台对交易主体提供的相关材料进行形式审核,审核通过后,交易主体获得交易资格。同时代表政府的水行政主管部门要委托专业机构进行价格评估,然后制定出基准价格。如果区域水权交易不通过交易平台来实现,那么也需要到水行政主管部门备案,同时,后者委托第三方机构进行水权价格评估,确定基准价格。

可见,区域水权交易价格涉及两个层面,包括交易主体的协商价格层面,以及政府对交易价格的管控层面,为充分体现政府和市场在区域水权交易价格中的双层作用,我们推荐交易主体协商和政府价格管控共同作用下的"政府＋市场"双层决策定价方法。

2. 行业间水权交易定价方法

行业间水权交易会涉及节水改造工程建设,通过这种形式将节约下来的水资源,经原取水审批机关批准后,转让方可以与受让方通过水权交易平台或者直接签订取水权交易协议。因此,取水权交易的水权价格需要根据补偿节约水资源成本、合理收益的原则,综合考虑节水投资、计量监测设施费用等因素确定。

行业间水权交易的基准价格仍采用全成本核算的方法进行确定。因涉及节水改造工程建设,其交易总费用应涵盖:①节水工程建设费用;②节水工程和量水设施的运行维护费用;③节水工程的更新改造费用;④工业供水因保证率较高致使农业损失的补偿;⑤必要的经济利益补偿和生态补偿等。此外还有必要的税费等。

行业间水权交易可通过集市(水权交易平台)对多个买家和多个卖家的报价进行统一撮合,形成市场均衡价格。在取水权交易中,买卖双方背对背地提交交易申请,并在集市中进行统一的撮合交易确定成交价格。水权交易的参与者提交交易申请后,集市以最大成交量原则与最小成本原则来对集市中的水权交易进行定价和交易匹配,在价格和水量的双重约束下,搜寻最大交易量以及其对应的边际卖家与边际买家,以两者的平均价格为最终成交价格。

第十二章
水权交易定价机制设计

第一节　水权交易定价机制设计的思路、原则与依据

（一）定价机制设计总体思路

全面贯彻党的十九大和十八届历次全会精神、习近平总书记系列重要讲话精神，按照国家推进自然资源资产有偿使用制度等的要求，在国家现有水权管理法律、法规、制度框架下，充分考虑水权交易的准市场特点和多种影响因素，针对不同的水权交易类型和区域差异性特点，制定差别化的、可操作的水权交易定价方法。坚持发挥市场机制在水资源配置中的决定性作用，同时，更好地发挥政府的监管调控作用，实现政府和市场在水权交易价格形成机制中的"两手发力"。

（二）定价机制设计的基本原则

1. 坚持政府调控和市场竞争相统一的原则

参与市场交易的水权是一种战略性经济资源，需要发挥市场在水权交易价格形成中的决定性作用，依靠水权准市场的供求关系、价格机制等促进水资源的高效流动。同时，水资源又是一种基础性公共资源和生态环境控制要素，需要发挥政府在水权交易审核、价格水平、市场失灵、第三方补偿等领域的监督、协调和组织等功能，以弥补水权交易市场的先天限制和运营中的失灵问题。

坚持水权交易价格由交易双方协商或竞争形成，在自愿的基础上

达成水权转让的协议。同时,为避免水权交易过程出现异常,政府有必要对水权交易价格制定环节进行必要的监督,或制定水权交易的指导价格(基准价格),并对水权交易价格进行必要的评估。

划清政府、市场、社会的界限。已有的水权交易大多是政府主导的,市场机制作用较小,社会组织和公众参与也较少。随着水权交易制度的建立健全,应当让市场在工业和服务业等经营性用水的微观配置环节中起决定作用,政府要进一步转变职能,在水资源的宏观配置、市场准入、用途管制、水市场监管等方面更好地发挥作用,社会组织要在中介服务中更好地发挥居间作用,公众要在维护公共利益上更好地发挥监督作用。

2. 坚持效率与公平相一致的原则

水权交易价格制定,应逐步反映交易发生的全成本,包括蓄水、输配水工程建设、运行维护与更新改造的成本,对上下游、生态环境和第三方的影响,以及税金、利润等方面。

水权交易价格制定,应有利于引导水资源由低效率行业转向高效率行业,考虑水资源的级差收益,优质优价。

3. 坚持因地制宜的原则

水权交易价格受多种因素的影响,水权交易难以标准化,每一单交易可能需要考虑不同的因素,同时,我国地域广阔,各地自然地理条件、社会经济条件、水资源供求情况、开发利用条件等都有很大的差别,不同地区进行的水权交易的价格也存在很大的差异。因此,水权交易价格的形成要视具体情况而定,允许水权交易价格在不同地区、不同交易类型上存在差异性,形成水权交易市场的特色的、差异化的价格体系。

4. 遵循交易现状和适度超前的原则

在当前水权交易实践中,多采用协议和公开竞价两种交易方式,水权交易多数是以协议方式进行的,在今后相当长的时间里,这种方式将仍然为主要方式,这是水权交易不同于土地、矿产等自然资源交易的特点。但是也不排除有竞价交易的情况,如区域购买水权后向企业进行再配置时或是初始配置时。对于生活和农业用水通过取水许可审批获得水权,而对于企业、服务业等经营性用水,如果超过两家以上申请同一水权时,应当采用公开竞价方式,这样才能促进水市场发育。

(三) 定价依据

1. 基本法律与国家政策文件

《中华人民共和国水法》

《中华人民共和国价格法》

《中华人民共和国民法典》

《中华人民共和国反垄断法》

《中共中央国务院关于推进价格机制改革的若干意见》

2. 行政法规

《取水许可和水资源费征收管理条例》

《中华人民共和国价格管理条例》

《国务院关于实行最严格水资源管理制度的意见》

3. 部门规章及规范性文件

《水利部关于水权转让的若干意见》

《水权交易管理暂行办法》

《关于加强水资源用途管制的指导意见》

《政府制定价格行为规则》

《国家发展改革委关于全面深化价格机制改革的意见》

第二节　基于全成本法的水权交易基准价格确定

(一) 水权的全成本价格理论体系

按照全成本价格测算理论,水权交易产生的成本主要包括:工程成本($C_E(Q)$)、风险补偿成本($C_R(Q)$)、生态补偿成本($C_B(Q)$)和经济补偿成本($C_P(Q)$)。其中,工程成本包括工程建设成本($C_{EC}(Q)$)、工程的运行维护成本($C_{EM}(Q)$)以及工程的更新改造成本($C_{EI}(Q)$);风险补偿成本是对水权卖方需承担水资源供给风险而支付的费用;生态补偿成本是对因水权交易造成水权出让地损失的生态补偿；经济补偿成本是跨区域进行水权交易时,对水权出让地区的经济造成损失而进行的补偿。具体见图12-1。

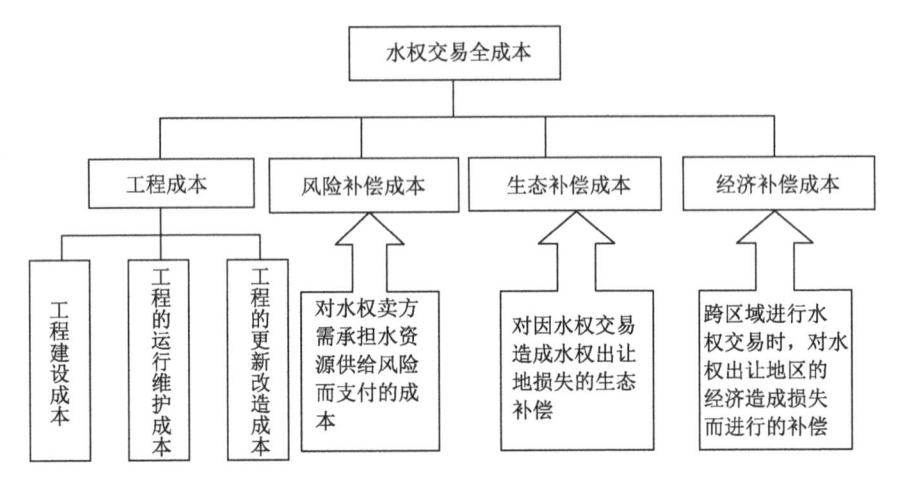

图 12-1 水权交易价格全成本法的构成

1. 工程成本

为使水权交易正常进行,有必要修建节水、输水、蓄水等工程。工程成本主要包括工程建设、运行维护以及工程更新改造成本。工程成本主要用于支付生产直接工资、直接材料费等直接费用。

行业之间水权交易的工程成本主要产生于节水工程,主要包括：①节水工程建设费用,包括节水主体工程及配套工程、量水设施等建设费用；②节水工程和量水设施的运行维护费,即新建节水工程的维修和日常维护费用,按国家有关规定,在转让期限内每年按节水工程造价的2%计算；③节水工程的更新改造费用,指节水工程的设计使用期限短于水权转让期限时需重新建设的费用。

区域水权交易成本主要产生于输水工程。由于两个地区距离较远,输水工程较长,产生的成本在所有工程成本中占的比重最高。区域水权交易的输水工程费用主要包括：①输水工程建设费用；②输水工程的运行维护费,是指上述新增工程的维修及日常维护费用,维护费一般按照工程投资的一定比例提取,其比例的多少参照《水利建设项目经济评价规范》(SL 72—2013)及大型灌区已建工程,根据实际工程确定;③输水工程的更新改造费用,是指输水工程的使用期限短于水权交易期限时所必须增加的费用,该费用是达到输水工程寿命时的支出,需要对其折现。另外,如果水权交易期限过长,在交易期间须对输水工程进行多次更新改造,在计算水权交易价格时应将多次更新改造的费用全部折现。

2. 风险补偿成本

根据调度丰增枯减的原则,遇枯水年灌区用水量相应减少,但为履行水权交易合约,水权卖方要承担经水权分配获得少量水权还要保障水权买方用水的风险。由此,水权买方支付给水权卖方的水权交易价格应包含风险补偿成本。

特别是农业向工业交易水权的情况下,工业用水需要一定的保证率。为了保证工业用水,只能相应减少农业用水。这样在枯水年(不同保证率)来水下,农业用水均要相应地减少,造成灌区部分农田得不到有效灌溉,由此带来的农业灌区灌水量的减少引起农业灌溉效益的减少值,该补偿成本可以依据当地灌与不灌亩收益差进行补偿计算。

3. 生态补偿成本

生态补偿成本是指因水权交易对水权出让地环境等造成损失而应给予的补偿。水权交易对水权出让地区的河流、含水层和生态环境都会产生影响。对于灌区的水权交易,出让水权的灌区引水量减少,将产生地下水水位下降、植被减少、沙化等不利影响。因此,水权买方应对水权卖方进行补偿,水权交易价格应包含生态补偿成本。

4. 经济补偿成本

经济补偿成本是指区域间进行水权交易时,对水权出让地区放弃的用于其他方面可以获得的最大收益的补偿成本,即机会成本。

此外,水权交易还受到水权交易政策体制等因素的影响。本课题通过政策调整系数 α 反映水权交易政策体制对水权交易价格的影响。若当前的水权交易相关政策体制或具体水权交易规则有利于水权交易的达成,则水权交易成本降低,水权交易价格应偏低,此时 α 取较小数值,否则 α 取较大值。另外,为鼓励水权卖方节水积极性,应允许其合理收益,利益调整系数用 β 表示。

(二) 水权的全成本价格计算模型

采用全成本法对水权定价,水权交易价格 $P_{成}(Q)$(单位:元/m³)为:

$$P_{成}(Q) = \frac{C(Q) \times T \times (1+\alpha) \times (1+\beta)}{Q} \quad (12-1)$$

式中:$C(Q)$——水权交易成本(单位:元/a);

T——水权交易期限(单位:a);

Q——水权交易量(单位:m³);

α——政策调整系数;

β——利益调整系数。

下面分水权交易期限不大于节(输)水工程的使用寿命与交易期限大于节(输)水工程的使用寿命两种情况分别对水权定价模型进行讨论。

(1) 当 $T \leqslant T_S$ 时,其中 T_S 为节(输)水工程使用寿命,即水权交易期限不大于节(输)水工程的使用寿命时;

此时,节(输)水工程成本 $C_E(Q)$ 包括节(输)水工程建设费用 $C_{EC}(Q)$、节(输)水工程的运行维护费 $C_{EM}(Q)$,以及节(输)水工程的更新改造费用 $C_{EI}(Q)$。

所以,$C_E(Q) = C_{EC}(Q) + C_{EM}(Q) + C_{EI}(Q)$ \quad (12-2)

因此,水权交易涉及的总成本 $C(Q)$ 为:

$$\begin{aligned} C(Q) &= [C_E(Q) + C_{EO}(Q)] + C_R(Q) + C_B(Q) + i \cdot C_P(Q) \\ &= [C_{EC}(Q) + C_{EM}(Q) + C_{EI}(Q) + C_{EO}(Q)] + C_R(Q) + C_B(Q) + i \cdot C_P(Q) \end{aligned} \quad (12-3)$$

式中:

$C_E(Q)$——节(输)水工程成本(单位:元/a);

$C_{EO}(Q)$——工程成本中节(输)水工程以外的其他工程成本,如蓄

水、输(节)水工程等(单位:元/a);

$C_R(Q)$——风险补偿成本(单位:元/a);

$C_B(Q)$——生态补偿成本(单位:元/a);

$C_{EC}(Q)$——节(输)水工程建设成本(单位:元/a);

$C_{EM}(Q)$——节(输)水工程运行维护成本(单位:元/a);

$C_{EI}(Q)$——节(输)水工程的更新改造总成本现值(单位:元);

$C_P(Q)$——经济补偿成本(单位:元/a);

i——系数,对于节水工程 $i=0$,对于输水工程 $i=1$。

节(输)水工程的更新改造费用是从水权交易成本中提取的,以在节(输)水工程寿命结束时对工程进行重新建设。节(输)水工程的更新改造费用与水权交易期限有关,假设在节(输)水工程寿命结束时工程的价值为零,则

$$C_{EI}(Q) = C_{EC}(Q) \times \frac{T}{T_S} \tag{12-4}$$

所以,水权交易价格 $P_成(Q)$ 为:

$$P_成(Q) = \frac{\left\{C_{EC}(Q) \times \frac{T}{T_S} + [C_{EM}(Q) + C_{EO}(Q) + C_R(Q) + C_B(Q) + i \cdot C_P(Q)] \times T\right\} \times (1+\alpha) \times (1+\beta)}{Q} \tag{12-5}$$

(2) 当 $T > T_S$ 时,即水权交易期限大于节(输)水工程的使用寿命时;

此时,节(输)水工程成本 $C_E(Q)$ 包括节(输)水工程建设费用 $C_{EC}(Q)$、节(输)水工程的运行维护费 $C_{EM}(Q)$、节(输)水工程的更新改造费用 $C_{EI}(Q)$。

所以,$C_E(Q) = C_{EC}(Q) + C_{EM}(Q) + C_{EI}(Q)$

同时,水权交易期限大于节(输)水工程的使用寿命时,节(输)水工程建设费用 $C_{EC}(Q)$ 将成倍增加。此时,节(输)水工程将建设的次数为 $\frac{T}{T_S}$ 的整数部分减1,即为对 $\frac{T}{T_S}$ 取下整函数。另外,超出整数的交易期

限部分随着交易期限的延长均匀增加。

即 $C_{EI}(Q) = C_{EC}(Q) \times \left[\dfrac{T}{T_S} + \dfrac{T - T_S \cdot \dfrac{T}{T_S}}{T_S} \right]$ (12-6)

其中：[ ]为取下整函数。

所以，水权交易价格 $P_{成}(Q)$ 为：

$$P_{成}(Q) = \dfrac{\left\{ C_{EC}(Q) \times \left[\dfrac{T}{T_S} + \dfrac{T - T_S \cdot \dfrac{T}{T_S}}{T_S} \right] + C_{EM}(Q) + C_{EO}(Q) + C_R(Q) + C_B(Q) + i \cdot C_P(Q) \right\} \times T \times (1+\alpha) \times (1+\beta)}{Q}$$ (12-7)

综合上述两种情况，确定同一地区内部水权交易的水权定价模型为：

$$P_{成}(Q) = \begin{cases} \dfrac{\{C_{EC}(Q) \times \dfrac{T}{T_S} + [C_{EM}(Q) + C_{EO}(Q) + C_R(Q) + C_B(Q) + i \cdot C_P(Q)] \times T\} \times (1+\alpha) \times (1+\beta)}{Q}, & T \leqslant T_S \\[2em] \dfrac{\{C_{EC}(Q) \times \left[\dfrac{T}{T_S} + \dfrac{T - T_S \cdot \dfrac{T}{T_S}}{T_S}\right] + C_{EM}(Q) + C_{EO}(Q) + C_R(Q) + C_B(Q) + i \cdot C_P(Q)\} \times T \times (1+\alpha) \times (1+\beta)}{Q}, & T > T_S \end{cases}$$ (12-8)

（三）水权全成本价格计算实例——以武威市为例

武威市包括凉州区、民勤县、古浪县、天祝藏族自治县，总面积 3.3 万 km²，共有 93 个乡镇、1 125 个村，共计约 192 万人，其 90% 以上的人口和经济总量分布在石羊河流域。

武威市自西向东由西营河、金塔河、杂木河、黄羊河、古浪河、大靖河 6 条河流组成,多年平均来水量为 10.287 亿 m³,地下水 0.986 亿 m³,水资源量平均为 11.273 亿 m³,人均水资源占有量 600 m³ 略多,为全省人均水资源占有量的 1/2,全国的 1/3。该地区多年平均降水量仅 113～410 mm,蒸发量却有 1 548～2 645 mm,平原干旱指数为 5～25,是极典型的资源性缺水地区。

由于长期干旱缺水,人们不得不大量开采地下水以弥补地表水资源的短缺,这就导致了地下水严重超采和生态的持续恶化,人口与资源、环境之间的矛盾已十分尖锐。以水权交易的方式缓解当地的水资源危机已经迫在眉睫,而确定合理的水权交易价格范围将为当地水权交易提供一个可靠的依据。

1. 工程成本

①节水工程建设成本。武威市节水工程建设成本约 49 900 万元,其他工程成本 2 479.43 万元,总计建设成本 $C_{EC}(Q)$=52 379.43 万元;

②节水工程运行维护成本。节水工程的维护费用可按其建设成本的 2% 计,则维护成本 $C_{EM}(Q)=C_{EC}(Q)\times 2\%$=52 379.43 万元×2%=1 047.59 万元;

③节水工程更新改造成本。根据相关资料,武威市水权交易平均期限 T=20 a,节水工程的平均使用寿命 T_S=15 a。由于 $T>T_S$,代入公式(12-6)得节水工程更新改造成本 $C_{EI}(Q)$=52 379.43 万元×0.33=17 285.21 万元。

2. 风险补偿成本

由李金晶等编写的《黄河水权转换农业风险补偿费用测算方法研究》一文中给出的农业风险补偿成本计算方法,灌区在枯水年实施节水后的灌溉定额为 3 598.20 m³/hm²,灌区灌与不灌收入差值为 9 420 元/hm²,补偿耗水 239.52 万 m³,计算得风险补偿成本为 627.06 万元。

3. 生态补偿成本

一般情况下生态补偿成本按水工建筑安装成本的 0.5% 计,则生态补偿成本 $C_B(Q)$=49 900 万元×0.5%=249.50 万元。

4. 经济补偿成本

由于所研究水权交易项目为石羊河流域武威地区内部的水权交

易,不存在两地区间水权交易对当地经济状况的影响,故该成本可忽略不计。

5. 调整系数的确定

水权交易中政策调整系数 α 的范围一般为 2%～6%,由相关专家的意见本研究将武威市的政策调整系数暂定为 4%;利益调整系数 β 的取值范围一般为 8%～12%,本研究根据当地情况暂定为 9%。

综上,武威市水权交易全成本价格的相关构成部分见表 12-1。

表 12-1　石羊河流域武威市水权交易成本

节水工程建设(万元)	节水工程运行维护成本(万元)	节水工程更新改造成本(万元)	风险补偿成本(万元)	生态补偿成本(万元)	政策调整系数	利益调整系数
52 379.43	1 047.59	17 285.21	627.06	249.50	4%	9%

综上可得,基于全成本的武威市水权交易价格为 $P_{成}(Q)=0.216$ 元/m³。

这里得出的水权交易的全成本价格为后续水权协商和竞价提供了必要的基础和参考,全成本价格是区域水权交易协商的基本价格,同时也是行业间水权交易竞价的报价起点。后续无论区域水权的协商定价或是行业间水权交易的竞价,在发挥市场机制作用的同时,均不能完全脱离水权的全成本价格。

第三节　区域水权交易的"成本+协商"定价机制

(一) 协商定价的价格区间

区域水权交易过程中,交易的双方政府进行协商是确定水权交易价格的有效途径。协商过程中,价格并非凭空产生,交易双方首先必然考虑水权的基础价格,水权的基础价格是水权交易过程中产生的基本费用,包括因水权交易而产生的直接和间接费用,即水权交易的全成本价格,即上一节中计算的 $P_成(Q)$。按照价值规律,水权的价格围绕其价值波动,形成过程受到供求关系、交易期限等因素的影响,协商所得的最优水权价格必然是在基础价格之上,同时体现水权市场供求关系均衡时的合理利润及必要税金。

1. 价格区间形成

在进行水权交易协商时,价格协商是在一个能够为买卖双方共同接受的区间范围内进行的,这个区间是交易主体通过对外界信息和自身信息的了解后双方在交易过程中各自认为可接受价格范围的共同部分。双方在这个区间范围内为了达成交易而相互进行沟通和协商,如果双方经过对自身情况的评估和对外界信息的了解后,各自的估价区间仍然没有交集,则不可能达成交易。

一般认为,对于卖方来说,在水权交易市场上的选择有两种:接受交易价格卖出水权,不接受交易价格把水权保留自用。其实,卖方还有第三种选择,即根据历年水权交易的时间分布和价格情况,并结合当年的水文预报情况和未来一段时间内的天气预报情况,从而对将来一段时间内的水权市场进行预期后,决定将水权保留到下一次交易机会到来时再次拿到水权市场上进行交易。卖方在考虑自用价值、交易成本、保留水权过程中水资源的损失等因素的前提下,在交易价格越高越好的心理预期下,会报出卖出价 $P1$。与卖方一样,作为水权的买者在水权交易市场上同样有三种选择:和当前的卖方进行水权交易、不购买、等到下个阶段的时候购买其他卖方的水权。同样,作为买方也可以根据已往的水权交易情况和价格,结合当年的水市场状况和未来一段时间内的水文以及天气预报情况,预期将来一段时间内与其他卖者进行交易的价格。在实际中这种情况的确是存在的,比如农民用水合作组织可能在非灌溉季节需水较少或者在雨季靠天然降雨维持了农作物的生长,而会以一个更低的价格将分配给它的水权拿到市场上与工业用水户进行交易。当买方选择等待带来的水权价格降低的数值比等待带来的损失还要小的时候,买方选择现在交易,否则买者宁愿等到下个时期再进行交易以获取更大的净收益,买方考虑上述综合因素后会报出买入价 $P2$。那么在正常情况下,$[P2,P1]$ 即为水权转让双方协商模式下的水权价格区间。

2. 成交价格确定

根据我国目前的现实情况,区域水权交易受到空间因素的限制,如果供需双方距离太远且又不在一个流域内,水权交易基本无法实现,而即使是相邻区域的水权交易,很大程度上也依赖与水利设计及水利工程的"无缝对接"。空间因素使得水权交易得以实现的供求双方数量有限,同时加上水权使用目的限制、市场供求等因素,在区域水权交易过程中,作为水权的卖方,很难寻找到多个买方,同时买方在水权市场找到多个卖方的可能也非常小。因此,在水权交易双方协商的过程中,买卖双方都拥有讨价还价的能力和地位,在$[P2,P1]$的价格区间内,买卖双方根据自身力量对比,进行多回合的协商,最终形成交易价格。

区域水权交易成交的关键,是交易双方能否就价格达成一致,这个成交价格应该是公平合理的价格,是双方都能接受的。这个交易价格应该以水权价格评估机构评估的水权全成本价格$P_成(Q)$为参考,并且要把交易双方的相关经济利益以及其他影响因素考虑进来,即成交价格是围绕水权评估价格$P_成(Q)$波动一定幅度,这一增值幅度取决于双方对水权的预期。水权的评估价格$P_成(Q)$并不能取代双方进行协商谈判和相互之间讨价还价的影响,在水权交易过程中,转让方总是希望能够提高成交的价格,而受让方总是希望能够以较低的价格获得较高的收益,因而双方就有协商谈判的空间,双方根据自己对水权的预期,不断地进行讨价还价,最终成交。

此外,由于区域水权具有属地所有的属性,可以参考《企业国有产权转让管理暂行办法》第十三条规定:"在产权交易过程中,当交易价格低于评估结果90%时,应当暂停交易,在获得相关产权转让批准机构同意后方可继续进行。"制定如下规定:在水权交易过程中,当水权交易价格低于评估价格$P_成(Q)$的90%时,应该暂停交易,在获得相关水利主管部门同意后方可继续进行。这样,水权交易是以评估价格$P_成(Q)$为基础进行协商谈判来确定的。

(二) 协商价格确定模型

本部分将从水权买卖双方的期望收益函数的视角,建立数学模型进行分析,发掘区域水权协商交易这一交易方式的交易价格和报价行为的特点。

1. 模型假设

为了便于数理模型的建立,作如下假设:

(1) 水权界定清晰,这是水权交易的前提条件。

(2) 水权转让方和受让方都具有谈判的动力,具体表现为在谈判中向着促成交易的方向进行。

(3) 协议转让中,转让方和受让方是相互独立的两方。

(4) 在通过协议转让方式进行的水权交易中,相对于其他成本而言,交易所的佣金及服务管理费用相对比较明显。因此本研究可以作这样的合理假设,通过协议转让方式进行的水权交易完成的整个过程中主要产生交易佣金成本,即指买卖双方支付的中介服务及管理费用。

(5) 将水权交易过程看成是多回合的交易,每回合开始时,买卖双方先进行报价,接着进行讨价还价,交易不成功时再进行下一回合的报价和讨价还价,依次循环。

(6) 水权交易随着谈判轮次的增加,双方都将因此付出一定的代价,表现在报价上即为双方的报价都有妥协空间,令第 n 轮谈判中卖方的妥协因子为 $\delta_s^n(n=1,2,3\cdots)$,买方的妥协因子为 $\delta_b^n,(n=1,2,3\cdots)$,$(0\leqslant\delta_s^n\leqslant1,\delta_b^n\geqslant1)$。

(7) 协议转让时,水权出让方先行出价,由水权受让方选择接受还是拒绝,拒绝时,双方的收益为零,这里不做讨论。本研究重点讨论讨价还价的交易过程。

2. 模型推导

通过协议转让方式进行的水权交易实质上是一个多轮讨价还价的协商谈判过程。协议转让进行过程中,最后成交价格的确定应该从转让方和受让方两方的角度进行考虑,而不应该只是一方,所以成交价格的确定是在受让方所能够承受的最高价格和转让方能够承受的最低价格之间协商谈判的结果。

通过协议转让方式进行的水权交易可以描述如下:水权卖方和买方在水权市场中相互搜寻,以便完成水权交易。假设 (P_s,P_b) 表示水权卖方和买方各自对目标水权的估值或保留价,即 P_s 表示所交易的水权对卖方的价值,P_b 表示所交易的水权对买方的价值。$P_{成}(Q)$ 表示第三方评估机构对水权的一个公正的全成本评估价,$P_s>P_{成}(Q)$,这样卖方才能保证水权保值增值的可能性。协商谈判后双方最终确定的合同价格记为 P,若 $P_s \geqslant P_b$,则称买卖双方具有协商谈判动力,并且 $P_s \geqslant P \geqslant P_b$。给定 $P_s \geqslant P_b$,如果 $P_b \geqslant P_{成}(Q)$,则水权保值增值成功;如果 $P_s < P_{成}(Q)$,则根据协商谈判的结果来比较 P_b 和 $P_{成}(Q)$,$P \geqslant P_{成}(Q)$ 则水权保值增值成功,$P < P_{成}(Q)$ 则水权价值出现流失,流失量为($P_{成}(Q)-P$)。若 $P_s < P_b$,则双方成交,水权增值成功。以上各种情况的讨论见表 12-2。

表 12-2 水权保值增值讨论结果

P_s 与 P_b 比较	P_b 与 $P_{成}(Q)$ 比较	P 与 $P_{成}(Q)$ 比较	水权保值增值情况
$P_s \geqslant P_b$	$P_b \geqslant P_{成}(Q)$	$P_b \geqslant P_{成}(Q)$	保值增值
	$P < P_{成}(Q)$	$P \geqslant P_{成}(Q)$	保值增值
		$P < P_{成}(Q)$	水权流失
$P_s < P_b$	$P_b > P_{成}(Q)$	$P > P_{成}(Q)$	增值

下面我们对 $P_s \geqslant P_b$,$P_b < P_{成}(Q)$ 情况下买卖双方讨价还价的过程作具体分析研究。

首先,给出部分数学符号说明:

P_s^1:表示首回合中卖方的报价,它是 P_s 的价格函数,即卖方要根据 P_s 来进行报价,以后的回合中卖方报价用 P_s^i 表示;

P_b^1:表示首回合中买方的报价,它是 P_b 的价格函数,即买方要根据 P_b 来进行报价,以后的回合中买方的报价用 P_b^i 表示。

一般而言,报价越接近估计值的平均值(μ_s 或 μ_b),它的概率就越大;而在报价的下界($\underline{P_s}$ 或 $\underline{P_b}$)和上界($\overline{P_s}$ 或 $\overline{P_b}$),它的概率较小。我们可以认为,报价满足近似正态分布 $N(\mu_s,\sigma_s)$ 或 $N(\mu_b,\sigma_b)$,这样的分布是符合现实情况的。相应的分布密度函数的简单示意图如图 12-2。

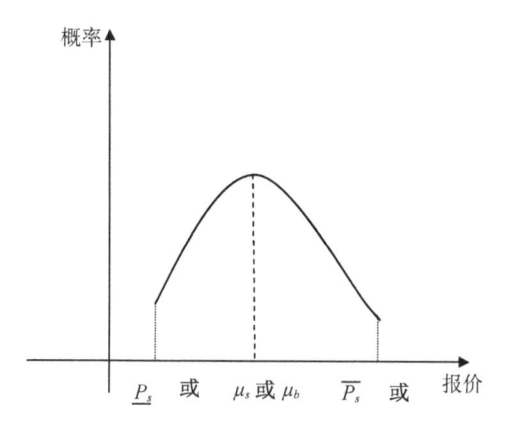

图 12-2 双方报价的分布密度函数简单示意图

以卖方为例，假设卖方的报价 P_s^i 服从 $[\underline{P_s},\overline{P_s}]$ 上的正态分布 $N(\mu_s,\sigma_s)$，即概率密度函数为：

$$f_s(P_s^i)=\begin{cases}\dfrac{1}{\sqrt{2\pi}\sigma_s}\exp\left(-\dfrac{(P_s^i-\mu_s)^2}{2\sigma_s^2}\right), & P_s^i\in[\underline{P_s},\overline{P_s}]\\ 0,\text{其他}\end{cases}$$

同理也可以得到买方的概率密度函数：

$$f_b(P_b^i)=\begin{cases}\dfrac{1}{\sqrt{2\pi}\sigma_b}\exp\left(-\dfrac{(P_b^i-\mu_b)^2}{2\sigma_b^2}\right), & P_b^i\in[\underline{P_b},\overline{P_b}]\\ 0,\text{其他}\end{cases}$$

令 $R_s\in[0,+\infty]$，$R_b\in[0,+\infty]$，R_s 和 R_b 分别代表双方的交易强度，它们衡量了买卖双方寻求交易的努力程度。同时令 R_s 和 R_b 在水权交易市场上相遇的概率为 $\theta=h(R_s,R_b)$，$\theta\in[0,1]$，且 R_s 和 R_b 是相互独立的，即一方增加交易强度不影响另一方的交易强度选择。

假设 $g(P)$ 为交易佣金成本，依据水权交易平台的服务费用收取标准，交易佣金随着成交水权的价格而变化，$g(P)$ 为 P 的线性函数：

$$g(P)=a_0P+a_1 \tag{12-9}$$

其中，a_0 称为交易佣金收取率，它衡量了水权交易平台带来的交易成本的比例大小，a_1 为常数。

整个交易过程中以全成本价格 $P_{成}(Q)$ 为依据,当竞价低于某一值时,卖方可以取消挂牌。于是 $P_s \in [\lambda P^*, \overline{P_s}]$,相应地有 $P_b \in [\lambda P^*, \overline{P_b}]$,其中 $0 < \lambda < 1$。

因此,协议转让方式下,买卖双方的首轮讨价还价中,卖方的期望收益函数为:

$$\max_S U_s(P_s^1, R_s) = \int_{\lambda P^*}^{P_i} (P_s^1 - P_s) h(R_s, R_b) f_s(P_s^1) \mathrm{d}P_s - (a_0 P + a_1) \tag{12-10}$$

同理,买方的期望收益函数为:

$$\max_b U_b(P_b^1, R_b) = \int_{\lambda P^*}^{P_i} (P_b^i - P_b) h(R_s, R_b) f_b(P_b^1) \mathrm{d}P_b - (a_0 P + a_1) \tag{12-11}$$

若第一轮未成交,以后,在第 i 轮的讨价还价中,卖方的期望收益函数为:

$$\max_S U_s(P_s^i, R_s) = \int_{\lambda P^*}^{\overline{P}} (\prod_{j=1}^{i-1} \delta_s^i P_s^i - P_s) h(R_s, R_b) f_b(P_b^i) \mathrm{d}P_b - (a_0 P + a_1) \tag{12-12}$$

同样地,买方的期望收益函数为:

$$\max_b U_b(P_b^i, R_b) = \int_{\lambda P^*}^{\overline{P_b}} (P_b - \prod_{j=1}^{i-1} \delta_s^i P_s^i) h(R_s, R_b) f_b(f_b^i) \mathrm{d}P_b - (a_0 P + a_1) (i = 2, 3, 4 \ldots) \tag{12-13}$$

若首轮成交,则有 P_s^i, P_b^1 同时满足(12-10)、(12-11)式,且有 $P = P_s^1 = P_b^1, P > \lambda P_{成}(Q)$。若首轮不成交,卖方可重新挂牌,根据水权交易平台规定,当交易价格低于全成本评估值 $P_{成}(Q)$ 的 90% 时,应当暂停交易,在获得相关水权转让批准机构同意后方可继续进行,也即 $\lambda = 0.9$。在通过协议转让方式进行的水权交易中,$\inf P_s^i = 0.9 P_{成}(Q)$,即卖方报价不会一直降低,其下界是 $0.9 P_{成}(Q)$。交易双方就价格进行协商,其报价之差不断地缩小,当双方的报价趋于一致时,交易即成功,因此买卖双方的报价变化过程如图 12-3。

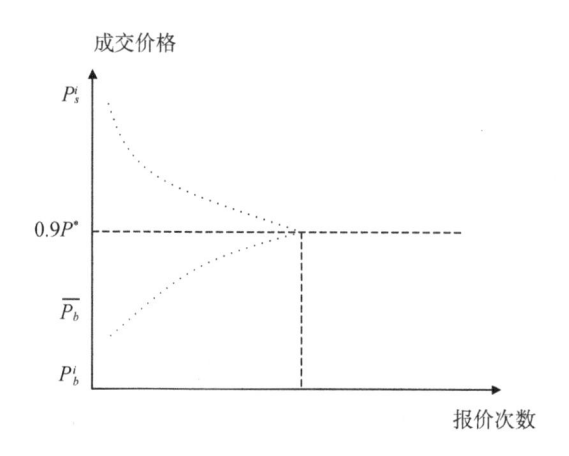

图 12-3　通过协议转让方式进行的水权交易双方报价变化图

（三）定价流程

1. 流程

（1）区域水权交易主体达成交易意向，原则上建议通过水交所平台或所在地水权收储转让中心等水权交易平台进行交易，交易主体填写《水权交易申请书》，提供身份证明、相关地方人民政府的授权文件以及达成的意向协议等材料。交易主体中的受让方，还应在一定期限内向水权交易平台缴纳保证金。

（2）水权交易平台对交易主体提交的材料进行形式审查，不进行挂牌。

（3）水权交易平台委托专业机构对区域水权交易的成本进行评估，主要包括输水工程建设费用（包括节水主体工程及配套工程、量水设施等建设费用）、输水工程和量水设施的运行维护费用（按国家有关规定执行）、输水工程的更新改造费用（指输水工程的设计使用期限短于水权转让期限时需重新建设的费用）、工业供水因保证率较高致使农业损失的补偿费用、必要的经济利益补偿和生态补偿费用以及国家和当地规定的其他费用等。

（4）水权交易平台根据专业机构的成本评估价，组织出让方与受让方进行价格协商，协商过程以高于成本评估价为起点进行磋商。经过多轮讨价还价,交易双方达成一致的价格时,水权交易平台与转让方、受让方签订三方协议。

(5) 水权交易协议签订后,受让方按照收费标准向水权交易平台缴纳交易服务费,并要按协议规定按时足额向结算账户存入交易价款,保证按协议约定完成支付。受让方缴纳的保证金可转作交易服务费和交易价款。水权交易平台在收到交易服务费,并确认交易价款结算完成后,向双方出具《水权交易鉴证书》。水权交易平台将交易协议和《水权交易鉴证书》及时书面告知有管理权限的水行政主管部门。交易主体应当按照取水许可管理的相关规定申请办理取水许可变更等手续。水权交易完成后,项目名称、交易水量、交易期限、交易价格等相关信息在水权交易平台官方网站公告。

定价流程如图 12-4 所示。

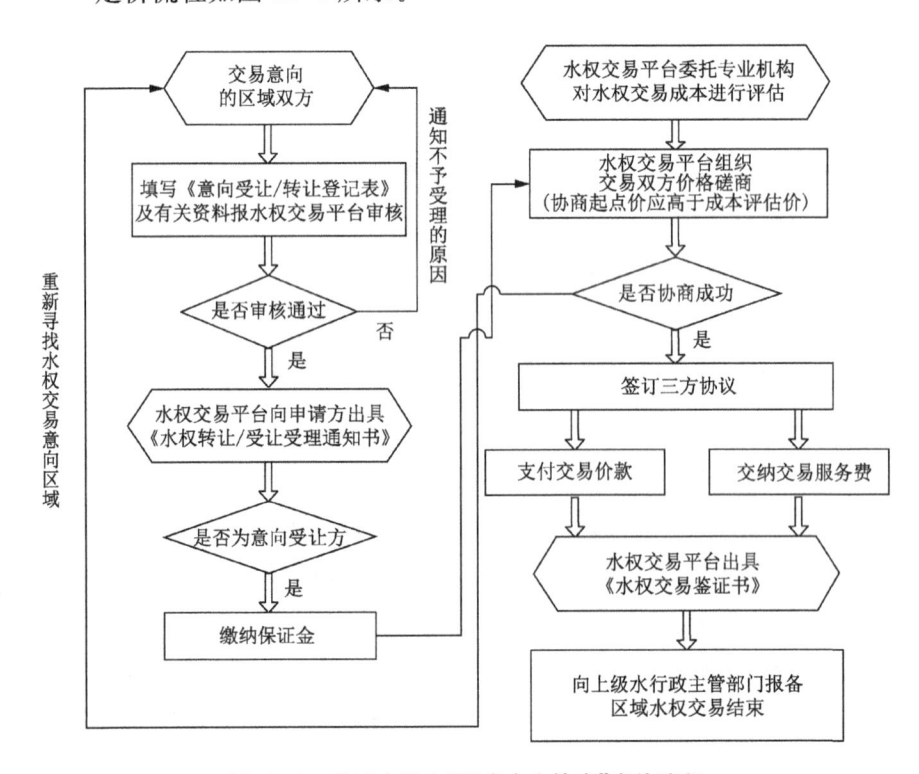

图 12-4 区域水权交易"成本+协商"定价流程

2. 各方职责

(1) 政府

区域水权交易设计范围大、敏感性强,为保障区域水权交易顺利进行,尽量降低对第三方及公共利益的损害。县级以上地方人民政府水行政主管部门应当按照管理权限加强对区域水权交易实施情况的跟踪管理,加强对相关区域的农业灌溉用水、地下水、水生态环境等变化情况的监测,并适时组织开展区域水权交易的后评估工作。县级以上地方人民政府水行政主管部门对水权交易行为进行监督管理,接受本辖区内下一级区域间的水权交易备案,流域管理机构接受跨省交易但属本流域管理机构管辖范围的区域水权交易备案,国务院水行政主管部门接受跨流域水权交易备案。

(2) 水权交易平台

区域水权交易原则上通过水权交易平台开展。水权交易平台主要职能有制定水权交易的业务规则,为水权交易提供相应的场所和设施,对水权交易进行组织和监督,对市场信息进行管理与公布。水权交易平台应负责:

其一,对交易主体提供的相关材料进行形式审核;

其二,通过交易平台公告水权转让、受让意向,寻求确定交易对象,明确可交易水量、交易期限等事项;

其三,负责或委托其他具备相应能力的机构对水权交易的成本价进行评估,并以此评估价为基准价格,组织交易的区域双方进行协商定价;

其四,组织交易的区域双方签订交易协议,向双方出具《水权交易鉴证书》。以便于交易双方向有管辖权的水行政主管部门或者流域管理机构备案;

其五,区域水权交易完成后,负责在其网络平台公告项目名称、交易水量、交易期限、交易价格等相关信息。

(3) 交易双方

交易主体填写《水权交易申请书》,提供身份证明、相关地方人民政府的授权文件等材料。在交易协议签订之日后,及时按照收费标准向水交所缴纳交易服务费,受让方签订交易协议后要及时足额向结算账户存入交易价款,保证按协议约定完成支付。交易主体持交易协议和水权交易平台出具的《水权交易鉴证书》向有管辖权的水行政主管部门或者流域管理机构备案。

第四节 行业间水权交易的竞价机制

(一) "一对多"交易定价机制

1. 场内水权竞价模式

(1) 场内水权竞价交易应采取水权交易平台的形式

水权交易平台是制定水权交易的业务规则、提供水权交易的场所和设施、组织和监督水权交易、管理和公布市场信息的一个以盈利为目的的企业法人,是水权交易市场的中心。水权交易平台以会员制的形式开展工作,交易者必须到营业部开立资金账户和办理指定交易。凡是在水权公司交易的为场内交易,它有以下特点:

①具有集中、固定的交易场所和严格的交易时间,水权交易以公开的方式进行,有利于扩大交易规模、降低交易成本、促进市场竞争、提高交易效率;

②交易者为交易所辖区内的用水户,一般自然人不能直接在水权交易平台交易;

③水权交易平台具有严密的组织、严格的管理,须定期真实地通报全国、流域以及流域内各区域的水权情况,水权的成交价格是通过公开竞价决定的,交易的行情向公众及时传播。

(2) 网上/电子竞价系统

互联网交易是水权交易方式构建过程中不可忽视的一个领域。互联网的日益普及、互联网用户的几何式增长,为网上水权交易提供了可能性。网上水权交易是指用水户利用互联网资源,获取水权信息、即时报价,分析市场行情,并通过互联网委托下单,实现实时交易。

水权交易平台应采用网上水权交易平台的技术手段,建立以流域为单元的、以互联网为交易技术基础的水权交易网络。用水户可以登录网站,查看水权交易信息。

临时性的水权交易,可通过互联网直接通过申报价格的形式买卖水权;长期或永久性的水权交易或转让,应根据其他人在互联网上公布的信息进行联系,在达成交易意向后,要将数量、价格等交易条款按照特定的格式,买卖双方共同申请上报流域水权交易平台,水权交易平台再报给流域水权监管机构,经详细论证并获核准后,双方的买卖合同随即生效。为了保证网上公布信息的可信性、防止成交后不交割等不诚信的事件的发生,水权交易平台应要求只有注册会员才能登录发布信息、公布要约,并对会员的注册信息进行严格审核,保证注册信息的真实性。

网上水权交易应定位为为流域内的有资格的用水户提供交易服务。网上水权交易具有以下三点优势。

①提高了市场运行效率,降低了水权交易成本。网上水权交易市场的建立,将减少传统市场交易的中间环节,从而简化原有的操作流程,减少各种费用;降低信息交换成本,提高市场监管效率;降低了市场运行的社会成本。

②网上水权交易打破了时空限制,扩大了服务客户的区域和水市场的覆盖面。

③克服市场信息不充分的缺点,提高资源配置效率,提供快速方便的信息服务。

2. 水权交易的竞价模型

水权交易竞价方式是指在水权交易平台公开挂牌后,经征集产生两个以上意向受让方时,转让方根据交易水权的具体情况,以及意向受让方的具体情况,采取竞价的方式组织实施水权交易。

(1) 水权竞价交易方式的模型假设

① 通过竞价交易方式进行的水权交易,包括一个水权转让方和 m ($m \geqslant 2$) 个意向受让方。每个水权意向受让方 k 对水权的估值为 v_k,($k=1,2,3,\cdots,m$)。要保证水权交易进行,则 $v_k \in [0.9P^*, v_k]$,即交易底价为 $0.9P_{成}(Q)$。

② 水权意向受让方独立同分布,且 v_k 为私人信息。$F(v \geqslant 0.9P_{成}(Q))$ 是水权意向受让方出价的概率分布函数,所有受让方的出价必须大于等于 $0.9P_{成}(Q)$。

③ 水权意向受让方之间相互独立且非合作,在竞价过程中,不存在合谋行为。

(2) 竞价过程的模型推导

$P_{b,k}$ 是水权意向受让方 k 的报价,$0.9P_{成}(Q)$,相当于底价为 $0.9P_{成}(Q)$,且 $P_{b,k}$ 是 v_k 的单调递增函数,即 $P_{b,k}(v_k)$。

若水权意向受让方 k 赢得标的,则其余水权意向受让方的报价 $P_{b,i}$ 不大于 $P_{b,k}(k \neq i)$,即 $P_{b,k} \geqslant P_{b,i}(k \neq i)$。

水权意向受让方赢得水权的概率 $P(P_{b,k} \geqslant P_{b,i}(k \neq i)) = \prod\limits_{k=1(k \neq i)}^{m} F(P_{b,k})$

$$p(P_{b,k} \geqslant P_{b,i}(k \neq i)) = F^{m-1}(P_{b,k})$$

水权受让方的收益是它的估值减去报价,估值为 v_k 的意向受让方 k 出价 $P_{b,k}$,它的期望收益函数:

$$U_{b,k} = (v_k - P_{b,k})p(P_{b,k} \geqslant P_{b,i}(k \neq i))$$

也即 $U_{b,k} = (v_k - P_{b,k})F^{m-1}(P_{b,k})$

由极值条件:

$$\frac{\partial U_{b,k}}{\partial P_{b,k}} = 0$$

得: $F^{m-1}(P_{b,k}) + (v_k - P_{b,k})(m-1)F^{m-2}(P_{b,k})F'(P_{b,k}) = 0$

求解得:

$$P_{b,k} = v_k - \frac{F}{(m-1)F'}$$

即第 k 个水权意向受让方的报价为其对水权估值 v_k 减去 $\frac{F}{(m-1)F'}$。

从水权竞价转让方式的模型可以看出,参与竞价的意向受让方 m

增加时，$\left(-\dfrac{1}{m-1}\right)$增大，水权成交的报价 $P_{b,k}$ 会增大，即转让收益会增加。特别地，当 $m\to\infty$ 时，$P_{b,k}\to v_k$，即水权的报价趋于所有水权意向受让方中的最高估值（水权意向受让方的估值不同于报价，估值是意向受让方根据自身的受让条件以及水权的潜在收益等综合考虑下的价格）。

定义 $\left(-\dfrac{1}{m-1}\right)$ 为水权竞价转让的溢价系数，表现为水权报价逐渐接近意向受让方中最高估值的过程，$\dfrac{1}{(m-1)^2}$ 为溢价导数。

表 12-3 水权竞价的溢价系数和溢价导数

水权意向受让方数量(m)	溢价系数 $\left(-\dfrac{1}{m-1}\right)$	溢价导数 $\left[\dfrac{1}{(m-1)^2}\right]$
2	−1	1
3	−1/2	1/4
4	−1/3	1/9
5	−1/4	1/16
6	−1/5	1/25
7	−1/6	1/36
…	…	…
∞	0	0

从表 12-3 中可以看出，溢价导数始终大于零，也就是说，水权交易中转让方的收益始终是增加的，但是增加的速度是逐渐变小的。现实中的解释为：在水权竞价的初始阶段，水权溢价的效果是非常明显的，各个意向受让方报价增加的幅度是比较大的。但是，当价格达到一定的高度时，其增加的幅度将会慢慢减小，甚至在竞价的最后阶段，报价的微小变化都能改变竞价的局势。

增大参与水权竞价的意向受让方数目，增强水权受让方之间竞争的激烈程度，能够有效地实现水权资产的保值增值。参与竞价的水权意向受让方数目越多，最终成交的水权报价将越接近于所有意向受让方中的最高估值。估值并不是报价，它是受让方对交易水权标的的估值或保留价。水权受让方参与竞价,对水权进行估值时,要考虑到企业的发展前景、用水效益和水权的潜在收益,因为各个受让方的水权用途不同,所以估值也各不相同。有的受让方可能是高利润的能源企业,其用水效益普遍高于社会一般用水单位,因而其估值会相对较高,而有的水权受让方用水效益不明显,估值会相对较低。

水权竞价方式与协议转让方式相比,实际上也是一种报价方式的交易,只不过是水权转让方先行报价,而且只报价一次(起拍价,价格为水权价格评估机构的评估价格)。在协议转让方式中,水权交易可能由于交易轮次的增加,报价出现折扣而失败。而竞价转让则是以水权评估价格为基准,在此基础上进行竞争,有利于水权的保值增值。

(二)"多对多"交易定价机制

1. 交易机制

(1) 集市型水权交易概述

当存在多个水权买方和多个水权卖方时,可通过水权交易平台,采用"定期集市"的形式,撮合买水和卖水的交易信息,促成水权交易。水权持有者登录网站系统,提交买/卖水申请,经水行政主管部门审核通过后,用户的买/卖水申请进入集市交易系统。水权集市根据用户提出的买/卖水价格和水量,进行交易撮合和买卖匹配。买卖匹配成功后,则水权交易撮合完成。水权交易集市定期开市。开市之前,用户需将水权交易申请提交水权交易平台以备参加集市。

集市交易完成后,所有成功的买水者向水权交易平台支付买水资金,水权交易平台将买水资金收齐后统一支付给卖水者,并变更买卖双方的取水许可或年度配水量。集市型行业间水权交易及价格形成过程示意图如图12-5所示。

(2) 集市型水权交易的主体

①卖方

卖方应是水资源使用权的合法持有者,主要是依法取得取水许可的持证者,包括:拥有水权使用证的农民用水合作组织;持有取水许可的生产性用水单位等。卖方可出售的水量为其水权证或取水许可上标

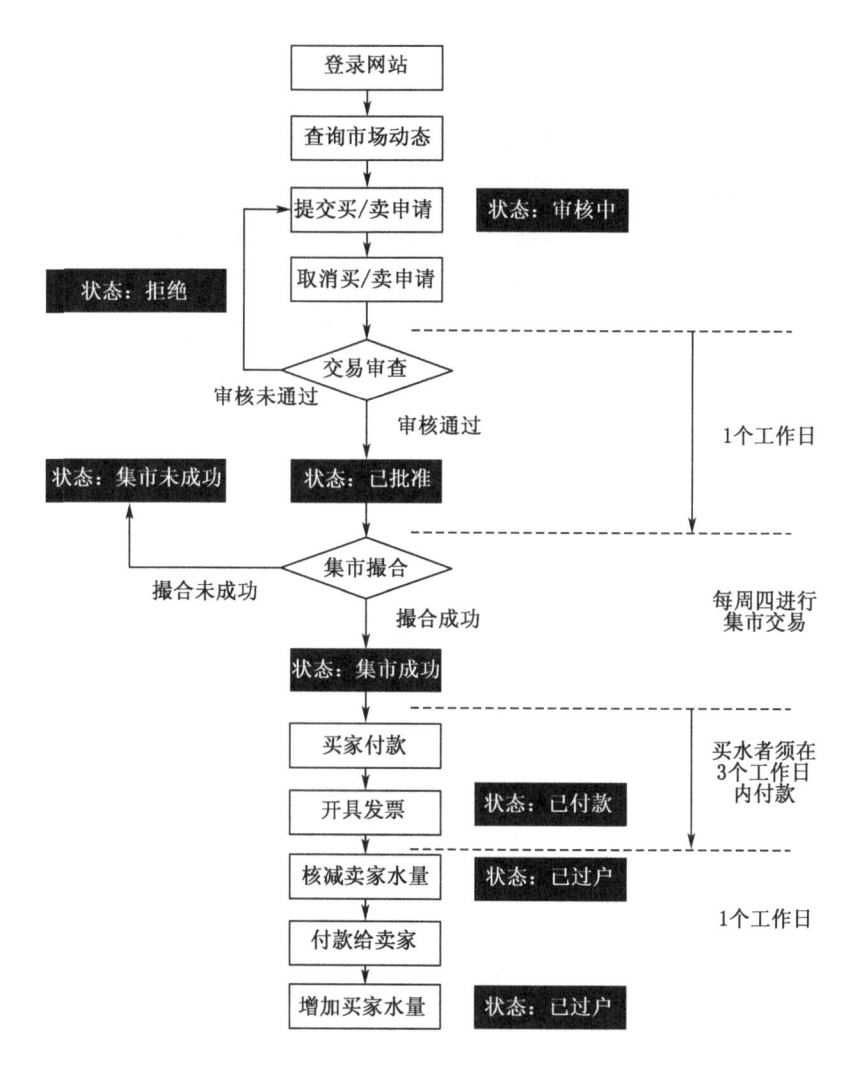

图 12-5 集市型水权交易及价格形成过程示意图

明的地表及地下水权量。农民用水者协会可出让的水权应小于其管辖范围内的可用水及输水损失总量。

②买方

买方必须在水行政主管部门注册并通过授权后，才能入市购买水量。

2. 模型机理

集市型水权交易源于股票交易中的集合竞价，通过集市对多个买家和多个卖家的报价进行统一撮合,形成市场均衡价格。但是,由于水资源所具有的流动性、外部性、来水不确定性以及公共资源的属性,导致水权交易与股票交易相比需要更加复杂的审批和监管机制以及更加全面的信息内容披露,并需要从时间和空间上对交易进行合理匹配。充分考虑水资源特性,是股票交易算法在水权交易中应用的研究关键,是水权交易算法研究的重要方向。集市型水权交易是多人共同进行水权交易的一种方式,主要基于智能市场技术,通过计算机模型进行市场操作,在资源管理领域具有广泛的应用。在集市型水权交易中,买卖双方背对背地提交交易申请,并在集市中进行统一的撮合交易确定成交价格。集市型水权交易以最大成交量原则与最小成本原则来对集市中的水权交易进行定价和交易匹配。水权交易的参与者提交交易申请后,集市算法在价格约束与水量约束下,搜寻最大交易量以及其对应的边际卖家与边际买家,以两者的平均价格为最终成交价格。这种报价方式契合了行业间水权交易定价,由节水农户与需水企业双方报价,最终达成交易,实现双方的收益最大化。

这种方法不需要历史数据为基础,只要求交易双方在保证效用最大化的基础上报价,且甲乙双方会充分考虑全成本价格因素。

3. 模型设计

(1) 交易模型

通过分析集市型水权交易的具体交易原则和交易机制建立数学模型。

目标函数:

$$\max s. \tag{12-14}$$

其中 s 代表边际买家的排序。根据集市型水权交易成交原则,模型以集市中实现交易的水量最大为目标函数。通过最大化交易成功的边际买家的排序,表征交易水量最大目标。

约束条件:

价格约束为

$$X_t \leqslant Y_s \tag{12-15}$$

水量约束为
$$\sum_{i=1}^{t}\alpha_i \geqslant \sum_{j=1}^{s}\beta_j \tag{12-16}$$

整数约束为
$$i=0,1,\cdots,m;\quad j=0,1,\cdots,n \tag{12-17}$$

排序约束为
$$X_1 \leqslant X_2 \leqslant \cdots \leqslant X_t \leqslant \cdots \leqslant X_m,$$
$$Y_1 \geqslant Y_2 \geqslant \cdots \geqslant Y_s \geqslant \cdots \geqslant Y_n \tag{12-18}$$

其中：X_i 和 α_i 分别表示卖家 i 的报价和水量；Y_j 和 β_j 分别表示买家 j 的报价和水量；m 和 n 分别表示市场中卖家和买家的数量；t 和 s 分别表示成功交易的边际卖家和边际买家对应的排序。

在该交易机制下，集市型水权交易的成交价格为边际卖家和边际买家的算术平均价格，即

$$Y_c = \frac{X_t + Y_s}{2}$$

（2）模型分析

信息的透明度是市场交易的一个重要特征，对市场均衡的结果以及市场参与者的策略性行为产生影响。中国的水市场尚不发育，水资源管理体制的不完善导致水交易市场信息透明度不足。分析集市型水权交易机制下不确定信息对交易者行为的影响，有利于从理论上分析集市型交易在中国水市场不发育情况下的实践有效性。

①交易风险与报价

集市型水权交易定价算法的基本约束为价格约束与水量约束，根据其定价过程中的排序原则可以看出，对于买家而言其报价越高其交易成功的概率也就越高；若其报价低于卖家的边际价格，则意味着本次交易失败。因此，对于买家而言，不同的报价水平代表了其面临的风险和收益的相对大小，在市场中，买家往往面临风险和收益的选择，需要根据市场的信息确定合理的报价水平，实现交易者综合收益

的最大化。

假设某一买家出价为 Y，其对于市场上边际卖家的报价具有一定的信念 φ，即边际卖家可能的报价为 $X \sim U(a,b)$，此时买家对于交易成功用水的效益为 k，由此可以得买家在交易中的综合收益：

$$E_Y(U) = \int_a^Y \left(k - \frac{X+Y}{2}\right) \frac{1}{b-a} \mathrm{d}X$$
$$= \left(k - \frac{Y}{2}\right) \frac{Y-a}{b-a} - \frac{Y^2 - a^2}{4(b-a)} \quad (12\text{-}19)$$

此时有 $a \leqslant Y \leqslant b$，交易者的用水效益 $k \geqslant Y$。

在不确定信息的条件下，集市的参与者的行为决策主要有 2 个相反的倾向：增加报价，以降低由于不确定信息而带来的交易失败的风险；降低报价，压低均衡价格，增加个人在集市交易中的潜在收益。由于 2 种倾向存在矛盾，集市的参与者往往会选择一个中间的报价水平，以期达到综合效用的最大化。对式（12-19）中的买家综合收益求最大化条件可以得到最优策略为 $\hat{Y} = \dfrac{2k+a}{3}$，此时得到的最大综合收益为 $U = \dfrac{(k-a)^2}{3(b-a)}$。

集市中买家的最优报价策略主要取决于对应边际卖家报价信念的下限以及个人的用水效率：其一，信念 φ 的区间下限越高，表示该信念的确定性越高，买家面临的风险水平也就越低，随着信念水平的下限向上收敛为一个点时，此时买家将不再承担风险，面临一个确定信息的决策；其二，随着用水效率的提高，买家在交易失败时面临的损失会增加，其对于风险的厌恶程度相应提高，因此，当用水的效率足够高时，买家会选择将信念区间的上限作为自己的报价。

②买家"拆单"报价的策略性行为

"拆单"策略是在股票市场连续交易的条件下，为应对股价变动带来的市场成本冲击而采取的优化变现策略。集市型水权交易采用边际买卖双方的平均报价作为成交价格，因此集市中买家可以采取"拆单"的策略性行为，通过提交 2 个或多个报价和水量不同的订单参与集市，以期提高自己在集市中的综合收益。

假设买家对于边际卖家的报价存在一个信念为 $X \sim U(a,b)$，对于买家而言，可以选择 2 个不同水平的报价订单，其报价的水平为 Y_1、Y_2，且满足 $Y_1 \leqslant Y_2$，相应的 2 个不同报价水平下对应的订单的申请水量为 β_1、β_2，满足 $\beta_1 + \beta_2 = 1$。买家交易成功一单位水的收益为 k，假设收益与交易成功的水量为线性关系，此时分析买家的综合收益，得到买家的最佳策略组合。

i. 若 $b \leqslant Y_1$，此时买家的交易完全没有风险，只需尽可能地压低交易的成交价格。因此，当 $b \leqslant Y_1$ 时，为使收益最大化，则有 $\dot{Y}_1 = \dot{Y}_2 = b$，此时收益为 $U = k - \dfrac{X+b}{2}$，平均收益为 $U = k - \dfrac{b}{2} - \dfrac{a+b}{4}$。

ii. 若 $a < Y_1 < b \leqslant Y_2$，则此时收益函数为

$$U = \left(k - \frac{X+Y_1}{2}\right) I_{X \leqslant Y_1} + \left(k - \frac{X+Y_2}{2}\right) \beta_2 I_{Y_1 < X \leqslant b} \quad (12-20)$$

此时在 Y_1、Y_2 的组合水平下，买家的期望收益为

$$E_{Y_1,Y_2}(U) = \int_a^{Y_1} \left(k - \frac{X+Y_1}{2}\right) \frac{1}{b-a} \mathrm{d}X + \int_{Y_1}^b \left(k - \frac{X+Y_2}{2}\right) \beta_2 \frac{1}{b-a} \mathrm{d}X \quad (12-21)$$

在 $a < Y_1 < b \leqslant Y_2$ 的情况下，最大化买家的期望收益可以得到买家的最优出价策略组合为 $\left(\dot{Y}_1 = \dfrac{2k\dot{\beta}_1 + a + b\dot{\beta}_2}{3 - \dot{\beta}_2}, Y_2 = b, \dot{\beta}_2, \dot{\beta}_1\right)$。

iii. 若 $a < Y_1 \leqslant Y_2 < b$，则此时的收益函数为

$$U = \left(k - \frac{X+Y_1}{2}\right) I_{X \leqslant Y_1} + \left(k - \frac{X+Y_2}{2}\right) \beta_2 I_{Y_1 < X \leqslant Y_2} \quad (12-22)$$

此时在 Y_1、Y_2 的组合水平下，买家的期望收益为

$$E_{Y_1,Y_2}(U) = \int_a^{Y_1} \left(k - \frac{X+Y_1}{2}\right) \frac{1}{b-a} \mathrm{d}X + \int_{Y_1}^{Y_2} \left(k - \frac{X+Y_2}{2}\right) \beta_2 \frac{1}{b-a} \mathrm{d}X \quad (12-23)$$

最大化买家的综合收益可以得到如下结果：

a. 若 $4k+a \leqslant 5b$，买家最优策略组合为

$$\left(\dot{Y}_1 = \frac{4k\dot{\beta}_2 - 6k - 3a}{4\dot{\beta}_2 - 9}, Y_2 = \frac{4k\dot{\beta}_2 - 8k - a}{4\dot{\beta}_2 - 9}, \dot{\beta}_2, \dot{\beta}_1\right)$$

b. 若 $4k+a>5b$ 且 $2k+a \leqslant 3b$，$\dot{Y}_1 = \dot{Y}_2 = \frac{2k+a}{3}$，此时买家选择不"拆单"。

c. 若 $2k+a>3b$，$\dot{Y}_1 = \dot{Y}_2 = b$，买家不"拆单"。

在上述"拆单"的报价选择中，均满足 $\beta_2 \to 1$ 和 $\beta_1 \to 0$，即选择一个小额的低报价订单和一个大额的高报价订单。在整体订单参与报价的过程中，买家具有降低报价以降低成交价格和提高报价降低交易风险的 2 种相反方向的激励。因此买家不得不选择一个中间的报价来实现个人收益的最大化。但买家可以通过"拆单"行为成功地解决之前的矛盾，实现 2 个目标的分离，即选择小额的低报价订单来压低成交价格，同时选择大额的高报价订单来降低交易风险，买家通过"拆单"的策略实现了个人收益的最大化。

③信息披露增加的影响

在集市型水权交易中，具有相同或相似利益的买家或卖家之间往往会联合，并形成一定的交易团体，交易团体的形成往往对交易结果产生重要的影响，假设在买家团体内部存在一定的信息披露，而集市型水权交易系统在开市之前可以随时更改交易的信息。由此在卖家报价不确定信息下，不同的买家之间的相互博弈可以形成一个相对稳定的均衡结果，探寻不同买家在该情形下的报价策略，对于探寻不确定信息下买家的策略性行为所反映的市场的微观结构具有一定的意义。

假设买方市场中用水效益分别为 k_1 和 k_2 的 2 个买家的报价分别为 Y_1、Y_2，2 个买家所获取的关于边际卖家的信息是一致的，即 $X \sim U(a,b)$，且对于了解到的关于彼此的信息是完全对称的，在单独决策的情况下，买家 1 和买家 2 的最优出价策略为

$$Y_1 = \begin{cases} \frac{a+2k_1}{3}, & \frac{a+2k_1}{3} < b \\ b, & \frac{a+2k_1}{3} \geqslant b \end{cases} \quad (12\text{-}24)$$

$$Y_2 = \begin{cases} \dfrac{a+2k_2}{3}, \dfrac{a+2k_2}{3} < b \\ b, \dfrac{a+2k_2}{3} \geqslant b \end{cases} \quad (12-25)$$

此时,在考虑对方报价的基础上,交易的买家可以自由调整自己的报价,由此形成动态的均衡结果:

i. 当2个买家的用水效益都足够高时,即$\dfrac{a+2k_1}{3}>b$且$\dfrac{a+2k_2}{3}>b$时,博弈双方均会选择零风险的报价策略,即联合决策的策略结果为(b,b)。

ii. 若某一买家的用水效益不足以使其选择零风险的交易策略,此时不妨设买家1选择在区间$[a,b]$中的报价,即$\dfrac{a+2k_1}{3}<b$。此时买家2则根据买家1的报价水平,最大化个人的综合收益,选择自己的报价水平。若$k_2<k_1$,则买家2的报价为$Y_2^1=\dfrac{a+2k_2}{3}$;若$k_2\geqslant k_1$,则买家2的报价为$Y_2^1=\dfrac{Y_1+2k_2}{3}$。然后,买家1通过买家2的报价水平,重新选择自己的报价,进行多轮重复。可以得到,最后2个买家将会形成一个稳定的均衡结果:当$k_1<k_2$时,在一定的参数范围内,$Y_1=\dfrac{a+2k_1}{3}$,$Y_2=\dfrac{Y_1+2k_2}{3}=\dfrac{a+2k_1+6k_2}{9}$。

通过分析上面稳定的均衡结果可以看出,相比买方单独报价的情况,增加买方集合内部信息的披露,对于用水效益较低的买家而言无明显影响,而用水效益较大的买家的报价将明显提高,分析这一现象产生的原因,是用水效益较低的买家无法选择高报价,因此不得不承担风险,试图以较低的均衡价格买到水,而对于用水效益较高的买家而言,由于存在低效率买家为其压低成交价格,其会选择较高的报价以期降低交易的风险。

根据集市型交易下的策略分析可以看出,买方信息披露的增加会在一定程度上提升高用水效益买家的报价,使其选择的报价水平更加接近其对水权的真实估价,类比可知,此规律对于卖方而言亦成立。

因此在集市型水权的定价机制中,在一定的信息披露的条件下,可以形成买卖双方的报价水平均接近于个人对于水权的真实估价,这表明了集市型水权交易价格算法发现机制的高效性。

4. 价格测算

在形成水权交易的供需双方之后,双方在第三方平台报出自己的意愿价格以及成交数量(报价会受到交易风险和水市场信息透明度的影响,即交易风险越大,需水量大的企业报价相对越高;水市场信息透明度越不足,报价越偏离估值)。对于区域优先发展行业的报价需乘上一个系数,重点保护程度越大,系数越大。最终通过将各企业以及各用水户的报价(区域优先发展企业报价以乘上系数后的值计算)进行排序,当累计水量接近,且临界线处买家出价大于卖家出价,同时保证最大限度地挖掘了市场上存在的潜在交易者,实现了交易量的最大化,此时临界线处买卖各方达成交易,否则,交易失败。交易结束后,将临界线处买卖双方,即边际卖家与边际买家出价的平均价格作为市场均衡价格,并进行登记。

具体定价过程如下:

①将集市中所有卖家按其出价升序排列,将所有买家按其出价降序排列;

②计算集市中累计的卖方水量与买方水量;

③当买家出价刚好大于卖家出价,并且集市中仍有购买需求和水量供给的时候,为交易成交点;

④集市交易要求达成最大交易量,即卖出/买入尽可能多的水量;

⑤所对应的买卖双方的平均出价为集市的建议水价。

集市交易定价规则如表12-4所示。表中,浅色部分为成功的交易,表示该部分用户能够将水卖出或买入;深色部分为失败的交易,表示该部分用户无法将水买入或卖出。深色部分的用户在本次集市中交易失败。

表 12-4　集市型水权交易定价规则

集市交易时间　　　27/01/2011
交易区域　　　　　1A Greater Goulbum

卖家排序				买家排序			
出价	卖水量	累计水量	订单号	出价	买水量	累计水量	订单号
$/1 000 m³	1 000 m³	1 000 m³		$/1 000 m³	1 000 m³	1 000 m³	
10.00	40.0	40.0	S045022	30.00	700.0	700.0	B850024
18.00	300.0	340.0	S503835	25.20	20.0	720.0	B849991
20.00	500.0	840.0	S067933	25.01	75.0	795.0	B034731
20.00	200.0	1 040.0	S503836	25.01	20.0	815.0	B034732
20.00	100.0	1 140.0	S503837	25.00	10.0	825.0	B046129
23.87	301.4	1 441.4	S503842	25.00	100.0	925.0	B057743
25.00	100.0	1 541.4	S070451	25.00	87.0	1 012.0	B849819
25.00	101.0	1 642.4	S503834	24.50	50.0	1 062.0	B048866
28.00	420.0	2 062.4	S073797	21.23	850.0	1 912.0	B503841
29.99	300.0	2 362.4	S075851	21.00	100.0	2 012.0	B057657
29.99	150.0	2 512.4	S075852	21.00	50.0	2 062.0	B047438
39.99	100.0	2 612.4	S503794	20.20	100.0	2 162.0	B850017
40.00	119.0	2 731.4	S073720	20.00	200.0	2 362.0	B850050
43.00	192.6	2 924.0	S073073	20.00	200.0	2 562.0	B057165
48.00	30.0	2 954.0	S523802	20.00	300.0	2 862.0	B503798
49.00	150.0	3 104.0	S073646	20.00	100.0	2 962.0	B849835
50.00	300.0	3 404.0	S503755	19.50	500.0	3 462.0	B849874
55.00	30.0	3 434.0	S071562	15.00	50.0	3 512.0	B060068
55.00	50.0	3 484.0	S503789	15.00	100.0	3 612.0	B850019
60.00	202.0	3 686.0	S503785	15.00	100.0	3 712.0	B503760
98.00	50.0	3 736.0	S066335	14.00	150.0	3 862.0	B052126

(2) 累计买水量大于卖水量，市场中仍有需求

(1) 买方价格刚好大于卖方价格

集市统一水价　　　　　　　　20.61
可达成交易的水量　　　　　　1 140
未卖出的水量　　　　　　　　2 596.0　价格区间　23.87~98.00
未买到的水量　　　　　　　　2 722.0　价格区间　14.00~21.23
B503841用户可购水量　　　　　772.0
　　　　　　　　　　　　　　　　　　　　单位:$/1 000m3

下面举例对集市型算法进行说明，假设集市中买卖双方的交易数据如表 12-5 所示。

表 12-5　集市交易数据

买家排序			卖家排序		
出价（元/m³）	买水量（万 m³）	累计水量（万 m³）	出价（元/m³）	卖水量（万 m³）	累计水量（万 m³）
0.30	70.0	70.0	0.10	4	4
0.26	8.5	78.5	0.18	30	34
0.25	3.0	81.5	0.20	50	84
0.25	11.0	92.5	0.20	60	144
0.24	5.0	97.5	0.21	40	184
0.22	85.0	182.5	0.22	50	194
0.21	20.0	202.5	0.23	20	214

集市型算法的撮合过程如下：

将集市中所有卖家的出价按升序排列，所有买家的出价按降序排列；

依次计算集市中累计的买水量和卖水量；

当累计水量接近，且临界线处买家出价大于卖家出价，将临界线处买卖双方，即边际卖家与边际买家出价的平均价格作为市场均衡价格。

在表12-5的集市中，出价最高的前6个买家和出价最低的前6个卖家即为达成交易的双方，此时取边际买家与边际卖家的平均价格，即0.215元/m³作为集市的成交价格，成交水量为182.5万m³。

集市型水权交易算法，实现了交易的集中化，最大限度地挖掘了市场上存在的潜在交易者，实现了交易量的最大化。

(三) 行业间水权交易定价流程

1. 行业间水权交易主体填写《水权交易申请书》，提供身份证明、取水许可证、有管辖权的取水许可审批机关的审批文件等材料。交易主体为受让方的，还应向水权交易平台缴纳保证金。

2. 水权交易平台对交易主体提供的相关材料进行形式审核，审核通过后，交易主体获得交易资格。水权交易平台依据《水权交易申请书》提供的信息在平台网站发布公告。

3. 当水权意向受让方有两个及以上符合条件，而只有一个符合条件的意向出让方时，由水权交易平台组织进行节水成本评估，并在成本评估价的基础上，组织受让方单向竞价，通常以成本评估价为起拍价，采用拍卖的方式形成最终水权交易价格。

4. 当水权意向受让方与意向出让方均有两个及以上符合条件时，推进采用集市型水权交易价格形成机制。即水权交易平台扮演一种集市角色，对多个买家和多个卖家的报价进行统一撮合，形成市场均衡价格。买卖双方背对背地提交交易申请，并在集市中进行统一的撮合交易确定成交价格。水权交易的参与者提交交易申请后，集市以最大成交量原则与最小成本原则来对集市中的水权交易进行定价和交易匹配,在价格和水量的双重约束下,搜寻最大交易量以及其对应的边际卖家与边际买家,以两者的平均价格为最终成交价格。

此时,水权交易平台应事先组织专业机构对各出让方的节水成本进行评估,并在平台网站上发布成本信息,以供交易双方报价时参考。

"成本＋竞价"定价流程如图 12-6 所示。

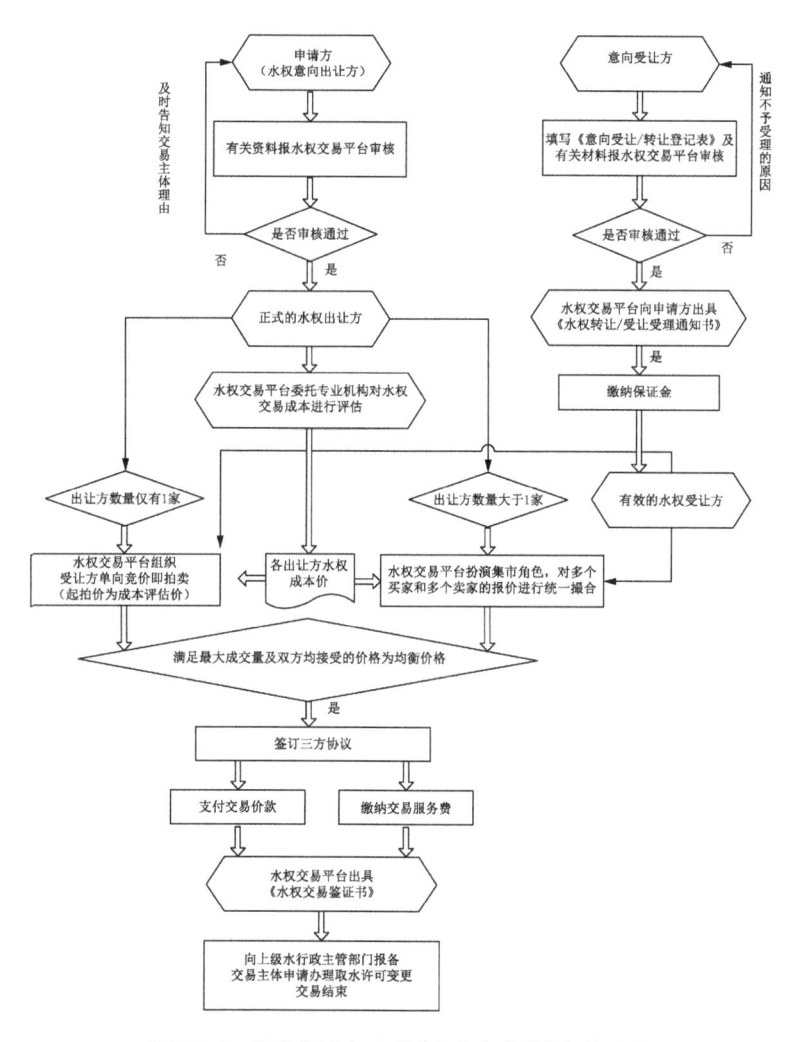

图 12-6 行业间水权交易"成本＋竞价"定价流程

V　平台篇

第十三章

基于做市商报价的水权交易平台运行机制研究

第一节 水权交易平台发展现状及金融化发展

(一) 水交所的工作进展与成效

水交所自成立以来,聚焦主营业务,扎实推进水权交易的各项工作,作为国家级水权交易平台发挥了示范引领作用,反映了我国水权交易实践的最新进展。

1. 打造国家级水权交易平台

一是依据《水权交易管理暂行办法》,制定了《水权交易规则》等10项交易制度,经北京市金融局审查通过后在水交所网站正式发布实施。二是利用云计算、移动互联网等现代信息技术,针对区域水权交易、取水权交易、灌溉用水户水权交易3种交易类型,适应公开交易、协议转让两种交易方式,自主开发了基于云平台的水权交易系统,包括公开交易、协议转让、手机App三套交易流程,实现了公开挂牌、单向竞价、在线结算、成交公示等交易功能,经中国软件评测中心测评和北京市金融局审查通过,正式上线运行。三是通过一体化运维和云服务,为内蒙古水权中心、甘肃疏勒河管理局搭建虚拟交易平台,实现与省级平台的互联互通、信息共享。

2. 依法规范运营

一是切实遵守水法和《关于清理整顿各类交易所切实防范金融风

险的决定》等政策法规,强化自律监管,自觉接受水利部行业监管、北京市证监局和金融工作局市场监管,按时报送水权交易月报和季报信息。二是严格按照金融局审定的《水权交易规则》等10项交易制度,规范场内水权交易行为,并在交易实践中不断完善。证监会北京监管局、北京市清理整顿工作小组按照国务院清理整顿各类交易场所部际联席会议办公室的统一部署,通过现场检查和"回头看",认为水交所规则清晰、系统完备、运营规范。

3. 开拓水权交易市场

一是制定实施《中国水权交易所会员体系构建规划(2016—2020)》,依托多层次会员体系,初步形成业务信息网络,及时收集掌握全国水权供需及交易信息。二是以试点省(自治区)为重点,全面跟踪潜在交易信息,分为"潜力、意向、撮合、签约、后期维护"5种类型,建立水权交易滚动项目库。三是承担水权交易相关项目,包括水权改革顶层设计、交易方案编制、业务培训等,以技术咨询为切入点,服务改革任务,跟踪推动潜在水权交易。

4. 扩大水权交易规模

水交所开业以来,共促成152单水权交易,交易水量27.793亿m^3,交易金额16.8539亿元。覆盖区域水权交易、取水权交易、灌溉用水户水权交易3种交易类型。其中区域水权交易7单,交易水量4.76亿m^3,主要包括永定河流域上下游山西、河北与北京之间的水量交易和南水北调中线工程受水区平顶山—新密、南阳—新郑、南阳—登封之间开展的水权交易。取水权交易以取水许可制度为基础,是目前水权交易中最活跃的形式,交易共计70单,交易水量22.88亿m^3,占总交易水量的82.3%,主要集中在内蒙古黄河流域,即由河套灌区节约的水资源与内蒙古水权收储转让中心收储的闲置水指标有偿转让给鄂尔多斯、乌海、阿拉善盟等地的工业企业。此外在山西运城槐泉灌区、宁夏中宁舟塔乡灌域也开展了节余农业水权向工业企业的有偿转让。灌溉用水户水权交易75单,包括宁夏惠农渠灌域农民用水者协会间水权交易、新疆呼图壁县村集体间水权交易以及成安县开展的对农户节余水权的政府回购。

5. 工作成效

水交所通过近期的探索与实践,取得了一些成效。一是建立了水权交易规则体系,为规范水权交易行为提供了标准和依据。二是开发的水权交易系统为扩大水权交易规模、降低交易成本提供了技术支撑。三是平台成交的水权交易发挥了市场机制优化配置水资源的示范作用,提升了基层水行政主管部门对通过市场机制参与水资源管理的认识,树立了水资源有偿调配的理念,为全面推广水权交易提供了借鉴、积累了经验。四是实现多方共赢,如山西运城的取水权交易,位于地下水超采区并以地下水为水源的中设华晋铸造有限公司通过购买槐泉灌区水权,不仅解决了企业新增用水需求,供水结构也由原来的地下水转变为地表水,减少了地下水的开采,节省了水资源费和自备井运行维护费,降低了运行成本,也为灌区带来了稳定的工业供水收入,实现了企业、灌区、生态的三赢。

(二) 水交所的使命与发展方向

一是服务国家节水行动。坚持节水优先,通过多种形式的水权交易激活水资源市场价值,激发节水内生动力,用市场化手段促进各地区、各行业以节水和挖潜为先导,利用节约的水资源满足社会经济增长新增用水需求,引导水资源流向高效益、高效率的领域。

二是支撑最严格水资源管理制度的落实。在用水总量控制指标逐级分解完成的情况下,严格总量控制,运用水权交易市场手段,一方面树立水资源有偿使用理念,促进各地区、各行业做好水资源节约、保护和挖潜工作;另一方面以水定需,盘活水资源存量,优化水资源配置。

三是推进水权交易业务。在华北地下水超采治理中,推广河北成安政府回购农业用水户节余水权模式,引导农业用水户主动改变用水方式,节约灌溉用水,平衡生产与生态。结合农业水价综合改革,在大中型灌区开展灌区节水水权交易,为提高农业水价腾出空间。以南水北调工程沿线、永定河流域、黄河上中游为重点,进一步扩大交易规模。

四是完善平台顶层设计。借鉴其他权益类交易平台经验,结合当前水利改革要求,制定水权交易平台发展规划,完善水权交易规则,优化水权交易系统,健全水权交易监管体系、技术体系、会员体系和价格形成机制,建成交易主体明确、体系完善、制度规范、系统安全的水权交易平台。

五是优化平台交易系统。利用物联网、互联网、云计算、大数据等信息技术,提供一体化的云计算集约化水权交易平台,逐步实现与国家水资源监控系统、取水许可台账系统以及地方水权登记系统等水资源管理信息系统的互联互通,保障水权交易与交易后的取水和水量调度。

六是创新平台交易产品。继续探索新的水权交易模式。结合流域水生态补偿,探索在南方丰水地区开展生态补偿型水权交易,以及研究开展"PPP节水＋水权交易"、"合同节水＋水权交易"、城市公共供水管网范围内用水指标交易;依托各地水权交易实践,探索水权抵押、质押等,创新投融资模式。

第二节　做市商报价交易的作用机理分析

水与金融本身就存在着诸多相似之处,银行间市场的货币资金充裕,我们常说是央行的"大水漫灌",央行通过公开市场操作"放水",释放货币量。这与国家水资源的初始分配不无相似之处。金融市场与水市场在产品、规制和各种"流"的属性上有高度相似性。(1)产品相似性:金融市场上的证券是一种凭证,是公司权益的体现,证券产品进行交易其实就是对权益的资产证券化过程;而水市场上我们将水权理解为一种产权,并将其进行资产证券化从而实现交易。(2)规制相似性:金融市场的存在主要是利用相关部门对资源进行优化配置,如通过货币政策控制市场上货币的供应量,并通过公开市场操作等可以实现货币的"收放",同时,接受相应的机构,如央行、证监会、银保监会等的监管,防范金融风险。类似地,水市场同样是依托水利部、各地水利行政主管部门及民间组织进行水资源的初始配置和优化再分配,从而实现水资源从低效向高效的转移。通过初始分配控制水量,并依托回购、回售等业务实现水资源的"旱放涝收",这与货币政策操作一致。另外,水市场也会相应收到水利部、黄委会等机构的监管。(3)流的相似性:金融市场上存在的跨境交易、同业拆借等市场流与水市场跨区域水权交易的功能相似,均表明自身的发展离不开同行业的协助竞争;银行存款、高净值客户理财等,其实是人们将自身财产托付于银行或其他金融机构进行价值创造,同时财产所有者也将获取相应的回报,水市场上取水权交易,农业节水供工业使用,亦能实现农户节水回报、工业企业创造价值的功能,二者实现路径一致。金融市场在应对交易不活跃、价格紊乱等问题时探讨了做市商报价机制,同样地,我们可以将做市商机制引入水权市场。

做市商交易市场又被称为报价驱动的市场。基于中介属性的水权交易平台在水权交易过程中仅仅充当发布买卖信息,撮合交易的平台。而在实际运行过程中,这一类型的平台并未能够充分发挥作用,水权作为大宗产品,交易流动性较低,且交易双方存在信息滞后和成交难以达成的现象。但是,引入做市商属性的水权交易平台需要报出双边牌价,购买者和售出者可以在任意时间进行交易,并且交易方也可以根据自身产品质量和产品数量与做市商协商议价,尤其是标准化程度较低的水权大宗产品,更适合采用做市商这种更加灵活的交易方式。做市商报价与竞价报价相比,能够通过信息搜集,了解交易方的实际情况,从而报出合适的价格,发掘其内在价值,提高水权交易流动性,稳定市场并挖掘交易方的实际水权需求,降低水权交易总成本,提升水权交易社会整体效率,实现帕累托更优。本书所指做市商报价交易的水权均为生产水权,且在成熟市场上,水权交易均为临时性交易,用于弥补当下的余缺,不存在永久性交易和长期性交易。

表 13-1 做市商报价机制与竞价机制比较

	连续竞价机制	做市商报价机制
交易机制	投资者通过水权交易平台发布买卖水权相关信息,以"价格优先、时间优先"进行对盘,最终形成交易	做市商每天不断向市场公开进行双边报价,水权交易主体根据做市商的报价决定自身的买卖行为
优点	减少市场舞弊现象,交易量小时成本低廉	流动性较高,交易量大时存在规模效益,有助于降低交易成本、发现价格,矫正买卖不均衡状态
缺点	不利于大宗交易,缺乏流动性,交易效率较低	资产规模要求较高,监管成本高

（一）做市商报价对水权市场流动性和水权交易价格的影响

做市商报价制度有利于增强水权交易市场的流动性。基于做市商视角的水权交易平台每天不断在市场上公开报出双边价格，并向市场参与主体发出交易信号，鼓励水权供需主体进行水权交易，从而实现各自的利益最大化，撮合水权交易，发挥水资源的价值。相比于竞价交易，做市商报价制度下水权买卖双方可以进行实时交易，不必等到水权交易另一方出现才能达成交易。因为，做市商在这一报价过程中既充当买家的角色又充当卖家的角色。这解决了市场交易流动性差的问题，同时也确保了在信息不对称情况下交易匮乏、不及时现象不再出现，做市商报价保证了交易的连续性，比当前水交所的竞价交易方式更能促成水权交易，增加流动性。

做市商制度还具备发现价格和稳定水权市场价格的作用，而竞价交易过程中的交易双方会由于存在信息不对称，交易价格会倾向于知情交易方，不知情交易方只能被动接受对方的不利报价，交易价格波动幅度也会较大，从而无法体现水权的真正价值。做市商在报价过程中，如果报价过于不合理，则会收到行政监管的处罚，甚至被淘汰出局，这使得做市商报价趋于合理，有利于发现水权真正价格，促使水权市场更加完善。另外，当供求严重失衡时，如水权需求明显大于水权供给时，做市商虽然不能完全改变价格上涨的幅度，但是能够利用掌握信息的优势在不同价位连续买卖水权，准确判断水权的真实价格，从而使价格从一个价位到另一个价位的过渡较为平缓，起到缓冲器的作用，防止价格短期非理性波动，影响水权交易需求。再者，做市商的报价必须受到严格的约束，最大买卖价差和最小价格升降挡位必须在一定限度以内，禁止做市商进行大幅抛售或者收购的举动。

因此，引入做市商报价机制，通过频繁报价可以增强流动性，且利用掌握的规模信息可以准确判断真实价格并基于此价格进行报价，完善水权价格形成机制。通过限制做市商报价波动，以及利用做市商的库存和资金优势可以避免竞价方式下出现的价格剧烈波动现象，稳定水权市场价格。

(二) 做市商报价对水权交易总成本的影响

水权交易过程中,除了相关水权储存成本、输水成本外,还有一项重要的信息搜集成本,这一成本主要影响水权交易主体的最优化效益。因为信息存在价值,信息不对称情况下,水权交易市场则会失灵。竞价机制下解决方案可能通过信号显示来了解交易对手需求,但每个交易主体都倾向于隐藏自己的私人信息,从而占据谈判的主导位置。此时,每个水权交易企业承担着搜集大量主体私人信息的成本,而且不会共享信息。与竞价机制不同的是,做市商报价驱动交易模式下,做市商充当信息搜集人的角色,通过搜集市场上的买卖主体,根据其掌握的信息报出的牌价相对来说更能反映交易主体的真实需求。在这个过程中,做市商作为专业化的交易平台,规模化地搜集大量主体的信息,其规模效应有利于降低交易过程中的信息搜集总成本。

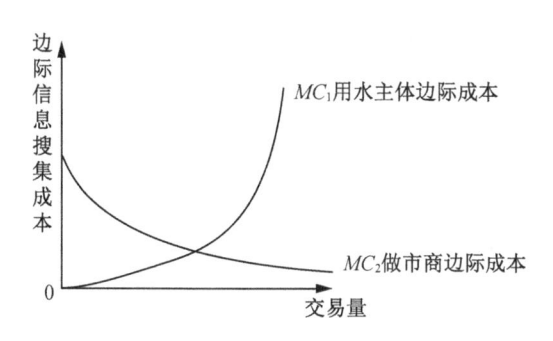

图 13-1　边际信息搜集成本图

如图 13-1 所示,横坐标为水权交易数量,纵坐标为边际信息搜集成本。MC_1 表示用水主体的边际信息搜集成本,当用水主体交易量为 0 时,用水主体根据自身的初始水权分配实现最优化生产,不需要进行水权交易,即不需要去搜集市场上其他用水主体的反应函数,也就不产生信息搜集成本;而当用水主体交易量出现并不断提升时,其需要搜集其他参与者的私人信息,随着需水量的不断增加,用水主体必须不断追加成本,因为水权交易总量有限,用水主体需水量越大,需要付出的搜寻成本越高,因此边际成本曲线越来越陡,呈上升趋势。MC_2 表示做市商边际信息搜集成本,做市商在市场中承担水权交易的撮合推动作用,因此做市商需要储备一部分资金和水权库存,作为报价交易储备。所以,当交易量为0时,做市商也需要搜集相应的私人信息,尽量使报价符合用水主体的私人信息函数,促成水权交易达成;随着交易量的不断增加,做市商搜集的主体信息越来越充足,由于规模效应的存在,做市商的边际成本呈现递减趋势。从图13-1可以看出,当水权交易量较小时,用水主体竞价交易的信息搜集成本较低;当水权市场走向成熟,交易活跃时,做市商的规模效应能够有效降低水权交易的总成本。同时,做市商的存在使得水权交易愈发标准化,则磋商成本也会相应降低。

(三) 做市商报价对经济效益的影响

做市商报价制度可以通过做市商利用自身的信息规模优势,掌握各水权交易买方的需水情况及用水主体的边际效益。做市商通过从用水边际效益较低的主体买入水权,优先考虑向用水边际效益较高的主体进行出售,从而使得水权实现低价值向高价值的转换,使得整体经济效益更大。竞价机制下,水权交易双方则根据自身的边际效益决定报价,且报价未必反映自身的用水效益,此时的交易必然无法达到最优,存在帕累托更优的情况。

水资源作为稀缺资源,一般情况下,在水权交易市场需水总量都会大于供水总量,因此在水市场中总需求量 $D \geqslant$ 总供给量 S,水权不能完全满足买方需求,此时不能完全实现最优化生产状态,这种情况下须定义买方的短缺损失函数,达到在有限水量下区域经济发展的最优化。

经济总效益 $F(X) = \sum f_i(x_i) - C$,式中,$f_i(x_i)$ 表示用水主体 i 使用 x_i 单位水量时实现的产值,C 表示总交易量的成本。

则生产最优化的企业用水量满足:

$$\hat{X} = \mathrm{argmax}\{F(X) = \sum f_i(x_i) - C\}$$
$$X = \{x_1, \cdots, x_i, \cdots, x_n\} \tag{13-1}$$

若用水主体 j 初始分配水量为 Q_j^0,交易前最优化生产需水量为

$\hat{Q}$，则该主体需要买水量为：

$$Q = \hat{Q} - Q_j^0 \tag{13-2}$$

但在交易过程中，由于水资源的稀缺性，可能无法满足所有用水主体的水资源需求，此时主体 j 买入水量 $Q_j < Q$，因此，水权短缺量为 $\Delta Q_j = Q - Q_j$，水资源短缺则会影响生产，企业无法实现最优化生产则会造成缺水损失。定义主体 j 最优化生产条件下缺水损失函数为：

$$C_j = C_j(\Delta Q_j) \tag{13-3}$$

因此，水权市场的经济效益最优化目标具体如下：

$$\min \sum C_j = \min \sum C_j(\Delta Q_j)$$
$$s.t. \sum Q_j = S \tag{13-4}$$

则对于 $\forall m, n$ 恒有解为：

$$\frac{\partial C_m(\Delta Q_m)}{\partial \Delta Q_m} = \frac{\partial C_n(\Delta Q_n)}{\partial \Delta Q_n}$$
$$\sum Q_j = S \tag{13-5}$$

即各用水主体的边际效益相同时经济效益达到最优。

水权竞价交易下，买卖双方仅能了解自身的边际用水效益，对于其他主体的用水情况并不知道，此时当交易主体报出的价格存在信息不对称，无法反映真实的用水效益时，那么达成的交易可能倾向于知情者实现了最优化，不知情者无法实现最优化。做市商报价制度下，做市商必须以了解用水主体公司具体信息为基础，根据市场交易实际情况、用水主体的需水函数，对水权交易价格进行综合分析，报出的价格应该匹配用水主体用水收益，且优先与最优化生产下用水边际效益高的主体进行交易。但是由于做市商搜集的信息也是一个不完全信息，需要在不断学习的过程中完善，因此做市商报价相对于竞价机制而言，能够实现社会整体的帕累托更优。

第三节　做市商报价制度下水权交易的参与主客体分析

(一) 做市商的准入、权责及报价行为分析

做市商的角色必须由具有企业法人资格的水权交易平台充当,如内蒙古水权收储中心,推动和促成水权交易,增强水权流动性。当前我国具备这一性质、专门为水权交易成立的水权交易平台数量还相对有限,如水交所、内蒙古自治区水权收储转让中心和河南省水权收储转让中心等,未来可能会有所增加。

(1) 准入条件

只有国家规定的具有金融属性的水权交易平台才能成为做市商进行双边报价,首先需要具备雄厚的资金实力以及一定的水权库存储备,能支持做市商的正常运营,且社会资信度较高,从而使得做市商能够进行双边报价,稳定价格;其次,需要建立完备的做市业务管理制度,构建完备的内控制度,规范操作规程并制定相应的激励措施;再者,做市商需要配备开展做市业务的专业人才;最后,做市商必须具备较强的分析和研究能力,从而为制定最优的双边报价提供基础。

(2) 权利与义务

当前水权市场发展不成熟,并未出现做市商的概念。因此,本处借鉴证券市场上的做市商。成为做市商的水权交易平台享受以下权利:获取水交所实时提供的报价数据、成交数据等信息便利;获得在水权市场进行产品创新的政策支持;允许实行T+0交易,即当日买入当日卖出等。相应地,水权交易平台也需要承担以下义务:做市商的双边报价空白时间不能过长,且应每天在交易时间连续进行报价;做市商报价价差不能过大,须在规定范围内,如买卖价差不超过5%;做市商在水权市场成熟时,相关水权创新产品的做市种类大于1种等。

(3) 做市商报价行为

做市商在进行双边报价时,基于理性视角,会在规定范围内尽可能

报出较大价差,从而获取利润最大化。但在报价过程中,除了法律法规的限制外,做市商的报价行为还会受到交易主体的行为影响。交易量是价格的反应函数,做市商报价时必须考虑交易主体的承受力度,当价格过于偏离交易主体的意愿时,水权交易行为很难发生。因此做市商的报价行为是基于有效搜集交易主体的私人信息,了解其对价格的敏感性和边际用水收益,根据自身成本及期望利润,最终确定的双边价格。

(二) 交易主体的准入条件及经济行为分析

做市商报价制度的发展必然会吸引各类主体的加入,除了做市商、需水方和供水方外,未来还有可能进入水权市场的主体包括水利监管部门、法律中介机构、银行、各类水衍生品投资机构等。但目前由于水权市场发展的局限性,本书仅对供水方和需水方的准入条件及经济行为进行分析。随着水权市场的不断完善,未来水权市场的参与主体也将会增加,从而刺激对水权及各类水衍生品的需求,扩大水权交易规模。

(1) 准入条件

水权交易双方主要包括农业用水户(用水协会)和工业企业,可能也会有一部分政府买水用于生态环境保护。水权供给主体主要是农业灌溉节水的水权富余者,也可以是工业企业改变战略规划,停止继续运营多余的水权;水权需求主体主要是有用水需求的工业企业,在扩大生产规模时初始分配水权不足以满足自身用水需求,或是枯水年份工农业均需要更多水权进行生产。因此,水权市场上的用水主体主要包括工业企业和农业灌溉用水协会(本书为了方便计算,将单个农业灌溉用水户集中,以用水协会为单位进行考虑)。

(2) 经济行为

用水主体知道自身的信息,从而能够利用所掌握的实时信息预测最优化生产状态下的用水需求量。再将该水量与初始分配量比较,从而决定买水还是卖水。

用水主体的目标是追求自身经济利益最大化,即:

$$F_i(Q_i) = f_i(Q_i) - rQ_i - \theta C(Q_i, Q_i^0) \tag{13-6}$$

式中，$F_i(Q_i)$为第i个用水主体的总利润，$f_i(Q_i)$为第i个用水主体的生产利润，r为水资源初始分配单位价格，Q_i为企业用水量，Q_i^0为企业初始分配量，$C(Q_i, Q_i^0)$为企业买水/卖水的收益/成本，θ为1或-1，当企业买水时，θ为1；当企业卖水时，θ为-1。

则企业成本为：

$$\begin{cases} rQ_i + C(Q_i, Q_i^0), Q_i > Q_i^0 \\ rQ_i - C(Q_i, Q_i^0), Q_i \leqslant Q_i^0 \end{cases} \tag{13-7}$$

对$F_i(x_i)$进行求导，可以得到主体最优化生产时的用水量$\widehat{Q_i}$，将其与Q_i^0对比后决定企业是买水还是卖水。

$$\widehat{Q_i} = \arg\max\{F_i(Q_i) = f_i(Q_i) - rQ_i - \theta C(Q_i, Q_i^0)\}$$

$$\frac{\partial F_i(Q_i)}{\partial Q_i} = 0 \tag{13-8}$$

对于企业i，若$Q_i > Q_i^0$，则其需要买水量为$Q_i - Q_i^0$；反之，$Q_i \leqslant Q_i^0$，则其可以卖水量为$Q_i^0 - Q_i$。因此对于各用水主体而言，其水权市场的经济行为完全取决于主体方程，而这是各用水主体的私人信息。当然，在水资源短缺时也会存在需水量无法完全满足的现象。

（三）交易水权的范围限定

水权市场上的交易对象，可以是水资源实体、水权，甚至是水权衍生品等，随着信息技术的进步和水市场的不断发展，在河流来水预测准确、供需水信息畅通的情况下，水权交易平台可以开展水权衍生品的交易，包括不同交易期限、不同水质的各类水权衍生品，为水权交易双方提供更加丰富的产品，从而更有效地保证双方的水资源利用效率。

但是，水权市场的成立必须以生态文明建设为基础，因此水权交易必须在合理的生产生活用水前提下进行，否则必然会造成生态紊乱。因此，2005年出台的《水利部关于水权转让的若干意见》规定在地下水限采区的地下水水权、为生态环境分配的水权以及对公共利益、生态环境或第三者利益可能造成重大影响的水权都不准予转让。这一规定保证了可使用水权是在生态稳定的范围内,农户有节水红线,在使用喷管滴灌节水时必须保证土地资源不会盐碱化,同时也能够有足够的水资源用于农作物的种植。

另外,做市商报价制度下的水权产品应进行标准化设计,包括水权交易的数量、期限,以及相关的其他重要信息,从而使水权交易市场更加规范。

第四节 做市商报价制度与无做市商报价制度下各主体决策过程比较

做市商报价制度的实施必须是在水权交易市场成熟的前提下,存在大量的水权交易方,才能有效地运行。做市商会根据自身掌握的信息报出当下最优的双边价格,实现自身利润最大化。在每期期末对比上期的利润情况,再结合实际交易情况决定下期的报价。

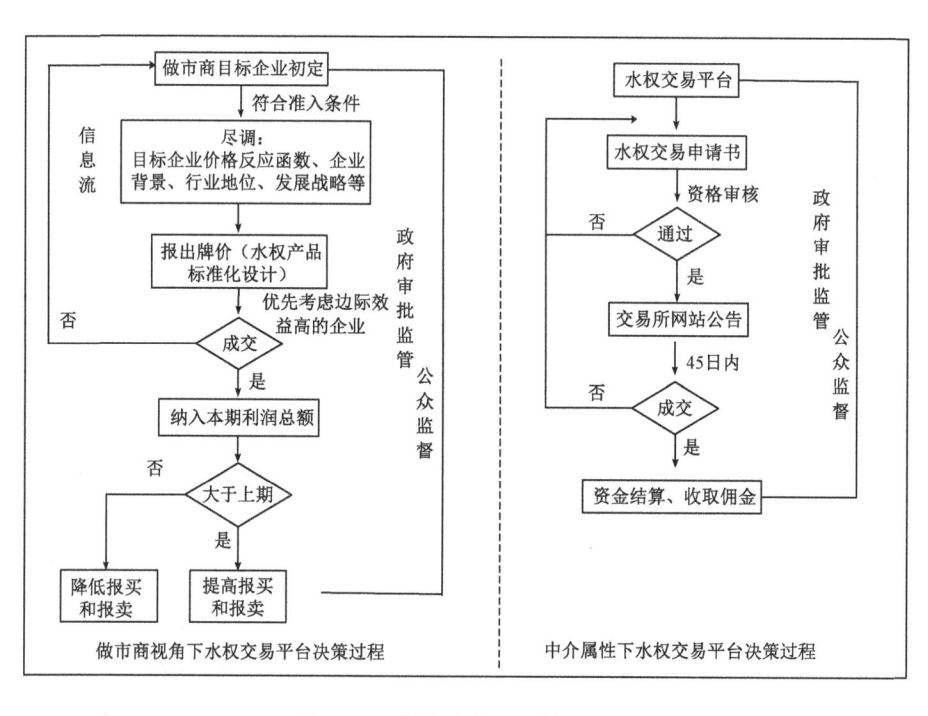

图 13-2 做市商报价决策流程图

图 13-2 所示是做市商报价决策过程和无做市商时水权交易平台决策过程的对比。无做市商时,水权交易平台首先对交易主体提交的水权交易申请书进行资格审核,如果通过审核则在网站进行公告,在 45 天内若能找到对家则达成交易,若不能则需要再次进行申报。当水权交易达成时,水权交易平台收取相应的服务佣金。在此过程中,水权交易平台提供信息发布和资金结算等服务,并不实际参与水权交易过程。而在做市商报价制度下,做市商在进行报价前,会先进行市场信息搜集,了解潜在交易企业的私人信息,尽可能多地搜集企业交易量对价格的反应函数以及企业的用水边际收益情况,在此基础上报出符合其掌握信息的双边牌价,并相应地设计好标准化的水权产品,如交易价格、交易数量和交易期限等重要信息的发布;此时,水权交易企业根据自身的经济行为决定是否与做市商进行水权交易,若不能达成交易,则做市商可以继续重复上述流程;若交易达成,做市商出于整体经济利益最大化的原则考虑,会优先与用水边际效益较高的企业进行交易,此时交易利润纳入本期利润总额。待到每期期末,做市商会比较本期利润总额与上期的大小,若利润大于上期,则适当提升报价以追求更大价差和利润,其中,利润小于 0 的报价提升幅度大于利润大于 0 的;若利润小于上期,则适当降低报价以提高交易量,其中,为了快速使做市商实现盈利,利润小于 0 的报价下降幅度高于利润大于 0 的,从而提升利润。因为,对于我国经济发展而言,水资源短缺成为制约经济增长的一个重要因素,为了发展经济,以工业促进经济增长,水权的获取必不可少,当水权价格降低时,企业更乐于买入水权提升生产能力;当水权价格上升时,企业会适当减少购买量,但是由于经济发展的需要,买入量下降幅度不会很大。

做市商通过前期的充足信息判断市场参与主体的供需情况,从而决定出基于自身利益最大化的最优报价,然后根据每期的对比以及信息的不断搜集更新对该报价进行实时调整,有效保障做市商自身利益及水权市场的良性交易,降低交易成本,提升社会效益。而在无做市商时,企业的相关私人信息则无法进行系统化的搜集,交易主体在递交水权交易申请书时申报的价格可能无法合理反映市场主体的反应情况及水资源的真实价值。

由此可见,做市商报价制度下,水权交易平台作为水权交易参与主体,会在水权交易过程中发挥主动作用,积极促成水权交易,并以自身专业化、规模化的优势降低相关信息成本,提高社会整体效益。

做市商在进行最优报价的决策时需要结合掌握信息,考虑交易企业的最优决策,从而才能实现三方共赢。交易企业的经济行为决策过程如图 13-3 所示。

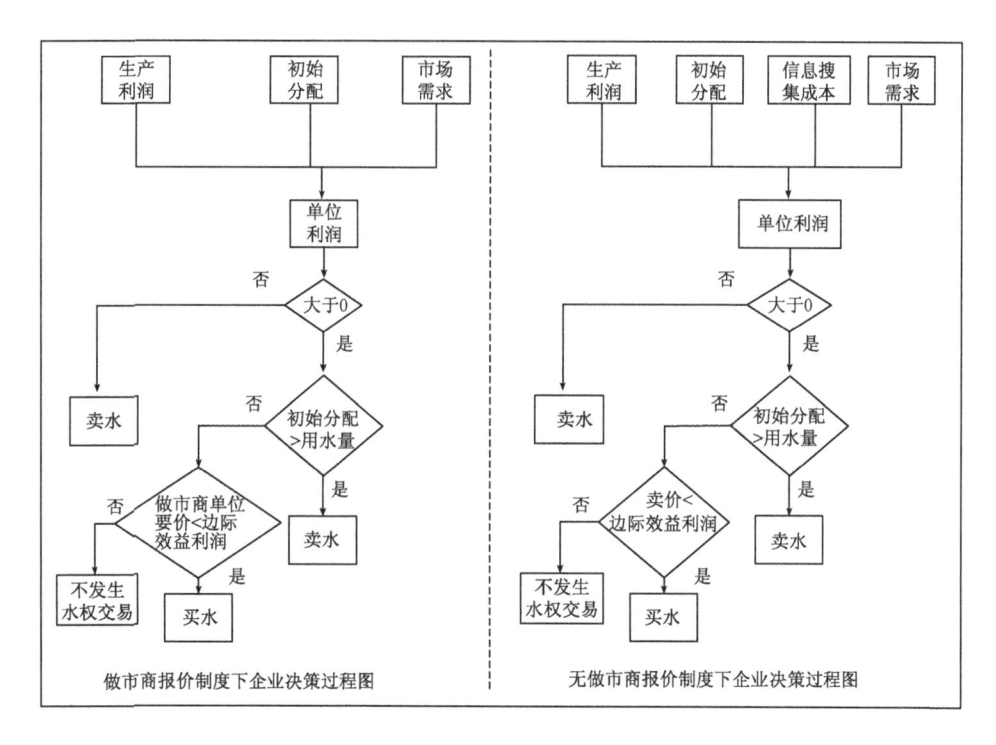

图 13-3 企业报价决策流程图

根据图 13-3 可知,做市商报价制度下,交易主体根据自身的生产利润决定此时的用水量,结合初始分配水权和市场需求比较当下单位利润大小。若单位利润小于 0,则说明企业生产无法弥补企业的成本,此时企业会选择卖出水权以赚取收益;若单位利润大于 0,说明企业继续生产能够创造利润。作为理性的经济人,企业会选择最优的方案实现利润最大化,因此要继续考虑此时支持生产的用水量与初始分配水量的关系:当用水量小于初始分配水权时,企业会卖出多余的水权获取额外收益;当用水量大于初始分配水权时,用水企业考虑是否从做市商处买水。当做市商单位要价高于企业边际生产利润时,企业选择放弃买水;反之,企业会与做市商进行交易,获取更多水权以满足自身运营需求,从而达到经济利益最大化。而在无做市商时,则需要加入对信息搜集成本的考虑,同时最终决定是否买水取决于卖方的报价及用水收益。

另外,不管是否采用做市商报价制度,都需要接受政府和各方主体的监管。无做市商时需要监督相应的审批、交易、结算、登记等流程的合理性。做市商制度下,做市商能够利用规模优势快速全面地掌握市场信息及参与成员的部分行为,同时,能够在合理范围内自主进行双边报价,如果做市商滥用做市地位、操纵股票价格会导致市场的不稳定、损害投资者收益。因此,相关部门对做市商的监管是保证做市业务有序进行的重要手段。做市商监管主体主要为水利部及地方水利主管部门、用水协会等组织,通过对做市商运行的各个环节进行把控,严格限制做市商为了获取利润扩大报价价差,目前可以将价差限制在5%的范围内。另外,做市商需要履行相对应的义务,必须按照一定的价格和数量进行报价、交易,并向水利部进行汇报,总结每段时间的报价工作和交易撮合情况。做市商报价成交信息要进行公示披露,为了避免水权交易带来较严重的负外部性,除了做市商自身的交易审查制度外,可以建立登记公示制度,即在水权交易后的某一段时间范围内进行信息公示。如果在公示期内任何人根据自身权益提出该笔水权交易可能对自身或是生态环境造成不利影响,都可以向做市商提出异议,如果证明情况属实,做市商必须立即停止该笔交易,通过做市商审查及政府公众监督的双重风险把控,保证水权交易符合经济—社会—生态的多重效益。

第十四章
做市商视角下水权交易平台报价的三方博弈模型

第一节 模型假设及变量定义

(一) 模型假设

水权交易存在各种不确定的因素，其中部分因素的影响较小，不会对水权交易的成本和收益产生较大影响。同时，在未来水权市场发达的前提下，政府的参与程度会越来越小，其逐步演变为公共设施的提供者和市场监管者。基于以上信息，模型有如下假设。

假设1：水权交易市场成熟，水权交易品种多样。水权市场监管有效，参与主体符合相关准入条件，都是理性人，不存在机会主义行为，水权交易均通过做市商达成，不允许私下进行交易，且交易只进行一期，而以后各期的水权报价以做市商本期与上期的利润比较为基础进行相应的报价调整。

假设2：随着水权衍生品的创新，水权市场需求广泛，交易规模不断扩大，且未来将会引进更多的参与主体，诸如监管主体、投资机构、水权产品设计公司等，虽然较之金融市场的产品多样性及交易规模有所不足，但水权市场的需求也相当可观。本书调整做市商对交易品种样本大、市场需求波动大的约束，进而模仿金融市场做市商报价制度的建设，以水权交易平台为载体，进行双边报价。

假设3：水资源作为稀缺资源，水权初始分配无法满足各个交易主体的用水需求,而部分交易主体也会因为自身利益和战略规划的改变而空余出相应部分的水使用权,从而产生交易需求,供需双方均能达到最优化生产。同时,由于水资源的极度稀缺,水权在每期期末都不允许有相应存储,也不可以进行借贷。存储水权需要极大的成本,因此,在期末,做市商和水权交易主体出于最优行为考虑不会有水权剩余。

假设4:做市商在运营过程中的自有资金成本和其他运营成本较为固定,且目前来看,大多数可能承担做市商功能的水权交易平台的组建均已完成,故相关运营成本忽略不计。做市商成本仅包括信息成本,而随着电子化系统的引入和技术的进步,指令处理成本越来越低,存货成本则由于在期末没有剩余水权而不存在,因此,除了信息成本,做市商其他的成本均可忽略不计。

假设5:假设市场上只存在两类企业,一类是水权短缺企业,它们由于自身战略规划或者用水需求增加而对水权有需求,另一类是水权富余企业,它们可能因为自身运营失败而停止生产产生水权富余,也可能是农业灌溉节水产生富余的节水主体。此时,水权交易需求产生。

假设6:由于当前我国水资源利用效率低下,主要节水大户在农业灌溉,而农户缺乏高效用水意识,因此,本书假设由政府出资设立节水及输水设备。在未来水权市场发展完备时也可以引入投资者,这部分前期投入有投资者提供资金,而后收益回报则可以向水权交易双方收取一定比例的利润。本书为了简化模型,假设水权市场的三类参与主体均不存在上述工程成本,工程成本由政府出资,或者由投资人出资。

(二) 参与主体变量定义

在做市商报价机制的三方博弈模型中,有三个部分,包括市场环境模型,不同类型交易者模型和做市商模型,其基本框架如图14-1所示。

市场环境模型规定了在所有交易期内有一个做市商,交易者之间不能直接进行相互交易,交易者买卖水权的行为和数量根据自身的行为策略和心理策略决定,相关变量定义如下所示。

(1) 交易主体行为变量定义

水权交易主体包括水权需求方和水权供给方,随着水权市场的成

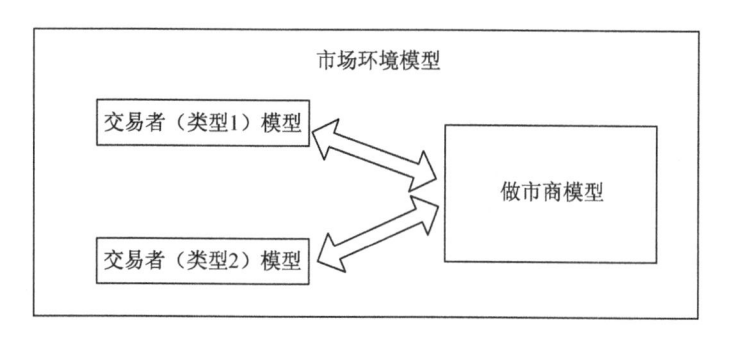

图 14-1 做市商报价水权市场基本框架图

熟,存在大量的买卖双方。这些主体是在水权初始分配后有水权余缺的主体,既包括工业用水企业,也包括农业灌溉节水主体,它们都可能因为自身战略改变和外在客观因素的变化对水权有买卖需求,且初始水权分配不一定能够满足要求。而对水权初始分配目前我国征收相应的水资源费,以此来实现节约用水的目的,但是成果并不显著。另外,水权交易主体在用水时也会存在相应的成本,这部分成本主要来自水资源的使用对生态和社会造成不好的影响,为了弥补需要进行相应的污水处理和生态补偿的成本。具体变量定义如下:

Q_z^0 表示交易主体 z 的初始水权分配量;

M 表示水权卖方的数目,令 $i=1,2,3\cdots M$ 表示水权供给企业序列;

N 表示水权买方的数目,令 $j=1,2,3\cdots N$ 表示水权需求企业序列;

L 表示水权参与主体总数目,即 $L=M+N$,令 $z=1,2,3\cdots L$ 表示水权交易企业序列;

Q_z 表示企业 z 在期末的水权使用总量,即有 $\sum_{i=1}^{M}Q_i+\sum_{j=1}^{N}Q_j=\sum_{i=1}^{M}Q_i^0+\sum_{j=1}^{N}Q_j^0$ 成立,且针对水权供给企业,有 $Q_i<Q_i^0$,针对水权需求企业,有 $Q_j>Q_j^0$;

r 表示企业获取初始水权的单位水价;

$I_z(Q)$ 表示企业 z 用水量为 Q 时的成本,该部分成本是企业用水必然对水生态产生或大或小的影响,因此使用一单位水权必须相应地支出环保成本,企业可使用先进的治污设备,可以看到,用水量较小时成本较小;用水量较大时成本较大。随着用水量增加,存在规模效应,此时增大速度减缓,则有 $I'_z(Q) > 0, I''_z(Q) < 0$;

$R_z(Q)$ 表示企业 z 用水量为 Q 时的收益,该部分收益是企业对水权使用带来的企业利润,用水量越小,企业收益越小;用水量越大,企业收益越大,且随着用水量的不断增加,收益增长幅度减缓。则有 $R'_z(Q) > 0, R''_z(Q) < 0$。

(2) 做市商行为变量定义

做市商即为水权交易平台,其可以进行水权双边报价,包括买价和卖价,价差即为做市商的利润,做市商的报价是在水权交易实现的前提下实现自身利益最大化,同时降低社会交易总成本。而根据假设 4,做市商的成本主要来源于信息搜集成本,如果不存在做市商时则由水权交易企业自行搜集信息,主要是交易企业用水存在的生态成本是私人信息,交易企业虽然是价格接受者,但是它们也会根据报价进行相应交易量的调整,而交易量又与交易企业的成本密切关联,因此做市商进行报价时需要加以考虑。这部分信息是当前水权交易平台作为中介所不能提供的,目前的水权交易平台主要发挥的是替交易企业发布买卖信息的中介功能,仅能公布需求量,对于企业可接受的价格信息不能获知,需要交易企业自己获取。

P_o(Offer)表示做市商报出的卖水价;

P_b(Bid)表示做市商报出的买水价;

$C_k(Q)$ 表示做市商交易 Q 单位水权所需支付的信息成本。该部分成本可能包括通过各种公开渠道搜集所需的固定成本 F_k 以及针对各个交易主体的私人信息变动搜集的成本 $V_k(Q)$,即 $C_k(Q) = F_k + V_k(Q)$,且信息搜集成本随着搜集主体的数目增多,其变动成本也相应地增加,而且增长得越多越快。因为每个主体都是独立的交易主体,存在其特有的战略规划和应对价格的反应信息,而且随着交易量的增加,进入的交易主体也会随着增多,其彼此间的博弈心理和反应函数会越来越复杂,信息搜集成本会越来越大,有 $C'_k(Q) = V'_k(Q) > 0, C''_k(Q) = V''_k(Q) > 0$。

第二节 做市商报价下水权交易的三方动态博弈模型

(一) 做市商报价下水权交易的基本模型

做市商报价受水权交易量的影响,因为水权交易量和交易价格存在反向关系,价格越高,水权使用成本越大,交易量越小。理性做市商的报价除了考虑政策规定的价差标准范围外,还需要获取交易企业对价格的反应函数,通过考虑交易企业的理性交易行为来判断如何报出价格才能使自身获利最大。因此,做市商的目标函数表示为:

$$\max \pi = P_o \sum_{j=1}^{N}[Q_j(P_o)-Q_j^0] - P_b \sum_{i=1}^{M}[Q_i^0-Q_i(P_b)] - C_k(TQ)$$

(14-1)

其中,$\sum_{j=1}^{N}[Q_j(P_o)-Q_j^0]$ 表示做市商一期的水权卖出总量,即水权需求企业的交易总量;$\sum_{i=1}^{M}[Q_i^0-Q_i(P_b)]$ 表示做市商一期的水权买入总量,即水权供给企业的交易总量;而 $TQ = \sum_{j=1}^{N}[Q_j(P_o)-Q_j^0] + \sum_{i=1}^{M}[Q_i^0-Q_i(P_b)]$,即水权交易总量 TQ 等于做市商买入的水权总量加上卖出的水权总量。

引入做市商后,市场上变为做市商、水权买入企业和水权卖出企业三方博弈,且做市商为了实现利益最大化,必须考虑另外两方的反应,建立在另外两方对报价反应的需求量的预测之上,做市商做出报价决策。而理性的水权买入企业和水权卖出企业需要考虑交易过程中企业利润最大化。因此,做市商的博弈情况可表述为:

$$\max \pi = P_o \sum_{j=1}^{N}[Q_j(P_o)-Q_j^0] - P_b \sum_{i=1}^{M}[Q_i^0-Q_i(Q_i)] - C_k(TQ)$$

$$s.t.\begin{cases} \sum_{j=1}^{N}[Q_j(P_o)-Q_j^0] = \sum_{i=1}^{M}[Q_i^0-Q_i(Q_i)] \\ \max \pi_i = R_i(Q_i) - I_i(Q_i) - rQ_i^0 + P_b(Q_i^0 - Q_i) \\ \max \pi_j = R(Q_j) - I_j(Q_j) - rQ_j^0 - P_o(Q_j - Q_j^0) \end{cases} \quad (14-2)$$

上述约束条件中,三个约束分别为:做市商买入水权总量等于卖出水权总量,即每期末做市商不保留水权;水权供给企业和水权需求企业追求自身利润最大化。当然,上述所有变量均大于0。

该模型的求解需要先求出买卖水权企业的利润最大化下交易水量与可接受价格的函数式,然后倒推出做市商的报价,此时的价格即为做市商的最终报价,该部分的价差为做市商利润最大化的价差。

(二) 做市商的双边报价

(1) 交易企业的利润最大化策略

水权供给企业的利润为 $\pi_i = R_i(Q_i) - I_i(Q_i) - rQ_i^0 + P_b(Q_i^0 - Q_i)$,水权需求企业利润为 $\pi_j = R(Q_j) - I_j(Q_j) - rQ_j^0 - P_o(Q_j - Q_j^0)$。令 $\frac{\partial \pi_i}{\partial Q_i} = 0, \frac{\partial \pi_j}{\partial Q_j} = 0$,此时水权买卖企业利润最大,有:

$$R'_i(Q_i) - I'_i(Q_i) = P_b, R'_j(Q_j) - I'_j(Q_j) = P_o \quad (14-3)$$

而水权交易量是价格的反应函数,且有 $Q'_i(P_o) < 0, Q'_j(P_b) < 0$。也就是说,做市商要价越高,水权需求企业买入水量越少,则最终的水权使用量 Q_i 越少;做市商出价越高,水权供给企业卖出水量越多,则自身最终的水权使用量 Q_j 越少。本书假设水权交易量与价格成线性关系,根据 $R'_i(Q_i) - I'_i(Q_i) = P_b, R'_j(Q_j) - I'_j(Q_j) = P_o$,可以得到水权卖出量与价格之间的反应函数为 $Q_i^0 - Q_i(Q_i) = \frac{Q_i^0}{R'_i(0) - I'_i(0)} P_b$,其中 $P_b \in [0, R'_i(0) - I'_i(0)]$,$R'_i(0)$ 表示企业水权使用量为0,增加一单位水权使用时收益的增量;$I'_i(0)$ 表示企业水权使用量为0,当增加一单位水权使用时交易企业成本的增量。该函数表明当 $P_b = 0$ 时,卖出量为0,当 $P_b = R'_i(0) - I'_i(0)$ 时,卖出量达到最大 Q_i^0。即做

市商向水权供给企业买水时,若提供的价格为 0,则水权供给方不会卖水,若提供的价格达到最大 $R'_i(0)-I'_i(0)$,则水权供给方会将全部水权卖出。同理,水权买入量与价格之间的反应函数为 $Q_j(P_o)-Q_j^0 = -\frac{Q_j(0)-Q_j^0}{R'_j(0)-I'_j(0)}P_o + Q_j(0) - Q_j^0$,其中 $P_o \in [0, R'_j(0)-I'_j(0)]$,$Q_j(0)$ 表示价格为 0 时需水企业水权使用量。该函数表明当 $P_o = 0$ 时,买入量为 $Q_j(0)-Q_j^0$,当 $P_b = R'_j(0)-I'_j(0)$ 时,买入量为 0。即做市商向水权需求企业卖水时,若提供的价格为 0,水权需求方买入 $Q_j(0)-Q_j^0$;若提供的价格达到最大 $R'_j(0)-I'_j(0)$,则水权需求方将不会进行水权交易。

(2) 做市商的报价策略

通过上述求解,可以得知水权买卖双方理性行为下的交易策略需求,根据对交易双方的信息掌握和预测,做市商报出双边价格,从而追求利润最大化。将上述求解代入做市商的目标函数有:

$$\max \pi = P_o \sum_{j=1}^{N}\left[-\frac{Q_j(0)-Q_j^0}{R'_j(0)-I'_j(0)}P_o + Q_j(0) - Q_j^0\right] - P_b \sum_{i=1}^{M}\left[\frac{Q_i^0}{R'_i(0)-I'_i(0)}P_b\right] - C_k\left(\sum_{j=1}^{N}[Q_j(P_o)-Q_j^0] + \sum_{i=1}^{M}[Q_i^0 - Q_i(P_b)]\right)$$

$$s.t. \begin{cases} \sum_{j=1}^{N}\left[-\frac{Q_j(0)-Q_j^0}{R'_j(0)-I'_j(0)}P_o + Q_j(0)-Q_j^0\right] = \sum_{i=1}^{M}\left[\frac{Q_i^0}{R'_i(0)-I'_i(0)}P_b\right] \\ P_o; P_b; Q_i; Q_j \geqslant 0 \end{cases}$$

(14-4)

对上式(14-4)构建拉格朗日函数求解:

令 $L = \max \pi + \mu \left\{ \sum_{i=1}^{M}\left[\frac{Q_i^0}{R'_i(0)-I'_i(0)}P_b\right] - \sum_{j=1}^{N}\left[-\frac{Q_j(0)-Q_j^0}{R'_j(0)-I'_j(0)}P_o + Q_j(0) - Q_j^0\right]\right\}$

则有:

$$\frac{\partial_L}{\partial_{P_o}} = -2P_o \sum_{j=1}^{N}\left[\frac{Q_j(0)-Q_j^0}{R'_j(0)-I'_j(0)}\right]$$

$$+ \sum_{j=1}^{N}[Q_j(0)-Q_j^0]$$

$$+ \mu \sum_{j=1}^{N}\left[\frac{Q_j(0)-Q_j^0}{R'_j(0)-I'_j(0)}\right]$$

$$+ C'_k \sum_{j=1}^{N}\left[\frac{Q_j(0)-Q_j^0}{R'_j(0)-I'_j(0)}\right]$$

(14-5)

$$\frac{\partial_L}{\partial_{P_b}} = -2P_b \sum_{i=1}^{M}\left[\frac{Q_i^0}{R'_i(0)-I'_i(0)}\right] + \mu \sum_{i=1}^{M}\left[\frac{Q_i^0}{R'_i(0)-I'_i(0)}\right]$$

$$- C'_k \sum_{i=1}^{M}\left[\frac{Q_i^0}{R'_i(0)-I'_i(0)}\right]$$

(14-6)

$$\frac{\partial_L}{\partial_\mu} = \sum_{i=1}^{M}\left[\frac{Q_i^0}{R'_i(0)-I'_i(0)}P_b\right] - \sum_{j=1}^{N}\left[-\frac{Q_j(0)-Q_j^0}{R'_j(0)-I'_j(0)}P_o + Q_j(0)\right.$$

$$\left. - Q_j^0\right]$$

(14-7)

令 $\sum_{j=1}^{N}[Q_j(0)-Q_j^0) = A$, $\sum_{j=1}^{N}\left[\frac{Q_j(0)-Q_j^0}{R'_j(0)-I'_j(0)}\right] = B$,

$\sum_{i=1}^{M}\left[\frac{Q_i^0}{R'_i(0)-I'_i(0)}\right] = C$,

则(14-5)至(14-7)转化为：

$$\frac{\partial_L}{\partial_{P_a}} = -2P_oB + A + \mu B + C'_k B \tag{14-8}$$

$$\frac{\partial_L}{\partial_{P_b}} = -2P_bC + \mu C - C'_k C \tag{14-9}$$

$$\frac{\partial_L}{\partial_\mu} = CP_b + BP_o - A \tag{14-10}$$

令(14-8)至(14-10)三式一阶导数等于 0 得：

$$P_o = \frac{AC + 2AB + ABCC'_k}{2B(B+C)} \tag{14-11}$$

$$P_b = \frac{A - BP_o}{C} = \frac{A}{C} - \frac{AC + 2AB + ABCC'_k}{2C(B+C)} \tag{14-12}$$

上式即为做市商双边报价,价差为上述两式构差,

$$\Delta P = P_o - P_b = C'_k + \frac{R'_j(0) - I'_j(0)}{2} \tag{14-13}$$

从上述可以看出,交易进行的必要条件是 $\Delta P > 0$,且水权需求企业的水权使用量大于起初初始分配量,此时水权交易才会产生。从上述博弈结果可以发现,做市商制定的双边报价是边际信息成本、边际用水收益、边际用水治污成本以及水权初始分配量的函数,同时,做市商利润最大化受上述变量影响。与政府定价以及竞价等定价方式相比,做市商报价是通过搜集水权交易双方掌握的市场信息,预测其交易决策后,报出双边价格。最终价格不仅需要考虑用水收益、治理成本,还要考虑水权初始分配情况,这对水权交易价格起到优化作用。

价差是水权企业让渡给做市商的部分利益,由公式(14-13)可知,最终价差由边际信息成本、水权量为 0 时需求企业的边际用水收益、边际治污成本构成。资产在短期内存在一定的粘性,企业通过水权交易得到需要的水权,受制于资产粘性,其边际用水收益和治污成本相对稳定,当水权量为 0 时,可以假设上述变量保持不变。由此可见,短期内报价价差只受边际信息成本影响。信息成本越低,价差越小,水权交易越活跃,参与主体也越积极。因此,政府应该构建一个完善的水权市场,加强监管;做市商需要建立强大的背后数据,搜集不同交易主体的私人信息;交易主体应当采用不同的方式进行信号显示,从而能够降低信息成本,更好地开展水权市场交易。

(三) 做市商报价制度对水权交易价格的影响

做市商报价制度下的水权买卖价格受边际信息成本、边际用水收益、边际用水治污成本、水权初始分配量和水权真实需求量影响,随着技术等进步,边际用水收益、边际用水治污成本及水权初始分配量变化

幅度较小，因此做市商的双边报价主要取决于边际信息成本及水权真实需求量。而在无做市商报价制度的情况下，水权交易双方根据自身对水权价值的判断在水权交易所报出合适的价格，目前这一价格主要是集中在水权的成本定价上，虽然也会随着市场的成熟发展，慢慢挖掘水资源的自身价值，但是水权交易双方只能根据自身情况报出交易价格，而对对方的信息知之甚少，这容易造成交易无法达成的局面。同时，交易主体搜集水权价值的信息成本较高，引入做市商后可以利用规模效应降低信息搜集成本，从而提升利润。

除了边际信息成本的影响，报价还会受水权真实需求量的影响。信息是繁多的，也是瞬息万变的，所以信息搜集成本会不断变化，但增长幅度会随着规模效应降低。而水权需求方和供给方的需求量会受降水量、战略调整等因素的影响。例如一家企业如果调整了其战略规划，则公司的用水需求也会相应调整，这些不确定因素的存在造成了水权真实需求量的波动性较大，这对于无做市商时水权交易价格的影响也较大，造成水权交易价格波动幅度很高。引入做市商后，存在规模经济的做市主体能够在一定程度上化解需求量剧烈波动的影响，起到"缓冲器"的作用。

因此，做市商报价制度能够降低水权交易成本，促成水权交易更多的达成，也有利于降低水权交易价格的波动幅度，从而稳定水权市场。

第三节 做市商报价机制与交易所竞价机制水权交易总成本比较

做市商报价与竞价机制相比，报价及社会效用存在显著差异。做市商报价是在水权供需企业利润最大化策略基础上考虑水权初始分配情况及治污成本，这有助于报价的优化，且三方博弈所制定的报价是以三方利益最优为基础，符合激励相容约束条件。而竞价机制是交易双方分别报价，在中介性质的水权交易所挂牌进行顺序交易，此时对水权价值掌握更多信息的知情交易者获得更多利益，不知情交易者则无法实现最优化决策。因此,做市商报价机制比无做市商竞价机制的社会总效用高,更能实现卖方利润最大化。

在水权交易过程中,存在相应的交易成本,本书主要考虑信息成本。下面比较相同水权交易量做市商报价的水权交易市场上,做市商承担信息成本,市场总的信息成本函数为:

$$TC_1 = F_k + V_k \sum_{k=1}^{L} |Q_{1k} - Q_k^0| \tag{14-14}$$

而不存在做市商时,信息成本由水权供需企业自行承担,本书假设企业承担的成本为 $F_m + V_m(Q)$,即企业 m 交易水量为 Q 的固定成本 F_m 和变动成本 $V_m(Q)$,则有 $V'_m(Q) > 0, V''_m(Q) > 0$。与做市商制度相比,水权交易企业的固定成本低于做市商,而由于规模效应,其边际成本会高于做市商,因此有 $F_m < F_k, V'_m(Q) > V'_k(Q)$。则市场总的信息成本函数为:

$$TC_2 = \sum_{k=1}^{L} F_m + \sum_{k=1}^{L} V_m(|Q_{2k} - Q_k^0|) \tag{14-15}$$

对于 $\sum_{k=1}^{L} V_m(|Q_{2k} - Q_k^0|) - V_k \sum_{k=1}^{L} |Q_{1k} - Q_k^0|$,当 $\sum_{k=1}^{L} |Q_{1k} - Q_k^0| = \sum_{k=1}^{L} |Q_{2k} - Q_k^0|$ 时,即水权交易量相等时比较两种情况的交易总成本,原式 $= \sum_{k=1}^{L} V_m(|Q_{2k} - Q_k^0|) - V_k \sum_{k=1}^{L} |Q_{1k} - Q_k^0|$,由于变动成本 $V'_m(Q) > 0, V''_m(Q) > 0$,是凸函数,所以 $\sum_{k=1}^{L} V_m(|Q_{1k} - Q_k^0|) \geq V_m \sum_{k=1}^{L} |Q_{1k} - Q_k^0|$。又因为 $V'_m(Q) > V'_k(Q)$,$V_m(0) - V_k(0) = 0$,所以 $V_m(\sum_{k=1}^{L} |Q_{1k} - Q_k^0|) - V_k(\sum_{k=1}^{L} |Q_{2k} - Q_k^0|) > 0$,则有:

$$\sum_{k=1}^{L} V_m(|Q_{2k} - Q_k^0|) - V_k \sum_{k=1}^{L} |Q_{1k} - Q_k^0| \geq V_m \sum_{k=1}^{L} |Q_{2k} - Q_k^0| - V_k \sum_{k=1}^{L} |Q_{1k} - Q_k^0| = (V_m - V_k) \sum_{k=1}^{L} |Q_{1k} - Q_k^0| > 0。$$

对于 $\sum_{k=1}^{L} F_m - F_k$，因为 $F_m - F_k < 0$，则令 $\sum_{k=1}^{A} F_m - F_k = 0$，$\sum_{k=1}^{A} F_m = AF_m$ 是增函数，所以当且仅当 $L > A = \dfrac{\sum_{k=1}^{A} F_m}{F_m} = \dfrac{F_k}{F_m}$ 时，$\sum_{k=1}^{L} F_m - F_k > 0$。

通过构差，将有无做市商情况下的交易总成本进行比较，得到如下结论：

（1）当 $L > \dfrac{F_k}{F_m}$ 时，即交易企业数量大于 $\dfrac{F_k}{F_m}$ 时（其中 $\dfrac{F_k}{F_m}$ 为做市商报价制度下信息搜集固定成本与无做市商报价时的信息搜集固定成本之比），$TC_2 > TC_1$，即做市商报价制度下的交易总成本较小；

（2）当 $L < \dfrac{F_k}{F_m}$ 时，即交易企业数量小于 $\dfrac{F_k}{F_m}$ 时，$TC_2 < TC_1$，即竞价机制下的交易总成本较小。

因此，水权交易参与企业较少时，做市商报价总交易成本较高；但当水权交易参与企业较多时，由于规模效应做市商报价总交易成本较低。这表明，政府部门应该鼓励各类机构参与到水权交易当中，当市场参与主体增加时，做市商报价制度的实施有利于进一步降低社会交易总成本。所以，在未来市场成熟的情况下，扩大市场规模，开拓水期权、期货等多品种，跨行业和地区的水权交易试点工作，采用做市商报价制度将能更多地节约社会交易总成本。

第十五章

做市商视角下内蒙古水权收储转让中心运行机制及报价仿真

第一节 内蒙古水资源利用现状及供需评估

(一)内蒙古水资源利用现状

(1)内蒙古水资源概况

内蒙古自治区位于我国北部,地域辽阔。2017年内蒙古自治区平均降水总量2 408.62亿 m³,较多年平均值减少26.2%,全区地表水资源量194.07亿 m³,较多年平均值减少52.3%,地下水资源量207.26亿 m³,较多年平均值减少12.3%,全区水资源总量309.92亿 m³,减少43.2%,水资源短缺严重。

(2)供水与用水结构分析

2017年全区供水量187.99亿 m³,较上年减少2.30亿 m³,其中,地表水供水量99.22亿 m³,地下水供水量85.33亿 m³,其他水源供水量3.44亿 m³,分别占总量的52.78%、45.39%和1.83%。而全区用水量中农业用水138.11亿 m³,工业用水15.72亿 m³,分别占用水总量的73.47%和8.36%。工业用水所占比重较低,近十年来供水总量平均为183.73亿 m³,供水总量波动幅度较小,标准差为3.78;而农业用水平均值为138.93亿 m³,工业用水平均值为20.63亿 m³,且近几年呈现下降趋势。具体如表15-1,图15-1、图15-2所示。

表 15-1　2008—2017 年内蒙古供水和用水量统计表

名称		单位	平均值	标准差	最大值	最小值
供水总量	地表水	亿 m^3	92.90	3.46	99.22	89.06
	地下水	亿 m^3	89.01	2.34	93.00	85.33
	其他水源	亿 m^3	1.81	1.12	3.44	0.30
用水总量	农业用水	亿 m^3	138.93	2.83	143.98	133.46
	工业用水	亿 m^3	20.63	2.63	23.65	15.72

数据来源：内蒙古 2008—2017 年水资源公报计算所得

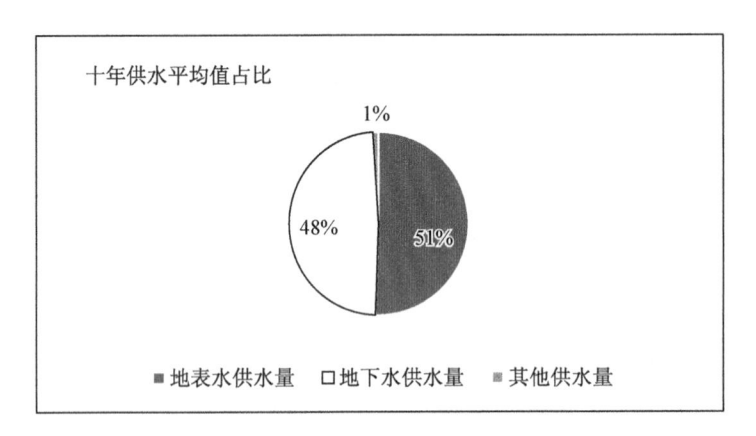

图 15-1　2008—2017 年内蒙古各类水源供水量占总供水量百分比

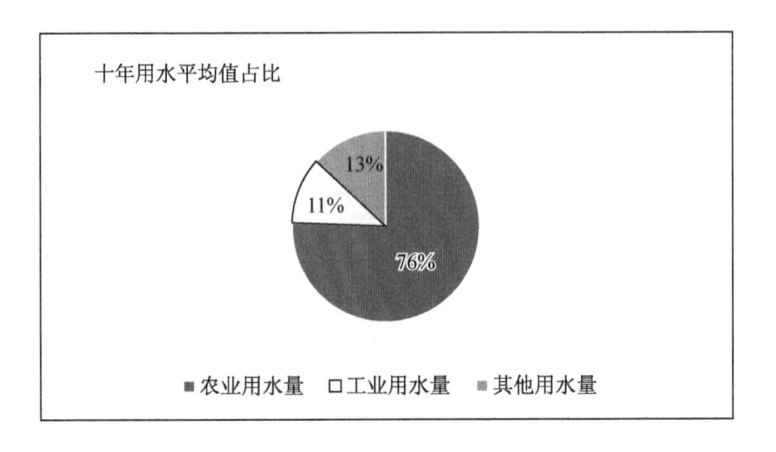

图 15-2　2008—2017 年内蒙古各类用水户用水量占总用水量百分比

(3) 水质状况分析

根据中国统计年鉴,2017年全区废水排放总量104 251万t,其中主要污染物排放量中铅排放2 349.1 kg,砷排放657.4 kg。

在入河排污口监测方面,2017年共监测278个,实际采样的入河排污口204个,达标个数83个,达标率40.7%,较往年略有提升,但整体而言比重较低。

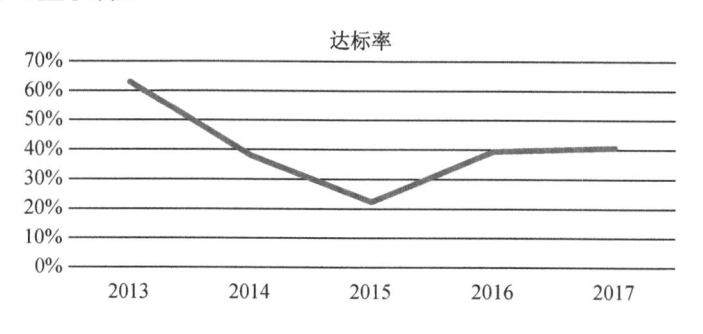

图 15-3 入河排污口达标率

2017年全区共监测水功能区560个,实际参加评价的水功能区437个,其中,水质Ⅰ类～Ⅲ类的水功能区359个,河长18 501.2 km,河长所占比例为86%,Ⅳ类～劣Ⅴ类的水功能区78个,河长3 009.3 km,河长所占比例为14%。2017年全区劣Ⅴ类水功能区河段共有30个,与2016年相同。其中16个水功能区2017年与2016年均为劣Ⅴ类,有14个水功能区2017年比2016年水质有所好转,有14个水功能区2017年比2016年水质有所变差。2017年全区参评的437个水功能区按双因子评价,达标303个,占69.3%。

(4) 内蒙古水资源利用存在的问题

黄河流域地处干旱半干旱地区,降水量少,水资源总量有限,随着工农业的快速发展,用水需求量不断增加,但供给总量却有限,经济发展受到严重制约。

首先,内蒙古用水结构不合理,从图15-2可以看出,内蒙古工业用水量占11%,而农业占76%,且灌溉用水效率低下,灌溉水利用率为52.1%,低于全国平均水平,水资源配置不合理,且农业用水效率较低,不利于社会整体效益的提升;其次,内蒙古地下水利用较多,部分盟市的水资源利用量超过承载能力,存在过度开发利用的现象;最后,黄河流域水资源的需求量会越来越大,供需矛盾日益严峻。农业节水解决工业用水问题也受到部分技术限制,工业发展得不到满足。

(二)内蒙古水资源供需评估

在对内蒙古水资源分配情况和利用现状分析的基础上,对内蒙古未来供需水量进行预测,为内蒙古未来水权交易的进行提供依据。本书选取多元回归分析和灰色预测相结合的方法进行评估。由于水权交易多集中于工农业用水,目前的生活用水并不允许进行交易,因此本书只对内蒙古地区工业和农业水资源供需情况进行分析。

(1)多元回归模型建立

本书选取 2003—2017 年的内蒙古农业和工业用水数据,进行多元回归。结合现有水需求预测文献,自变量选取见表 15-2。工业水量预测以工业增加值、万元工业增加值用水量、第二产业占 GDP 比重、废水排放总量和年均降雨量为自变量,工业用水总量为因变量;农业水量预测以农林牧渔业增加值、万元农业增加值用水量、有效灌溉面积、第一产业占 GDP 比重和年均降雨量为自变量,农业用水总量为因变量。

表 15-2　自变量界定

因变量	自变量	符号表示
工业用水	工业增加值(亿元)	X1
	万元工业增加值用水量(m^3)	X2
	第二产业占 GDP 比重	X3
	废水排放总量(万 t)	X4
	年均降雨量(亿 m^3)	X5
农业用水	农林牧渔业增加值(亿元)	X1
	万元农业增加值用水量(m^3)	X2
	有效灌溉面积(千公顷)	X3
	第一产业占 GDP 比重	X4
	年均降雨量(亿 m^3)	X5

近15年工业用水量平均值为18.31亿 m³,最大值为23.65亿 m³,最小值为9.55亿 m³,波动幅度较大;而在工业用水影响因素方面,工业增加值和废水排放总量的波动幅度较大,工业增加值最大为7 944.4亿元,最小为773.5亿元,废水排放总量最大为111 916.9万 t,最小为50 790万 t;农业用水量平均值为142.36亿 m³,最大值为152.82亿 m³,最小值为133.46亿 m³;在农业用水影响因素方面,万元农业增加值用水量波动幅度较大,最大值为3 563.2 m³,最小值为825.57 m³。相关数据如表15-3、表15-4所示。

表15-3　2003—2017年内蒙古工业用水量和影响因素指标

名称	单位	平均值	标准差	最大值	最小值
工业用水总量	亿 m³	18.31	4.41	23.65	9.55
工业增加值	亿元	5 035.92	2 722.03	7 944.40	773.50
万元工业增加值用水量	m³	2.15	30.73	111.00	18.32
第二产业占GDP比重	—	0.49	0.05	0.56	0.40
废水排放总量	万 t	82 917.90	22 816.68	111 916.90	50 790.00
年均降雨量	亿 m³	2 961.23	423.95	3 670.80	2 371.10

数据来源:Wind数据库、内蒙古水资源公报和中国统计年鉴计算所得

表15-4　2003—2017年内蒙古农业用水量和影响因素指标

名称	单位	平均值	标准差	最大值	最小值
农业用水总量	亿 m³	142.36	5.50	152.82	133.46
农林牧渔业增加值	亿元	1 123.14	454.76	1 672.90	420.10
万元农业增加值用水量	m³	1 589.21	849.91	3 563.20	825.57
有效灌溉面积	千公顷	2 926.11	185.32	3 174.80	2 568.54
第一产业占GDP比重	—	0.10	0.01	0.13	0.08
年均降雨量	亿 m³	2 961.23	423.95	3 670.80	2 371.10

数据来源:Wind数据库、内蒙古水资源公报和中国统计年鉴计算所得

根据表15-3、表15-4建立多元回归模型:

$$\mathrm{Ln}(Y_t) = a_1\mathrm{Ln}(X_{1t}) + a_2\mathrm{Ln}(X_{2t}) + \cdots + a_n\mathrm{Ln}(X_{nt}) + b$$

(15-1)

其中，Y_t 为第 t 年各行业用水量，$X_{it}(n=1,2,3\cdots)$ 为影响各行业用水的因素。

运用 SPSS 软件进行回归，回归结果如表 15-5 所示。

在统计、计量中大多采用 95% 为置信水平，故本书选取 5% 作为显著性水平，因此根据表 15-5 所示的显著性结果，在取对数后的回归结果中，万元工业增加值用水量和年均降雨量对工业用水的回归系数在 5% 的显著性水平下不显著；农林牧渔业增加值、有效灌溉面积和第一产业占 GDP 的比重对农业用水的回归系数在 5% 的显著性水平下不显著。因此，选取的回归方程如下所示。

工业用水：

$$\text{Ln}(Y1) = 0.385^* \text{Ln}(X1) + 1.446^* \text{Ln}(X3) - 0.597^* \text{Ln}(X4) + 0.795 \tag{15-2}$$

农业用水：

$$\text{Ln}(Y2) = 0.063\,3^* \text{Ln}(X2) - 0.073\,3^* \text{Ln}(X5) + 5.084\,8 \tag{15-3}$$

表 15-5 回归结果

变量	工业用水 Ln(Y1)	农业用水 Ln(Y2)
C	0.795*	5.084 8*
Ln(X1)	0.385*	—
Ln(X2)	—	0.063 3*
Ln(X3)	1.446*	—
Ln(X4)	−0.597*	—
Ln(X5)	—	−0.073 3*
Adjusted R^2	0.986 7	0.903 6
F—stat	345.962 1	66.579 3

注：* 表示在 5% 的显著性水平下显著

（2）统计检验

对以上三个方程分别进行 White 异方差检验和 LM 序列相关性检验，检验结果见表 15-6、表 15-7。

工业用水量受到工业增加值、第二产业占 GDP 比重、废水排放总量这些因素的影响,回归结果表明三个变量均在 5% 的显著性水平下通过 t 检验,第二产业占 GDP 比重系数绝对值大于工业增加值和废水排放总量,说明第二产业占 GDP 比重对工业用水影响较大,且为正。而废水排放总量对工业用水的影响为负,说明废水排放越多,工业分配水量将越少,则用水量也越少。由 White 异方差检验可知,P 值为 0.833 6,大于 0.05,因此可以判定 5% 的显著性水平下不能拒绝"不存在异方差"的原假设,即不存在异方差。通过 LM 序列相关性检验可知,在 5% 的显著性水平下不能拒绝原假设"不存在序列相关性",故回归方程的残差序列不存在序列相关性。同样地,农业用水量受到万元农业增加值用水量及年均降雨量等因素影响,且都在 5% 的显著性水平下通过 t 检验。根据 White 异方差检验,P 值为 0.343 3,大于 0.05,因此不存在异方差,且回归方程的残差序列不存在序列相关性。

表 15-6　White 异方差检验表

方程 1	F-statistic	0.480 7	Prob. F(8,6)	0.833 6
	Obs * R-squared	5.858 7	Prob. Chi-Square(8)	0.663 1
	Scaled explained SS	2.581 6	Prob. Chi-Square(8)	0.957 8
方程 2	F-statistic	1.303 1	Prob. F(5,9)	0.343 3
	Obs * R-squared	6.299 1	Prob. Chi-Square(5)	0.278 2
	Scaled explained SS	2.670 1	Prob. Chi-Square(5)	0.750 7

表 15-7　LM 序列相关性检验表

方程 1	F-statistic	0.873 4	Prob. F(2,9)	0.450 1
	Obs * R-squared	2.438 1	Prob. Chi-Square(2)	0.295 5
方程 2	F-statistic	1.063 0	Prob. F(2,10)	0.381 4
	Obs * R-squared	2.629 9	Prob. Chi-Square(2)	0.268 5

(3) 灰色预测

利用 MATLAB 软件对过去 15 年影响各行业用水需求的各个因素进行分析,通过对工业增加值、第二产业占 GDP 比重、废水排放总量、万元农业增加值用水量及年均降雨量的原始数据进行一次累加,生

成序列,建立微分方程,对参数进行计算,拟合方程,并检验。预测方程分别是:

$$\hat{X}^{(1)}(k+1) = 85\ 037.56\ e^{0.022\ 52k} - 78\ 534.23 \tag{15-4}$$

$$\hat{X}^{(1)}(k+1) = -7.025\ 56\ e^{-0.012\ 5k} + 5.955\ 3 \tag{15-5}$$

$$\hat{X}^{(1)}(k+1) = 2\ 259\ 283.193\ e^{0.121k} - 2\ 366\ 203.663 \tag{15-6}$$

$$\hat{X}^{(1)}(k+1) = -184\ 284.25\ e^{-0.003\ 2k} + 184\ 119.32 \tag{15-7}$$

$$\hat{X}^{(1)}(k+1) = -626\ 187.60\ e^{-0.007\ 9k} + 629\ 837.30 \tag{15-8}$$

且 C 值均小于 0.35,满足预测精度要求。最后代入先前估计的多元回归方程,得到工业、农业 2020 年用水估计值分别为 12.8 亿 m^3,139.01 亿 m^3,这代表当前用水总量,而该部分可以看成是未来初始分配水量,即工农业能够分配到的水资源量。而实际用水需求总量按照十年平均值来估计工业为 20.63 亿 m^3,农业为 138.93 亿 m^3。表明未来工业用水供需矛盾严峻,需要进行水权交易、农业高效用水来弥补这部分需求。而在未来十年,生产用水供需矛盾必将进一步加大,因此,本书提出通过水权交易平台的做市商报价机制进行水权交易,有利于提高水权交易活跃性,提高用水效率,促进水资源优化再分配。

第二节　内蒙古水权收储转让中心报价交易仿真模拟运行设计

(一) 内蒙古水权收储转让中心发展现状

2013 年,内蒙古自治区出现了我国第一家真正意义上的水权交易平台——内蒙古水权收储转让中心,目前主要服务于盟市间节余水权收储转让,投资实施节水项目并对节约水权收储转让,水权收储转让项目咨询、评估与建设,未来有望发挥做市商功能、投资与中介功能,通过做市商报价机制促成内蒙古地区水权交易，缓解供需矛盾。

内蒙古自治区水权收储转让中心为法人机构，是专门为水权交易工作成立的。初期，内蒙古水权中心履行灌区节水改造工程项目实施管理主体责任，试点工程转让指标按3.6亿 m³控制，分三期实施，每期转让水量为1.2亿 m³。2016年10月，内蒙古水权收储中心使用水交所的交易系统，开启了全流程网上交易的便捷交易模式。截至目前为止，内蒙古水权中心发生交易75笔（其中61笔卖方是巴彦淖尔市水务局，5笔卖方是内蒙古水权收储转让中心，9笔卖方是内蒙古河套灌区管理总局，买方均为内蒙古地区工业企业），交易价格均为每年0.6元/m³（首付），交易期限25年。具体情况如表15-8所示。

表15-8 内蒙古水权收储转让中心成交信息

年份	成交笔数	成交量（万 m³）
2014	4	59 750
2015	0	0
2016	8	65 677.75
2017	16	45 705.75
2018	47	128 866.5
汇总	75	300 000

数据来源：内蒙古水权收储转让中心整理所得

不难发现，内蒙古水权收储转让中心当前承担水权交易平台的中介功能，发布交易信息，促成水权交易。但是从交易量和交易频次可以看出，水权交易平台功能的发挥有限，作为法人性质的企业，内蒙古水权收储转让中心有限公司的营收未能达到标准，平台成立的初衷也未能实现。因此，发挥水权中心金融属性的功能，利用内蒙古水权中心进行做市商报价交易，提高水权交易活跃性，降低交易成本，提高用水效益成为当前首要任务。

（二）仿真模拟相关设定

基于交易主体的复杂性，构建以内蒙古水权收储转让中心为报价做市商,各交易主体参与进行报价买卖的机制,在该市场环境下的各博弈主体会根据自身的收益函数决定经济行为,水权供需主体会考虑自身经济利益最大化,而做市商会在不断搜集信息过程中进行双边报价,随着信息的调整和相关变量的改变,做市商不断优化自身的报价。通过这样一个三方各自的演化行为分析,研究做市商报价制度下的水权交易效率,从而为日后水权交易引入做市商报价制度提供指导。

(1) 模型假设

假设1:随着水权交易所的成立以及国家对水资源稀缺问题的关注,未来水权市场会越来越成熟,相关投资主体、产品设计公司及监管主体的进入促进水权衍生品不断创新,水权市场需求广泛,交易规模不断扩大,水权交易数量也会实现飞跃式增长。同时,由于主客观因素的影响,水权市场需求波动性较大,水权交易价格相应受到影响。虽然交易规模和市场需求波动性较之金融市场有所不及,但本书调整做市商对交易品种样本大、市场需求波动大的约束,进而模仿金融市场做市商报价制度的建设,以水权交易平台为载体,进行双边报价。

假设2:做市商报价制度下各参与主体,包括内蒙古水权中心和水权交易供需双方,均根据自身情况进行决策的实时调整。水权交易过程中,各参与主体均需要搜集市场信息,并据此进行决策。做市商需要了解其他成员的信息,并在此基础上报出双边价格。但由于信息不对称,做市商搜集的信息是一个动态变化的过程,因此,报价机制是一个不断调整演化的过程,参与主体都是理性的经济人,会以利润最大化为目标进行决策。

假设3:在不改变边际信息成本、边际用水收益和边际治理成本的前提下,做市商双边报价价差保持不变,但做市商会根据本期与上期利润的比较调整下一期的报价。现实生活中,相关部门会规定做市商的报价价差上限,因为价差过大会损害交易者的利润,转为做市商的收益,不利于市场流动性和社会效益最大化。

假设4:水权交易均在当期发生、完成,不能借贷,参与主体进行水权交易必须是真实有交易需求,不能进行投资交易,且均需要通过做市商完成。做市商必须有相应的部分存储水权,以备生态用水或是市场供需极度恶化之需,这部分存储可以理解为商业银行的法定存款准备金。另外,同类型水权价格相同,农业用水和工业用水主体均按照企业形式进入市场,农业用水可以用水协会为单位,在水权交易市场享有与工业企业同等权利,交易企业对风险偏好是中性的,不存在投机行为等。

(2) 参数设定

D 表示市场需求,假设服从正态分布;

D_k 表示企业 k 的市场需求量;

P_o 表示做市商报卖价格;

P_b 表示做市商报买价格;

$Q_j(P_o)$ 表示企业 j 在价格为 P_o 时最优生产所需水权量;

$Q_i(P_o)$ 表示企业 i 在价格为 P_o 时最优生产所能供给水权量;

$Q_j(0)$ 表示企业 j 在价格为 0 时所愿意买入的水权量,即企业 j 最优生产时所需要的水权量;

Q_j^0 表示需水企业 j 的水权初始分配量;

Q_i^0 表示供水企业 i 的水权初始分配量;

$R'_j(0)$ 表示企业 j 在用水量为 0 时,增加一单位水权所能带来的用水收益;

$I'_j(0)$ 表示企业 j 在用水量为 0 时,增加一单位水权所耗费的治污成本;

$R_j(Q)$ 表示企业 j 在用水量为 Q 时的用水收益;

$I_j(Q)$ 表示企业 j 在用水量为 Q 时的治污成本。

(3) 模型构建

根据上述设定,交易企业买卖水权的量为:

$$\Delta Q = \begin{cases} \sum_{j=1}^{N} [Q_j(P_o) - Q_j^0], \text{买入水权量} \\ \sum_{i=1}^{M} [Q_i^0 - Q_i(P_b)], \text{卖出水权量} \end{cases} \quad (15-9)$$

做市商的利润模型为:

$$\pi_1 = P_o \sum_{j=1}^{N} [Q_j(P_o) - Q_j^0] - P_b \sum_{i=1}^{M} [Q_i^0 - Q_i(P_b)] \quad (15\text{-}10)$$

系统收益模型为：

$$\pi_2 = \sum_{j=1}^{N} [Q_j(P_o) - Q_j^0][R_j(Q) - I_j(Q) - P_o] \quad (15\text{-}11)$$

（4）模拟初始值设定

本次模拟初始值涉及参数较多，大部分使用内蒙古实际数据，也有部分根据内蒙古实际情况给出特定参数，根据模拟值进行算例分析，仿真出内蒙古水权中心做市商报价运行的长期演化效率。具体数值如下所示。

水权市场需求总量。假设需求总量服从正态分布，均值取内蒙古2008—2017 年十年工业用水量均值，为 20.63 亿 m³，标准差为市场波动率的 10%，可以设定为 2，即 $D \sim N(20.63, 2^2)$，且假设企业间相互独立，具有相同的方差，假设市场上有 20 家需水企业和 20 家供水企业。

水权交易初始基准价。以内蒙古全成本定价法 1.03 元/m³ 为例，加上 10% 的利润，则基准价为 1.13 元/m³。根据工信部所公布的 2017 年全国工业企业 8% 的利润标准，本模型设定做市商初始报价标准为：水权报买价格 1.13 元/m³；水权报卖价格 1.22 元/m³。

需水水权初始分配总量假设定为 12.8 亿 m³，即以内蒙古工业企业预测用水量为标准，因为内蒙古需水企业多为工业企业，交易也多是取水权交易，则工业企业可以大致代表需水企业。供水企业初始分配总量假设定为 30 亿 m³，虽然供水水权大多为农业灌溉用水水权，而农业用水预测为 139.01 亿 m³，但是大部分农业用水必须留给农业灌溉，只有节水工程节约的少部分水资源可以进行交易，而当前的节水技术和实施程度有限，故以 30 亿 m³ 为供水初始分配总量。企业用水收益假定为平均 10 元/m³ 的收益，不考虑边际递减效用，以平均每立方米水资源所能创造的收益为例，则假定其边际收益不变。企业治污成本假定为平均 5 元/m³ 的成本，不考虑边际递减效用，以平均每立方米水资源所产生的成本为例，则假定其边际成本不变。

第三节　仿真模拟运行结果分析

在上述假定下,运用 MATLAB 软件对内蒙古水权收储转让中心做市商报价运行进行模拟。具体运行机制以最优报价制度交易流程为主,即做市商会根据本期利润与上期进行比较,从而不断调整自身的双边报价。当利润上升时,适当提升报价以追求更大价差和利润,其中,利润小于 0 的报价提升幅度大于利润大于 0 的;当利润下降时,适当降低报价以提高交易量,其中,为了快速使做市商实现盈利,利润小于 0 的报价下降幅度高于利润大于 0 的,从而提升利润。因为,对于内蒙古经济发展而言,水资源短缺成为制约经济增长的一个重要因素,为了发展经济,以工业促进经济增长,水权的获取必不可少,当水权价格降低时,企业更乐于买入水权提升生产能力;当水权价格上升时,企业会适当减少购买量,但是由于经济发展的需要,买入量下降幅度不会很大。因此,在做市商报价过程中,为了避免做市商投机报价,需要适当引入政府和公众监管,避免报价价差过大或者报价调整幅度过高。而水权供需双方会根据自身利益最大化进行水权交易决策。在这样一个复杂的主体交易系统中,以做市商报价、交易量、做市商利润及系统收益为研究变量。本书观察模拟运行 40 个周期的稳定情况,具体仿真运行结果如图 15-4 所示。

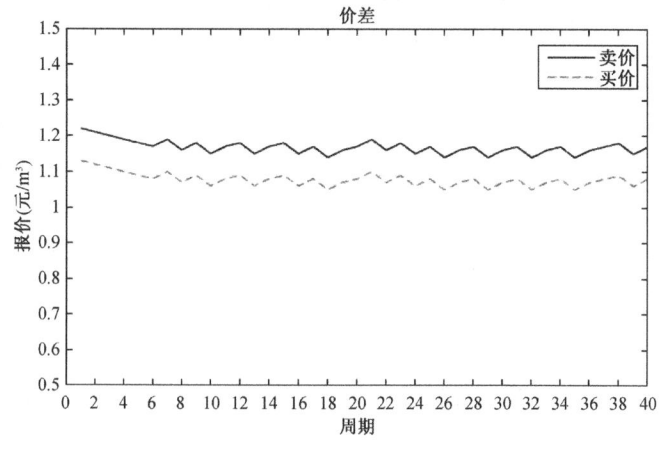

图 15-4　做市商双边报价仿真图(1)

图中结果显示,在运行 40 个周期后,做市商报价变化趋势较为稳定,价格维持在 1.13 元/m³ 和 1.22 元/m³ 上下波动,且波动幅度较小,报买价格在 1.13 元/m³ 上下,且略微有下降趋势,这可能是政府部门对供水方进行了相应的补贴,从而刺激水权供给,解决内蒙古水权供需矛盾。

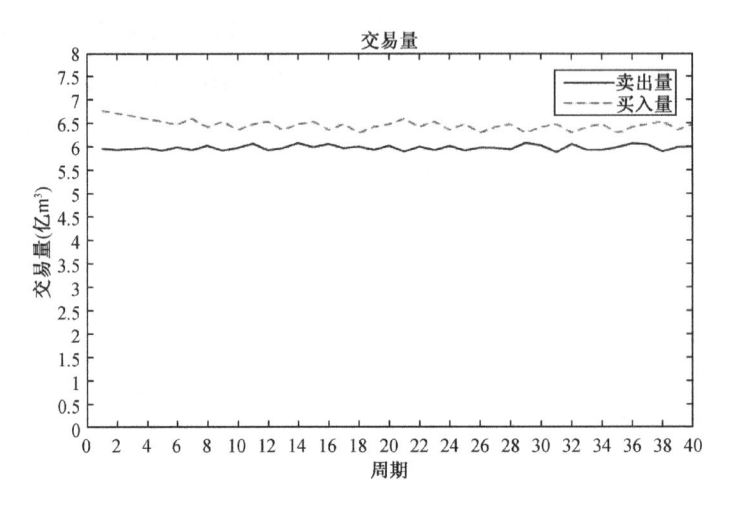

图 15-5　水权交易量仿真图(1)

水权交易量仿真运行结果如图 15-5 所示,做市商卖出量小于买入量,这是由于政府规定要保留做市商相应的水权存储以备不时之需。交易量波动不大,因为水权需求企业的波动幅度设定较小,且每期交易总量约为 13 亿 m³,约等于工业供水初始分配量,交易较为活跃。

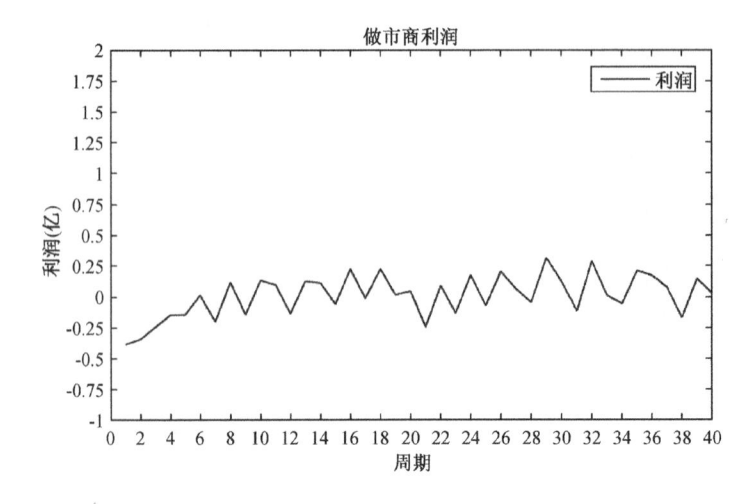

图 15-6　做市商利润仿真图(1)

做市商利润的仿真运行结果如图 15-6 所示。做市商利润在 −4 000 万和 2 500 万之间进行波动,导致此现象的原因可能是做市商的水权不能进行买卖存储,本期指标不能用于下一期交易,存储的部分水权只能作为生态用水和临时事件用水,这会造成做市商到期可能存在无法交易的损失。

尽管模拟的做市商利润有时存在负数,但是图 15-7 显示整个水权交易系统收益为正,这表明尽管做市商承受一定的损失,但由于做市商的存在,会给水权交易带来收益,降低信息搜集成本,提升交易活跃性和交易效率。

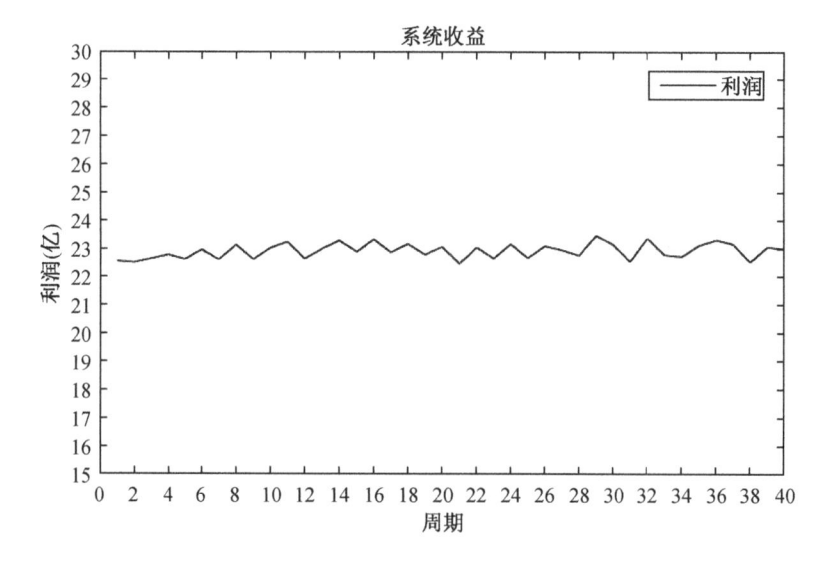

图 15-7　系统收益仿真图(1)

第四节　仿真模拟优化分析

为了研究不同市场环境下做市商报价对水权交易的影响,为以后做市商报价的运行提供理论基础,本书通过调整市场需求方差和做市商报价价差,对比初始状态下的结果,从而分析相关变量的影响。

（一）价差幅度对做市商报价机制的影响

价差会影响水权交易主体利润，在我国证券市场价差幅度有明确的限制，且做市商不能大幅增大价差以提高自身利润。因此，本书通过调高做市商报价价差观察水权交易市场的变化情况。假定初始报买价格仍为 1.13 元/m³，将价差幅度调增到 20%，则报卖价格为 1.36 元/m³。

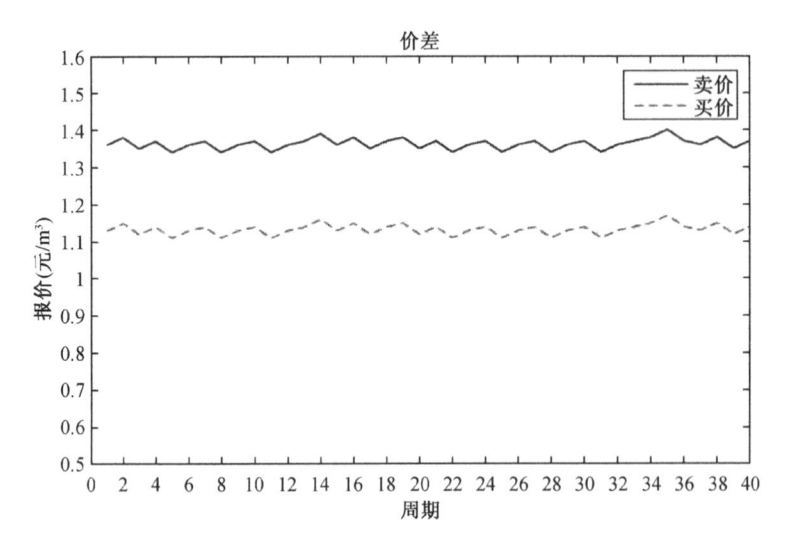

图 15-8　做市商双边报价仿真图（2）

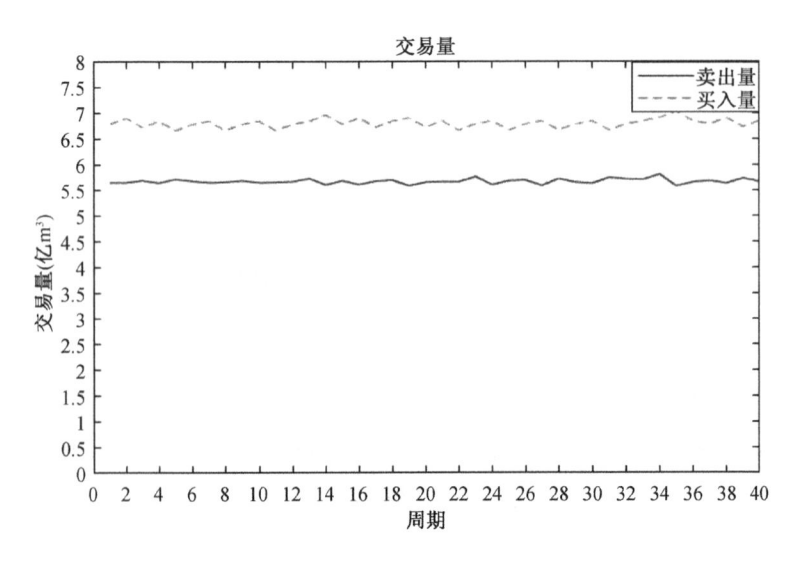

图 15-9　水权交易量仿真图（2）

通过图 15-8 和图 15-9 可知,价差的改变并不会造成做市商报价大幅波动,仅仅是卖价提高了,影响市场的供求关系,从而影响交易主体的交易量对价格的反应函数,进一步影响参与主体的收益。

根据图 15-10 可知,做市商利润波动幅度较大,这主要是因为交易主体对价格的反应,引起某些周期做市商利润的变化。对比图 15-6 可知道,做市商利润整体增加,这是因为做市商提升价差后,交易主体虽然会减少对水权的需求,但是由于水权对生产的重要性,水权需求方仍然会考虑进行交易,此时做市商利润会有所增加,但增长不会很大,因为交易主体会根据自身的用水边际收益进行决策。

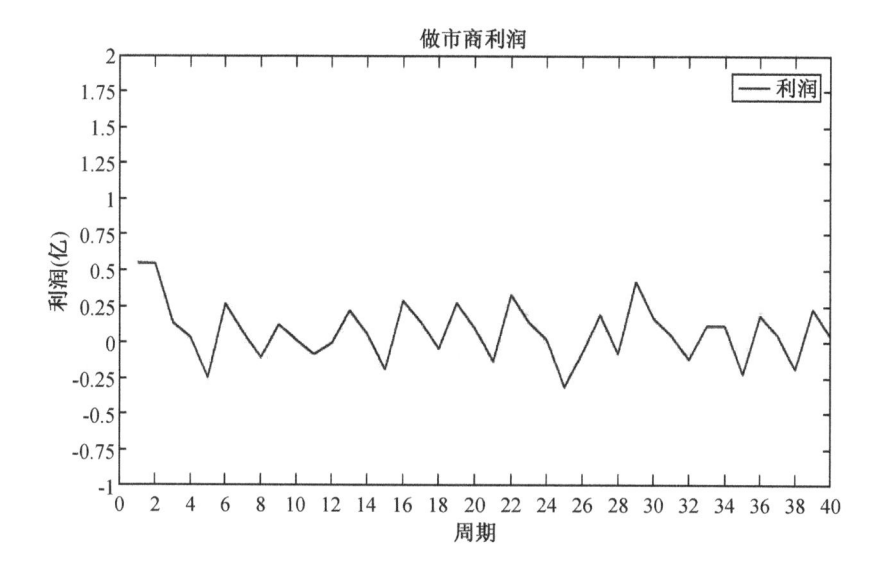

图 15-10 做市商利润仿真图(2)

如图 15-11 所示,系统收益较 15-7 所示的有所降低,这主要是因为做市商调价后水权需求方用水净收益下降,则无法在最优生产状态,因此系统的收益会低于做市商价差为 10% 的情况。

由此可见,做市商报价价差增大,对报价的波动影响较小,做市商利润会有所上升,但上升幅度不会很大,有一个上升上限,而系统收益会有所下降,水权市场交易不能处在最优状态。因此,有必要引入政府监督和强制,对做市商报价价差进行限制,发挥做市商的公益性质,避免投机行为发生。

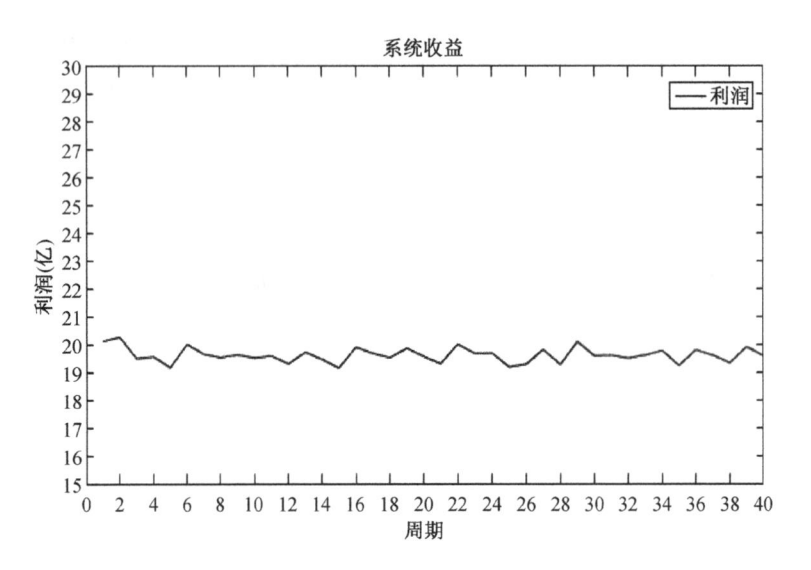

图 15-11　系统收益仿真图(2)

(二) 市场需求方差对做市商报价机制的影响

在设定初始值时,水权需求变量的方差为 2,但实际可能由于自然气候或是经济发展意愿,工业企业对水权需求波动会较大。因此,为研究市场需求波动情况对做市商报价交易机制的影响,本书设方差为 10,研究做市商报价效率。

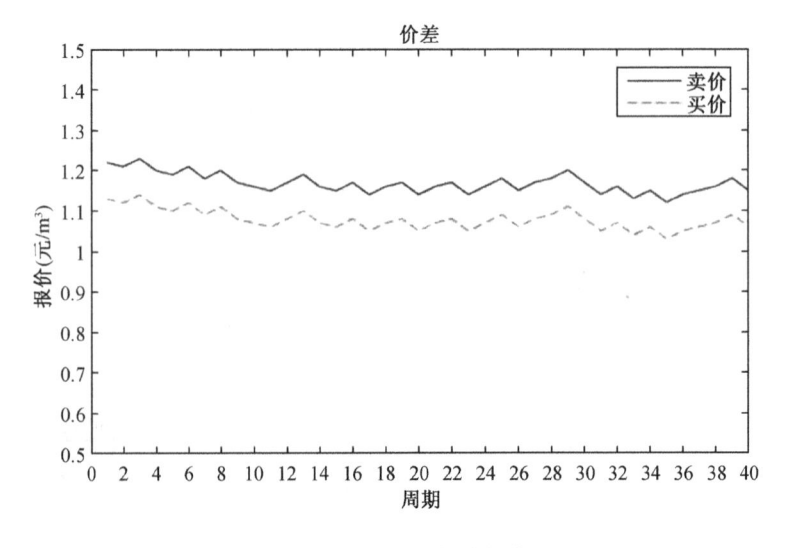

图 15-12　做市商双边报价仿真图(3)

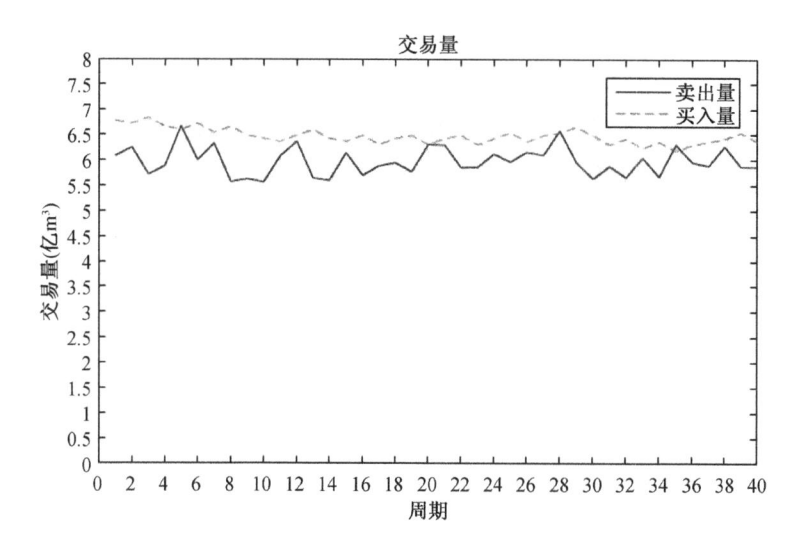

图 15-13 水权交易量仿真图(3)

根据图 15-12 和图 15-13 可知,市场需求波动较大的情况下,做市商报价波动性也会大增,水权卖出量也会波动,甚至会出现卖出量略高于买入量的情况,这部分多余水量可能是由于特殊情况下,政府控股的部分企业需水,为了维持运行,可能动用存储水量,但不能超过一定比例,因此,超出部分的水量并不多。整体来看,需求方差增大会增加报价和交易量,增加市场不确定性。

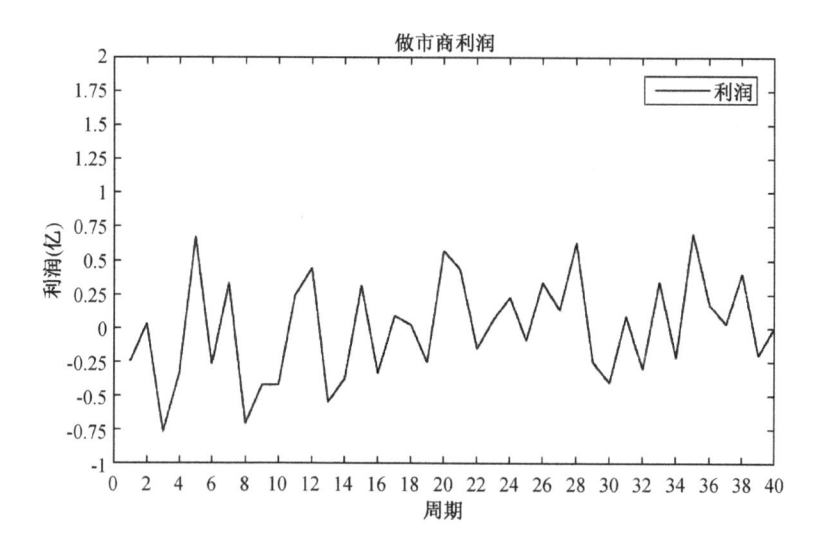

图 15-14 做市商利润仿真图(3)

根据图 15-14 可知,做市商利润呈现较强的波动性,且较之图 15-6 和 15-10,做市商的利润会有所增加,会超出图 15-6 中的利润范围,上下限均有所延伸,这说明市场需求波动较大,做市商会进行相应的调整,利润也会出现更多不确定性。

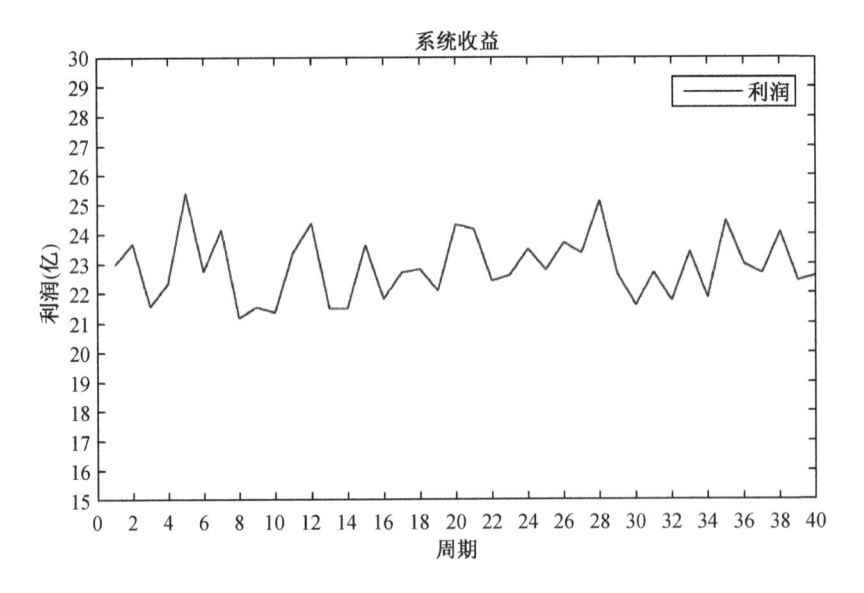

图 15-15　系统收益仿真图(3)

根据图 15-15 可知,系统收益波动幅度较大,且有所增长,这表明市场需求不确定性较大,采用做市商交易能够相应增加整个系统的收益。

综上分析,在剧烈的市场下,做市商报价波动程度较高,做市商利润和系统收益均会出现大幅波动,且整体较之市场需求平缓时的收益略有提升,因此,市场波动剧烈时,做市商报价更有利于提高效率,但也需要防范市场需求大幅上升的情况,避免做市商无法满足需求的现象出现,这种情况下,需要政府参与指导市场。

第五节　做市商报价制度下水权交易市场的优化设计

(一) 水权市场参与主体的引入

不难发现,我国金融市场上的参与者多种多样,产品品类繁多,而本书研究的水权市场参与者较为单一,水权产品也就水权的使用权这一种,这样一来会直接导致我国水权市场的交易活跃度不够,造成交易量不足。未来,随着水权市场的不断发展,除了水权买卖双方外,做市商、水权投资主体、银行、专业污染治理公司、法律中介机构的引入必然对水权产品进行创新,诸如水期权、水期货等各类衍生产品相继会出现,这有利于活跃水权市场,提高水权的流动性。做市商需要具备雄厚的资金实力和较强的抗风险能力,同时,还需要有专业的人才培养制度,当前我国水市场的人才并不具备商业素养,做市商制度的引入必然会对人才的流动和专业能力的提升产生影响。另外,对其他参与主体的资质准入也需要制定相应严格的标准,实行严进严出准则。各类机构的进入对水权市场必然会造成翻天覆地的变化,最直接的表现是水权活跃度提升,人们对水权产品的关注度增加,需求增加,价格也会相应变化,这有利于满足做市商制度实行的前提条件。

(二) 基于做市商报价的二级市场交易制度

(1) 做市商报价流程制度。做市商事先向农业灌溉节水用水户进行购买,形成初始水权储备,继而根据掌握的相关信息,预测市场供求,挂出水权,通过搜集等方式形成水权储备,根据市场供求状况挂出牌价,当企业需要买入或卖出水权时,提交相关材料报批,通过后双方即可交易。交易完成后在交易中心备案。政府在整个过程中负责审批、监督。

(2) 交易价差制度。在做市商报价制度中,参与主体会充分考虑做市商报价,并在此价格基础上考虑自身利益最大化的水权交易量,然后做市商再根据参与主体的行为自行调整报价,但是做市商报价价差幅度不得超过20%。

(3)交易辅助制度。水权交易建立在完备的交易制度上,同时,还需要有相适应的污水治理方案、投融资制度等,需要相关中介机构的支持,如银行、融资租赁公司、专业污染治理公司、法律中介机构等。

(三)做市商报价监管制度

对水权做市商的监管制度可以分为由政府水权监管机构对做市商资质及其日常做事交易行为的监管与水权市场上包括做市商及其他成员等组成的水权交易行业协会等自律监管两大部分。一方面,水权监管机构应对做市商的准入、退出进行把关,尤其要对做市商报价机制进行实时监控,避免出现恶意获取利润的报价现象,同时,也要对做市商的义务执行情况进行检查,如每日做市情况、报价幅度变化等。另外,监管机构还需要对其他市场主体,如买卖双方、投资主体等进行监管,防止市场失灵的现象出现。另一方面,水权行业协会的自律管理必不可少,行业性自律组织是监管者与市场组织的沟通桥梁,行业协会对市场上做市商的行为最为了解,因此他们更便于对水权市场的各种参与者进行监管。再者,监管主体要对做市商信息披露进行把控,促进信息的透明化。

总之,政府监管机构和水权行业协会共同监管,为我国水权交易市场的健康发展提供了保护垫,从而使我国水权市场发展更加公平规范。

VI 监管篇

第十六章
水权交易全过程实行行业强监管的提出

理论和实践均证明,水权交易是激励用水主体节水用水,促进水资源由低效益用途向高效益用途流转,帮助地区满足用水总量控制指标约束的一种有效市场手段,也是水利行业深入贯彻习近平总书记新时期十六字治水方针中"两手发力"这一要求的生动体现。全国水权改革试点以来,尤其是水交所成立运营以来,全国多地开展了区域水权(包括流域间、流域上下游、区域间)、取水权(包括行业间和行业内不同用水户间)以及灌溉用水户间等多种水权交易模式,充分发挥了市场在水资源配置中的作用,促进了水资源利用效率和效益的提升,解决了最严格水资源管理制度下部分区域和用水户的用水需求问题,为在全国层面开展水权的市场化配置进行了有益探索、积累了经验,并拉开了水权规范化市场交易的序幕。

然而,水权交易的标的——水资源是一种特殊的自然资源、生态资源、社会资源和战略资源,其复杂的自然、社会和生态环境属性,决定水资源经济问题研究通常比其他自然资源更为困难。土地、矿产、森林、草地等资源的市场化配置模式无法直接运用于水资源。这也是水权制度改革中关于水权市场长期争论的焦点之一。当前,理论界和行业管理人员普遍接受的一种观点认为,水权市场只能是一种准市场,水权配置必须更好地发挥市场和政府的共同作用,任何单一强调市场或行政手段的观点都是失之偏颇的。因此,水权交易中必须更好地发挥政府的作用,尤其是水利行业管理部门的监督管理作用,强有力的行业监管机制是水权市场有效运行的基础和前提。在开展多种水权交易模式、充分活跃水权市场的同时,务必坚持对交易全过程实行行业强监管的总基调。本研究对水权交易强监管的内涵进行界定,从理论溯源和实践需求两个角度分析强监管的必要性,最后,提出水权交易强监管的主要环节、着力点和主要措施、政策建议,以期为更好地发展水权交易市场提供决策参考。

第一节　水权交易全过程行业强监管的经济学溯源

(一) 水权市场失灵与行业强监管

水权交易市场是一个特殊的新兴市场和专业市场,其主要目的是利用市场机制优化配置水资源,相对于一般的商品市场,水权交易市场是以资源与环境等公益性目的为主、盈利性目的为辅的特殊市场。即便如此,水权市场仍符合市场经济的一般规律。比如,水权交易是一种市场行为,因此就会出现市场失灵现象,即水权交易不能实现水资源优化配置的情形。而水权交易全过程行业强监管就是为了有效规避水权市场失灵现象。依据市场经济理论,市场失灵的原因主要包括外部性、公共物品供给不足、信息不完全(不对称)、垄断以及收入分配不均匀等。同样地,水权市场中的水权交易带来的外部性(对生态环境以及第三方影响)、生态环境用水供给不足、水权交易双方信息不对称、买方或卖方垄断以及水权交易收益分配不均等也是造成水权交易市场失灵的主要原因。上述5种现象都是水权交易前、中、后可能出现的人的错误用水行为,调整并纠正这些错误的行为只能通过水利行业强有力的监管措施,因此,水权交易行业强监管就是要对水权交易全过程的5种主要错误行为进行强监管。

(二) 水权交易强监管的范畴

新时期我国治水矛盾发生了根本性变化,水行业的监督管理转向调整人的用水行为,纠正人的错误用水行为。因此,水权交易全过程行业强监管也应重点瞄准交易前、交易中、交易后人的用水行为展开,即综合运用法律法规、体制机制以及经济、财政等手段,对水权交易全过程中的市场准入、交易规模、交易用途、水权核准以及第三方影响等整个过程进行监督和管理。

那么究竟哪些行为属于水权交易强监管的范畴呢?沿着水权交易的整个过程,根据水权交易市场失灵的5种主要原因,可以看出,以下5种用水行为需要予以重点关注。

1. 水资源用途改变可能产生的负外部性行为

水权交易意味着水资源的用途发生改变,水资源是重要的生态环境控制要素,水资源的利用方式直接决定着用水主体之外的生态环境尤其是水生态环境的好坏,也就是说,水资源的开发利用存在着明显的外部性特征。水权交易强监管就是要对交易后可能造成用水效率(益)低下、取用水总量超限、地下水超采、水环境污染加大等用水行为进行事前干预与管制,即在交易前排除错误的用水主体及用水行为进入水权市场,防止水权市场成为错误用水行为利用金钱实现不合理用水需求的平台和温床。

2. 生态用水供给不足甚至水权交易挤占生态用水的行为

生产用水需求最有动力和动机通过水权交易市场实现,特别是利润率较高的产业部门不惜重金购水,然而,生态用水的水权诉求缺乏明确的主体,或者说没有特定的机构为生态用水交易代言,在水权市场交易中,由于生态用水水权使用的公益性明显,经济性不足,生态用水水权的需求在买方市场中竞争力不强,继而导致水权市场中为生态用水供给的水权份额不足,甚至可能出现挤占既有生态水权,流向生产性用水的可能,这也是市场逐利的一种必然结果,是一种典型的水权市场失灵现象。水权交易强监管要弥补水权市场中公共型产品——生态用水水权的供给不足问题,利用恰当的市场干预措施保障生态用水水权的充分供给。

3. 水权计量的信息不对称行为

信息不对称会使市场主体处于不平等的地位,从而使信息优势的一方明显获益,信息劣势的一方明显受损。水资源领域的信息不充分、信息不对称已经严重不适应水利行业强监管的需求,尤其是水资源计量能力不足一直是水利行业的短板之一,而且这一短板对水资源管理工作产生深远影响,致使水资源管理政策措施的效果大打折扣,也是水权市场失灵的一个重要原因。水权计量信息不对称对水权市场的影响体现在如下三个方面:其一,不被严格计量的用水者不会成为潜在的水权购买方;其二,水权计量不充分挫伤水权出让方的积极性;其三,水权计量不严格将压缩区域整体的水权市场空间。因此,水权交易强监管要对水权计量等信息不对称现象和行为进行补短板,真正为建立信息充分、交易透明的水权市场提供坚实的技术支撑和数据环境。

4. 水量分配不均导致的水权指标垄断行为

垄断是破坏市场效率,导致供给不足、价格虚高、社会福利效应无谓损失的重要元凶。无疑,水权指标垄断行为也将严重破坏水权交易市场,因为,水权交易市场的前提和前置制度是水量分配,水量分配不均是造成水权指标垄断的直接原因,水资源监管首先要针对水量分配进行。水量分配是把江河湖泊的水资源逐级地分配到各行政区域,"合理分水"是鄂竟平提出的水资源管理两大工作目标之一,水利部门正按照"能分尽分、再难也得分"的要求,加快跨省江河水量分配。在这一过程中,防止水量分配不均而产生的水权指标垄断行为,是水权市场先期强监管的重点之一。

5. 水权交易收益分配的不均行为

水权市场想要发展壮大,活跃有生气,就要吸引更多的水权持有者进入水权市场,那么合理的收益是必不可少的动力机制,要让用水者发现节水不仅可以减少水费支出,还可以在水权交易市场上实现额外收益。水权市场是规模化交易的市场,零星水权的持有者(尤其是农民或灌溉用水户)往往难以直接进入区域水权或取水权交易市场,只能由灌区或农民用水者协会作为统一的代表参与交易。水权交易收益的公平分配是激发农户参与水权交易、增强群众的水权改革获得感的重要保障。

(三) 水权交易行业强监管的主体

水权交易市场是专业化市场,主要由水行政主管部门和流域机构加强行业监管。因此,水权交易全过程行业强监管的主体为各级水行政主管部门或流域机构。其中,全国层面跨流域的水权交易由水利部监管,流域内水权交易由流域管理机构监管,区域间水权交易由上一级行政区域的水利(务)厅(局)监管,取水权交易则由所在区域的水利部门监管,灌溉用水户水权交易由灌区水行政主管部门或农民用水者协会监管。

第二节 水权交易中行业强监管的主要环节和措施

水权交易中全过程行业强监管主要分为交易前、交易中和交易后三个主要环节,具体监管要点有如下几点。

(一) 交易前强监管的要点

1. 水权分配与确权要公平、公正、公开

水权分配与确权似乎不属于交易环节,但是分配与确权却是交易的重要前提,也是交易前最为重要的一种市场环境。这里所指的市场环境,是指水量分配的公平与否将决定后续的水权交易是充分竞争市场还是垄断市场,因为如果在分配环节不合理,将会使水权量集中于某些行政区域或用水户,造成水权市场的水权供给量不足或供给方单一。水权市场建设的重要目的和初衷,是依靠市场手段促进水资源节约,提升水资源配置效率效益。因此,只有在水权分配环境做到公平、公正和公开,才能保障后续环节参与交易的水权量,多为原用水主体通过技术改造、结构优化等措施节约而来的水权量,从而达到借助水权市场的无形之手,实现节水优先的目的。

2. 水权交易主体的市场准入要严把关

交易之前,水权交易平台对交易主体潜在的用水行为进行严格把关,是避免水权交易产生严重负外部性的重要环节,水行政主管部门应对这一环节加强监管。重点围绕潜在受让方节水措施、用水效率、排污水平等,抽查水权交易平台审核通过的交易对象是否符合最严格水资源管理制度的相关要求。同时,水行政主管部门或者流域管理机构还可在交易完成后的水权变更环节,对受让方的用水性质、用水规模、用水效率、排污水平等进行进一步审核,对于不符合新治水思路的受让方不予办理水权变更手续。

(二) 交易中强监管的要点

1. 生态用水的水权需求要优先保证

水权交易过程中,生态用水的水权需求优先级要强于各类生产性用水水权需求,当政府或生态环境部门代表生态用水水权受让方参与水权的竞争性购买时,应优先满足生态用水水权需求,当尚有剩余水权量时,则可按交易规则出让给生产性用水受让方。水行政主管部门或者流域管理机构需要对这一交易原则进行监管,当有挤占生态用水水权行为时,即使交易达成,也可不予办理水权变更手续。

2. 交易程序要规范公平

水权交易中严格按照交易规则,公开透明地进行。鉴于水权交易市场是公益性较强的公共资源市场,行业监管部门应对部分交易环节进行介入,对诸如潜在受让方是否符合节水优先的要求,项目的上马是否符合当地量水而行、以水定需的发展方针,交易达成对水资源、水生态、水环境"三水共治"的影响,水权交易基础价格是否合理,水权交易对第三方影响等问题进行专门评估,并根据评估结论对交易环节进行必要的干预和管制,以弥补市场本身的缺陷,形成"市场主导、政府引导"的水权交易格局。

(三) 交易后强监管的要点

1. 水权计量要严格且全覆盖

交易达成后,在为受让方换发水权证之前,水行业监管部门要核查受让方是否建立完备的取用水计量设施。取用水过程中,水行政主管部门对取用水行为实施强监管,严格监控其取用水量是否超出变更后水权证上的水权量。借助严格、周密的水权计量体系,杜绝交易后受让方无序取水行为。

2. 水权交易收益分配要透明合理

对水权交易平台的资金结算全过程进行监管,尤其是代表分散的农户参与出让水权的地方政府、水管部门、灌区管理单位、农民用水者协会等,加强对上述单位水权收益资金的分配监管,防止水权出让资金被挤占、挪用、套取、贪污、滞留等,确保水权出让资金按照出让水权份额分配到具体个人,增强水权交易改革红利的群众获得感。

第三节　水权交易全过程强监管的思路

(一)强化节水效率在水权受让主体资格审查中的优先地位

水权交易强监管需要督促水权交易平台在水权受让主体资格审查中,以节水优先为重要原则,重点评估其水资源利用效率,并考量其未来节水技术投入、节水设备使用计划,对于节水不达标的用水主体,实行一票否决,严防低效率用水主体利用水权市场,凭借水权交易的高出价获得取用水指标。

(二)强化取用水计量在水权交易强监管中的基础性地位

没有精确的取用水计量,何来水权交易市场。要以水权交易市场的规范发展为契机,协调推进取用水监测计量设施安装与管护,尽可能实现在线监测监控,为强化水权交易监管奠定基础。借助国家水资源监控能力建设,充分利用卫星遥感、通信网络、大数据、无人机等现代技术装备和手段,加强对水权交易后取用水的实时监测,提高水权交易监管的信息化、智能化水平。

(三)强化水利部门在水权交易强监管中的主体地位

强化各级水行政主管部门、流域机构在水权交易全过程监管的主体地位,理顺水权变更与取水许可之间的关系,建立水权交易全过程监管体系,细化监管的着力点和监管措施,运用现代监管手段,通过检查、监测、暗访等方式,对水权市场的失灵问题进行整改、约谈、通报、问责、处罚,调整水权交易前中后人的错误用水行为,实现水资源、水生态和水环境的协调共治。

水权交易是促进水资源节约和优化配置的有效市场手段,是治水新思路中"两手发力"的重要形式和构成之一。但水权市场也存在着市场失灵的现象,需要水行政管理部门对交易全过程主体的错误行为实施行业强监管。依据市场经济理论,提出水资源用途改变可能产生的负外部性行为、生态用水供给不足甚至水权交易挤占生态用水的行为、水权计量的信息不对称行为等5种行为是造成水权市场失灵的重要原因。在此基础上,提出水权交易全过程强监管的主要环节和措施,并建议强化三个地位,即节水效率在水权受让主体资格审查中的优先地位、取用水计量在水权交易强监管中的基础性地位、水利部门在水权交易强监管中的主体地位。

水权交易市场发展中,既存在取水监测计量设施不足这一明显的短板,同时,亦需要对交易整个过程的错误用水行为进行强监管。水行政主管部门和流域机构要切实履行行业监管主体责任,督促水权交易平台把好入场关、规范交易端、监测取水端,从而在行业强监管的保驾护航下,切实发挥水权市场这只无形之手的水资源配置功能,更有效践行节水优先、空间均衡、系统治理、两手发力的治水新思路。

第十七章
效率与公平视角的水权交易监管构成要素与制度框架

当前,我国水权交易正逐步开展,从理论探索到区域试点、再到目前成立专门的交易平台,水权交易将越来越频繁。水资源是一种特殊的商品,其交易过程中的监管必不可少,水权交易监管制度的构建有助于完善水权交易制度框架,规范各方的交易行为,具备重要的战略意义。监管者通过水市场和市场内部的价格机制来规范和剔除不合理的水权交易行为,从而确保水权交易高效、规范开展。水权交易监管是水行政主管部门对辖区的水权交易秩序进行维护,发挥政府在水权交易"准市场"中应有作用。

自十八届三中全会之后,政府对市场机制重视程度进一步加深,强调其对资源配置的决定作用,因此在水权交易过程中,要把握好政府与市场的"双引擎",贯彻落实水权交易监管的两个层面。2016 年 4 月 19 日水利部印发的《水权交易管理暂行办法》(水政法〔2016〕156 号)(以下简称《办法》)虽然针对水权交易管理做出了相关规定,但是目前尚未形成普遍适用于全国的监管制度,各地的监管机制也不配套,理论界对水权交易监管的内涵、范围和方式也存在一定争议,马乃毅等通过对美国水务行业监管体制、监管内容及工具方面的实践经验分析,提出应首先建立明晰的水权制度,并不断完善水务行业法律法规体系。由于水权的特殊属性和复杂性,张文斌等建议对于不同类别水权的交易价格,政府要采取不同的监管方式和强度。对于监管的内容,吕崧认为包括水权交易的垄断、交易秩序、水权变更、定额管理等方面,对于谁来监管的问题,杨琴认为由县级以上人民政府水资源行政主管部门依法对水权转让进行监督检查和登记。齐玉亮等以松辽流域为例,对初始水权分配的实现途径和监管手段进行了探讨,但未涉及水权交易过程的监管。综上所述,目前理论研究中,尚未有对水权交易监管进行的专题研究,只是在水权交易制度的研究中对监管问题泛泛而谈,更多的是框架上和理念上的认识,因此,需要尽快形成适用性广泛的水权交易监管制度,使监管体系全面而高效,水权交易主体权益得到保障,水权交易秩序得以维护。

第一节 我国水权交易监管现状与存在的问题

(一) 我国水权交易监管进展

当前,我国水行政主管部门主要以《水法》、《取水许可和水资源费征收管理条例》(2006年国务院令第460号)等为依托实行监管,同时,2016年颁布的《办法》也是对规范水权交易行为的重要突破。具体实施上,各地区针对不同的水权交易形式采用不同的监管模式,《办法》第三条将水权交易主要划分为三种形式:区域性水权交易、取水权交易和灌溉用水户水权交易。根据已出台水权交易管理办法的省(区)来看,典型地区水权交易监管的通行做法表现有如下几点。

1. 内蒙古:盟(市)间区域性水权交易监管

内蒙古自治区2017年2月颁布《内蒙古自治区水权交易管理办法》(内政办发〔2017〕16号),该办法规定,跨盟市水权交易应当在自治区水权交易平台进行,并明确水权交易的项目名称、地理位置、水源类型、水量、水质、费用、用途等,并及时书面告知有管理权限的水行政主管部门。此外,该办法明确不能参与交易的水权类型:城乡居民生活用水、生态用水转变为工业用水、水资源用途变更可能对第三方或者社会公共利益产生重大损害的、地下水超采区范围内的取用水指标。

2. 河北:取水权交易监管

河北省分别出台了《河北省农业水权交易办法》和《河北省工业水权交易管理办法(试行)》,对于工业水权,河北省明确了可交易的取水权范围,即取水许可有效期和取水限额内的,通过调整产品和产业结构、改革工艺、节水等措施节约的水量使用权。由于河北省地下水超采严重,《河北省工业水权交易管理办法(试行)》特别强调,在地下水超采区,以深层承压水为水源的工业生产取用水户,不得转让水权。

3. 甘肃:灌溉用水户水权交易监管

甘肃省灌溉用水户水权交易以武威市凉州区、民勤县为代表,其水权交易走在全国前列,交易过程是在农民用水户协会的组织下展开,交易的监管主要围绕价格,例如,凉州区农民用水户协会规定,水权交易价格由交易双方参考政府价格部门核定的基本水价协商确定,但不得超过基本水价的3倍。同时,对于用水户、用水小组等结余的水量,不愿意进入水权交易市场的,可由水管单位集中按照基本水价的120%回购。

(二) 当前水权交易监管中存在的问题

1. 水权交易监管尚未形成规范的制度架构

水权交易是一种制度改革和创新,是发挥市场机制在水资源配置中决定作用的制度安排。由于水权制度改革正处于探索和试点过程之中,水资源特殊自然属性和社会属性也制约了水权交易的适用空间和推广范围,因此,水权交易监管更是处于摸索过程之中,全国水权交易试点省份根据水权交易工作推进的需要和各自省份的水资源情况,出台了相应的水权交易办法,对水权交易监管做出相应的规定。然而,各地水资源情况毕竟相差较大,各试点省份水权交易的关注点不同,比如,内蒙古更侧重通过农业的节水,促进跨盟市水权交易,以满足经济收益更高的工业用水需求,而河北省更关心的是通过水权交易缓解地下水超采问题,甘肃则由于农业内部水资源的极度短缺,通过水权交易调剂农户之间的取水指标的余缺。由于水权交易的初衷各异,自然在水权交易监管上会有各自的侧重,当前尚未形成全国统一的水权交易监管制度架构。

2. 水权交易监管尚未实现所有者与监管者相分离

政府虽然在水资源交易中发挥着至关重要的作用,但是总是充当全能者的角色,在交易中涉足交易双方、市场的职责范围,参与管理了许多不属于自身职权范围内的事务。国家是水资源的所有者,拥有相应的处置权,然而真正进入交易市场中,交易双方进行交易的是水资源的用益物权。这时政府应该在其中只是以监督者与管理者的身份参与资源交易过程,而不是以所有者的身份处理全部交易过程。

3. 水权交易监管尚缺乏有效的手段

政府倾向于参与水资源交易的执行过程,忽视监督的重要性,许多地方政府对其当地的水资源交易规划和管理不当,一味地处理交易步骤中的日常执行事务,缺乏有力的监管手段,导致各部门监管程度不同、跨区域水权交易部门协调不当、水污染问责力度不强的问题时有发生。

第二节 公平与效率对水权交易监管制度的要求

水权交易提升了水资源配置效率,但水资源是特殊商品,交易过程中的水权囤积、过度交易将危害粮食安全,波及农民切身利益,影响公平。同时,在最严格水资源管理制度红线约束下,水权受让方的不当用水方式可能会对其产生不利影响。因此在政府鼓励水权交易的背景下,监管制度的建立成为当前水权改革的重要构成。

(一) 保障公平要求"政府—市场—公众"共同监管监督

在国外,水权交易制度较为完善,州或地区政府担当水权交易的监管者,负责制定水资源管理与使用的规则,建立全面、高效的水权制度,规定环境影响指标,完善监测制度,规范水权交易参与机构的权限,并赋予水权交易主体选择上的自主权。

建立完善监管制度,可使水权交易管理兼具经济利益和社会利益。运用有力的监管手段,水权交易各方的合法权益能够不受侵害,减少交易纠纷的产生。我国发布的《水权制度建设框架》《办法》等都具体指出要监管水权交易过程,避免交易各方合法权益受到侵害,保护水资源环境,引导水资源高效流转。

在水权交易的过程中,转让方与受让方对于取水量、水价、交易行为等方面的协调需要政府、市场、公众各方监管。除此之外,对水权管理机构的监管必不可少,有利于禁止交易过程中的权力滥用和腐败行为;引入其他监督主体或社会监督机制,形成监管"监督者"的制衡机制架构,保证监管主体依法行事;对监管范围内的水权交易相关利益各方一视同仁,客观评价监管对象的行为,采取公正的监管处置。

积极推进水权交易制度建设是近几年来政府多次提及的话题,因此需要通过健全的监管制度对水权交易进行有效的监管,从而维护市场的稳定性、有效性和安全性,确保水权交易过程的规范、公正、公平。政府利用适当的监管手段,有效避免水权交易中出现的障碍,规范可能出现的不正当交易行为,引导水权交易健康发展。

(二) 实现效率要求水权交易审批走向交易备案

国家强调推进政府行政体制改革,保障经济稳增长,提高政府现代治理能力,表明政府转变职能已经成为改革的核心,同时认可市场的决定作用。随着《国务院机构改革和职能转变方案》的发布,"简政放权"被着力推进,多项行政审批事项也被逐步取消,国家重点处理政府、市场、社会三者之间的关系。当前政府鼓励水权交易正是落实简政放权的有力表现,可促进地方简化业务处理程序,加速市场活力的释放。

因此在水权交易监管制度建设中也要简化甚至取消行政审批程序,其中,《办法》中第十一条"区域间达成水权交易协议后需要向各级水行政主管部门备案",第二十二条"灌溉用水户水权交易期限不超过一年的,不需审批""交易期限超过一年的,事前报灌区管理单位或者县级以上地方人民政府水行政主管部门备案"等要求就是贯彻简政放权的重要措施,通过建立水权交易备案制度,力求在不增加现有的审批事项的条件下,促使水行政主管部门转变职能,强化监管,而不再以所有者的身份全程参与,由市场机制主导水资源的规划和配置,提高市场活跃性。

第三节 水权交易监管的界定及其构成要素

(一) 水权交易监管的界定

监管形式主要体现为各级水行政主管部门、流域管理委员会监管辖区内水权交易和水市场环境。在保障水权主体公平权益的目标下，促进水权流向更高效益的行业，注意高污染行业的水权交易行为，进行优化配置；同时控制水权交易的环境影响和第三方影响，设置合理的影响范围指标。为此需要对水权交易主体、交易数量和交易价格等主要方面进行监管，采取有力的监管手段。

（1）对水权交易主体的监管，包括交易主体的市场准入资格和交易行为。一方面检查水权交易双方是否有权进行交易，包括转让方拥有水权的数量、受让方的身份鉴定等；另一方面审核水权交易行为的合法性，如水权交易主体是否按照法定程序行事、交易中是否诚实守信等，以确保水权交易双方行为合法。

（2）对交易数量的监管，主要针对水权交易过程中可能出现的人为垄断，防止垄断导致交易效率低下和第三方利益的损害。为严格水资源管理的红线约束，由监管部门监管水权交易的额度、次序、价格、用途，避免水权交易可能出现过度交易和水权囤积的情况以及由此引起的水权交易市场失灵现象。当水市场能正常运转时，对主体行为的监管应主要由市场调节，监管机构仅在市场失灵的情况下进行干预，维持市场秩序。

（3）对水权价格的监管应与价格机制对水权交易主体行为的约束有机结合起来。监管机构对水权价格的监管以水市场能够正常运转为底限，主要起价格微调作用，以防止水权交易可能出现的垄断高价或低价以及由此引起的水权分配不当和水资源使用效率低下。政府、市场和公众相结合的监管制度能有效地控制交易价格，维护水权交易市场秩序。

(二) 水权交易监管的构成要素

依据公平和效率的原则,从水权交易的全过程,论证水权交易监管的构成要素,至少应包括市场准入、交易备案、第三方补偿和交易评价四个方面。

1. 市场准入

(1) 转让方的资格要求

水权是持有者的一项财产性权利,根据公平性原则,依法享有水权的自然人或法人,在交易不危害第三方基本生存需要和公共生态安全的前提下,均享有平等的进入水权市场出让其水权财产性权利的机会。通常认为水权交易转让方必须是被合法授予水权的持有者,具体包括以下几种情形。

①依法获得现有水权(即针对当前已开发的水资源,分析其水资源特征,并结合相关周边设施形成的水权,是一种存量概念),并在规定限期内由于使用节水措施而仍有剩余用水量的水权持有者,如灌区等。

②依法持有剩余水权(即对剩余水资源量进行合理开发而被相关部门依法授予的水权,是一种余量概念),并在规定限期内拥有剩余用水量的水权持有者。

③用水户协会。单个用水户转让水权有时难以满足工程用水的规模性需要,在用水户授权的情况下,通过用水户协会进行水权交易,则较为方便和快捷。因而,在水市场建设过程中,我们应赋予用水者协会市场主体的法律地位,使水市场存在一个代表用水户意愿的法律主体。

④其他,如供水公司因更新技术、节约用水等手段而产生的剩余用水量,可以在水权交易市场上进行水权转让;又或者是水权交易受让方购得水权后,因用水计划发生变化等而将自己购得的部分水权再次出让等。

(2) 受让方的资格要求

水权交易就是借助市场的竞争机制,尤其是受让方的充分竞争实现水权的内在价值,提升水资源配置的效率和效益。根据效率原则,只要水权需求方符合国家和地区的产业政策和用水规划,应充分鼓励其进入水权交易市场获取相应水权。水权受让方应为具备民事权利能力和民事行为能力的自然人、法人和其他民事主体,可独立承担民事责任。水权交易活动完成后,受让方可享有转让方的全部水权或部分水权,履行相应的责任和义务。

需要注意的是,在理论上进行水权交易的市场主体一般不能是各地政府机关、水行政主管部门和流域管理委员会。然而,水权交易往往需要通过相应的水利工程来实现,单靠个别的用水户很难有能力完成,而且,单个用水户水权交易的水量一般比较少,难以达到企业大型工程项目的用水量指标,所以,政府在水权交易中具有无法取代的支撑作用。但随着水市场的日渐发展,政府不应过度干预水权交易的进行,要逐渐退回到其中间人的角色,着力于水市场的监督和管理。

2. 交易备案

水权是关乎人们生存需要、生态安全和产业生产的战略资源和经济资源,其交易不能完全脱离政府,水权交易只能是一种准市场。但沿袭传统的政府部门审批流程,虽然能够最大限度保障水权交易的公平性,但势必影响水权交易效率,甚至因时效性使得水权交易价值大打折扣。综合考虑水权交易的公平和效率,水权交易备案是交易监管必不可少的构成要素。水权交易备案是指水权交易经水权交易双方协商一致后,还需要向有关的水行政主管部门报告交易事由,登记备案,以备查验的行为。总体上,由于水资源为国家所有,水权自然而然地带有公权性质,但水权的基本属性也具备民事权利倾向,而且水权交易与一般的商品买卖不同,交易过程中涉及各方复杂的利益关系,还极其容易影响第三方权益,因此,为便于水市场管理机构对水权交易进行有效的管理监督,备案应当在一定程度上对当事人的权利义务产生影响。当然,与以往水权转让的审批相比,水权交易备案简化了审批事项,仅仅是一种行政确认,是对已有的双方权利、资格或行为进行确定与否的判定,对交易双方的权利义务不做改变。交易主体通过向当地水行政主管部门备案,确立水权交易协议达成后的法律地位,获得相应法律权益。水权交易备案制度可以通过以下几个方面构建。

(1) 确立备案主体及其权利义务

按照法律、法规和行政规定,明确需要备案主体的地位,确定其交易各方的权限和职责,特别是流域及区域的参与主体的权限应明晰。

(2) 核查水权交易目的和内容

将水权交易目的与内容的查验列为备案制度的重点。水权交易目的核查不能单纯从个体或局部利益考虑,应着眼于流域和区域的水资源优化配置。同时要对水权交易主体的合法性,客体的状态如水量和水质,水权的期限,水权交易赖以实现的客观条件等进行考虑。

(3) 明确水权交易批复期限

由于水权交易相关事宜相当复杂,以往的审批程序需要一定的时间,备案制度可简化审批程序,但应明确各级相关机构的权限,并要求对交易主体的交易申请是否通过应尽快给出回应,保证水权交易的合宜性。

(4) 对水行政机构进行监督

对水行政管理部门和流域管理机构的备案工作也要进行监督制约,应检查监管部门是否按照水权交易的内容、对象、条件、程序、时限等处理相关事项。一方面,可以提高部门的监督自律性;另一方面,可以引入其他监管主体,如其他法定机构或社会公众监督,促进水权交易的公平性,维护水权交易相关利益各方的合法权益,确保备案制度的有效运行。

(5) 备案程序

水权转让方与受让方达成交易协议后,要及时向所属监管部门提出水权交易申请,由所属监管部门确认与核实。在审查过程中,应当坚持形式审查与实质审查相结合的原则,既审查水权交易双方提供的材料是否齐备、是否合法,还应当审查水权交易本身是否合理。经确认合格的,监管主体需在规定限期前批准交易申请,不合格的,也需在规定限期内予以处理。

水权交易备案程序是水权交易管理机构对交易申请受理的一系列相关步骤,备案程序与水资源管理权限密切相关。在分散管理的模式下,水权交易的备案工作被下放到各级地方政府及其相关管理部门,水权交易申请者应向辖区内的水行政主管部门、流域管理机构或是灌区管理单位等监管机构提出申请,由后者对水权交易申请进行登记备案。备案流程如图17-1所示。

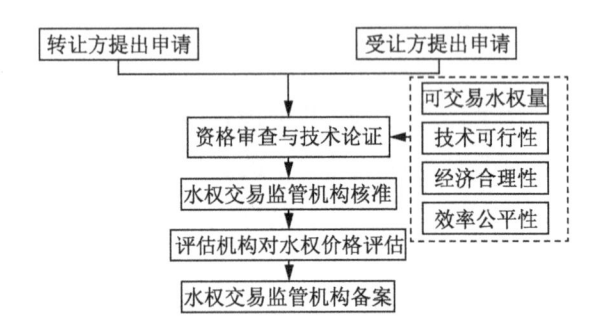

图 17-1 水权交易备案流程图

3. 第三方补偿

水权交易监管要保障转让方、受让方和相关第三方的合法权益不受侵害,因此当第三方的权益受到侵害时要对其进行适宜的补偿。按照"谁受益,谁补偿"的原则,构建水权交易第三方补偿机制,明确界定受偿主体,合理确定补偿额度,并采取多样化补偿方式,可直接向受损者进行补偿;或由非受益方,如政府以补助金、转移支付等形式先行救济,进而通过税收或罚没等手段向损害制造者收取等量费用间接实现"受益者付费";此外,中立机构以无偿援助、捐献等形式对受损主体进行补偿也是一种有益的补充。

4. 交易评价

为了确保水权交易的公平与合理,评价制度的构建可以保证水市场条件下的各方利益合理分配。对水权交易进行评价的制度,是防范水市场负外部性的重要制度。其中,评价指标需要包含对社会公众的影响、对水资源质量的影响和对水权交易操作的评价。

为保证评价的客观公正,水权交易评价应当由非政府的社会组织承担,这种社会组织可以是市场交易主体的自律性组织或其他社会中介机构,评价的内容应当包括社会影响和环境影响,即对交易当事方之外的社会公益和私益进行评价,包括对不同的流域、地区、人群和行业的影响。

第四节　水权交易监管的制度框架

（一）监管主体

各级水行政主管部门、流域管理机构和灌区管理单位为水权交易的主要监管主体。其中，流域管理机构按照有关规定在所管辖的范围内对水资源进行监管工作，同时流域内水权交易需向流域管理机构备案。县与市水利（务）局按照权限，负责本行政区域内水权交易监管工作；涉及跨市的水权交易就要交由省级水利厅处理有关工作；跨省的大型水权交易项目由水利部进行监管。

除由主要的行政部门监管之外，还需要引入社会监管主体（如水权交易市场的参与者或组织者）。《水利部关于水权转让的若干意见》明确要求监管机构对涉及公共利益、生态环境或第三方利益的水权交易，向社会公告并举行听证，积极向社会提供信息，组织进行水权转让的可行性研究和相关听证。其目的就在于，将水权交易置于社会监督的框架之下，让利益相关者的合法权益得到保障。

（二）组织架构

水权交易监管的组织架构主要分为三个层次：政府行政监管、中介组织监管和监管机构监管，其中中介组织监管部分可以包括中介组织管理和公众监管，其组织架构如图17-2所示。

政府部门通过相关行政法规对辖区内水权交易进行监管，主要为水权交易进行行政备案和行政裁决；中介组织监管和监管机构监管主要为自律监管，通过制定水权交易市场运行的基本规则，对交易主体的交易行为进行监管。此外各层级之间相互监管，相互制约，保障各方利益，提高水权交易监管效率。

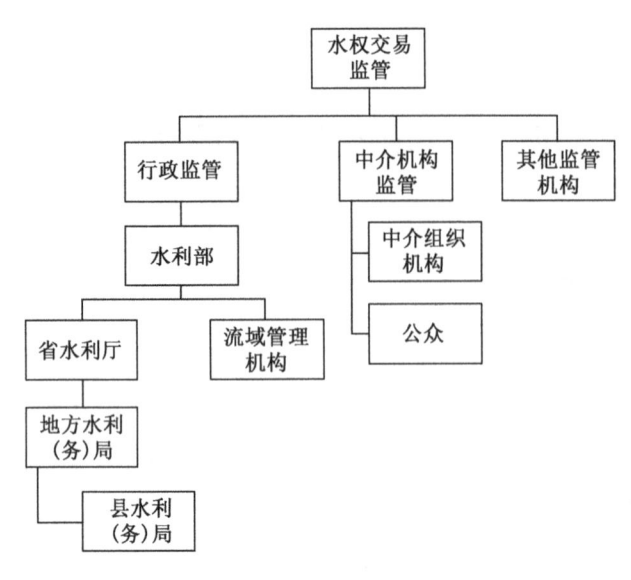

图 17-2 水权交易监管组织架构

第五节 建立水权交易监管制度的建议

(一) 协调各监管主体的监管工作

建立包括政府行政监管、中介组织监管和监管机构自律监督三个层次的水权交易监督架构,相应地确立水权转让的政府监管机构、中介组织或公众、各类监管机构内部监管部门等三大主体,其间的相互配合、相互制约至关重要。在构建监管制度的过程中要注重各监管主体工作的协调,明确各部门职能与监管权限,避免职权交叉,造成水权交易的混乱与低效。

(二) 合理划分市场和政府管理界区

明晰水资源和水权所属范围,确认水权交易监管的范围,尤其是跨流域水权或是跨省市的水权交易。由于水权交易具有典型的"准市场"特征,该特征意味着交易存在"市场"和"政府"两大调节机制。市场能够发挥其应有的调节作用,政府不应以监管为由过分干预,维护市场机制和制度应作为监管的重点。市场自由发挥对水权交易参与者的监督作用,政府作为辅助,但在市场失灵的场合,要果断发挥政府的调控作用。

(三) 加强对水权交易管理机构的监管力度

在水权交易过程中要加强对地方政府、各级水行政主管部门和流域管理机构的工作能力和效率的监督。作为水权交易的外部保驾护航者,为确保水权交易管理主体自身的公正和效率,必须加强其自身的内部控制,同时引入利益相关者参与或中立第三方实施监管,但要注意各部门机构的协调。

参考文献

[1] 李原园,曹建廷,黄火键,等.国际上水资源综合管理进展[J].水科学进展,2018,29(1):127-137.

[2] United Nations General Assembly. Transforming our world: the 2030 agenda for sustainable development[M]. New York: Resolution Adopted by the General Assembly,2015.

[3] 武萍,张慧,邢衍.青海省水资源利用的匹配性研究[J].中国人口·资源与环境,2018,28(7):46-53.

[4] 王亚华,舒全峰,吴佳喆.水权市场研究述评与中国特色水权市场研究展望[J].中国人口·资源与环境,2017,27(6):87-100.

[5] Department of Water Resources Management, Ministry of Water Resources.积极开展水权试点探索加强水权制度建设[J].中国水利,2018(19):1-3.

[6] 王震,吴颖超,张娜娜,等.我国粮食主产区农业水资源利用效率评价[J].水土保持通报,2015,35(2):292-296.

[7] 刘涛.我国农业用水效率的时空差异[J].节水灌溉,2016(3):75-79.

[8] 王学渊,赵连阁.中国农业用水效率及影响因素——基于1997—2006年省区面板数据的 SFA 分析[J].农业经济问题,2008(3):10-18+110.

[9] 李明璧.基于 DEA 方法的中国农业水资源利用效率研究[J].中国农业资源与区划,2017,38(9):106-114.

[10] 戎丽丽,胡继连.我国农用水权效率损失与政策改进[J].河南社会科学,2016,24(2):75-82+124.

[11] 买亚宗,孙福丽,石磊,等.基于 DEA 的中国工业水资源利用效率

评价研究[J].干旱区资源与环境,2014,28(11):42-47.

[12] 赵沁娜,王若虹.省际工业用水效率测度及空间关联特征[J].水资源保护,2017,33(5):42-47.

[13] 张月,潘柏林,李锦彬,等.基于库兹涅茨曲线的中国工业用水与经济增长关系研究[J].资源科学,2017,39(6):1117-1126.

[14] 曹方丽.基于DEA方法的工业水资源利用效率分析[J].节能与环保,2018(10):64-67.

[15] 李静,任继达.中国工业的用水效率与决定因素——资源和环境双重约束下的分析[J].工业技术经济,2018,37(1):122-129.

[16] 马培衢,刘伟章,祁春节.农户灌溉方式选择行为的实证分析[J].中国农村经济,2006(12):45-54.

[17] 张力小,梁竞.区域资源禀赋对资源利用效率影响研究[J].自然资源学报,2010,25(8):1237-1247.

[18] 马海良,黄德春,张继国.考虑非合意产出的水资源利用效率及影响因素研究[J].中国人口·资源与环境,2012,22(10):35-42.

[19] 郭四代,仝梦,郭杰,等.基于三阶段DEA模型的省际真实环境效率测度与影响因素分析[J].中国人口·资源与环境,2018,28(3):106-116.

[20] 郑菲菲.我国水权交易的实践及法律对策研究——以东阳义乌、漳河、甘肃张掖、宁夏的水权交易为例[J].广西政法管理干部学院学报,2016,31(1):84-89.

[21] 韦凤年.宁夏:水资源使用权确权改革与实践[J].中国水利,2018(19):43-45.

[22] 温建雄.分析最严格水资源管理制度背景下水资源配置情况[J].河南水利与南水北调,2019,48(2):38-39.

[23] 田贵良.权属改革引领下新时代水资源现代治理体系[J].环境保护,2018,46(6):53-58.

[24] 田贵良,周慧.我国水资源市场化配置环境下水权交易监管制度研究[J].价格理论与实践,2016(7):57-60.

[25] 赵永平.算清经济账,告别大锅水,多模式水权交易格局初步形成

[N]. 人民日报,2018-01-07(2).

[26] 田贵良,丁月梅. 水资源权属管理改革形势下水权确权登记制度研究[J]. 中国人口·资源与环境,2016,26(11):90-97.

[27] 吴强,陈金木,王晓娟,等. 我国水权试点经验总结与深化建议[J]. 中国水利,2018(19):9-14+69.

[28] 田贵良,顾少卫,韦丁,等. 农业水价综合改革对水权交易价格形成的影响研究[J]. 价格理论与实践,2017(2):66-69.

[29] 杨轶. 河南:区域水量交易的探索与实践[J]. 中国水利,2018(19):55-57.

[30] 洪昌红,黄本胜,邱静,等. 广东省东江流域水权交易实践——以惠州与广州区域间水权交易为例[J]. 广东水利水电,2018(12):10-13.

[31] 田贵良. 农业供给侧改革下农村小水库水权交易模式研究[J]. 中国水利,2017(20):62-64.

[32] 王小军. 美国水权制度研究[M]. 北京:中国社会科学出版社,2011.

[33] SARAH ANN WHEELER, DARLA HATTON MACDONALD, PETER BOXALL. Water policy debate in Australia: Understanding the tenets of stakeholders' social trust[J]. Land Use Policy, 2017(63):246-254.

[34] 田贵良,张甜甜. 我国水权交易机制设计研究[J]. 价格理论与实践,2015(8):35-37.

[35] EYAL BRILL, EITHAN HOCHMAN, DAVID ZILBERMAN. Allocation and Pricing at the Water District Level[J]. American Journal of Agricultural Economics, 1997,79(3):952-963.

[36] 才惠莲,杨鹭. 关于水权性质及转让范围的探讨[J]. 中国地质大学学报(社会科学版),2008(1):56-60.

[37] 刘丽萍. 水权价格的经济学分析[D]. 西安:西北大学,2006.

[38] 云南省水利厅. 云南省宾川县小河底片区:高效节水灌溉项目水权改革探索[J]. 中国水利,2018(19):73-74.

[39] HUFFMAN J L. A brief history of North American water diplomacy[R]. San Francisco：PIPPR,1994.

[40] BEKCHANOV M,BHADURI A,RINGLER C. Potential gains from water rights trading in the Aral Sea Basin[J]. Agricultural Water Management,2015,152：41-56.

[41] BROWN L,MCDONALD B,TYSSELING J,et al. Water reallocation, market proficiency, and conflicting social values[M]//Water and agriculture in the western U. S.：conservation, reallocation, and markets. Boulder Colorado：Westview Press, 1982：191-255.

[42] SIMPSON L D. Are water markets a viable option?[J]. Finance and Development,1994,31(2)：30-32.

[43] HEARNE R R. Institutional and organizational arrangements for water markets in Chile [M]//Markets for water. Springer US, 1998：141-157.

[44] 王晓娟,王宝林,谢元鉴,等.求解水权水市场[J].河南水利与南水北调,2014(21):7-15.

[45] 严予若,万晓莉,伍骏骞,等.美国的水权体系:原则、调适及中国借鉴[J].中国人口·资源与环境,2017,27(6):101-109.

[46] 田贵良,周慧.效率与公平视角的水权交易监督管理构成要素与制度框架[J].水利经济,2017,35(4):28-33+76.

[47] 新疆维吾尔自治区水利厅.新疆吐鲁番地区:以市场机制促进高效用水[J].中国水利,2018(19):75-76.

[48] 曹进军.石羊河流域典型灌区水权交易市场模式与保障措施[J].中国水利,2018(13):19-22+4.

[49] 石玉波,张彬.我国水权交易的探索与实践[J].中国水利,2018(19):4-6.

[50] 石玉波,张彬.我国水权交易的探索与实践[J].中国水利,2018(19):4-6.

[51] 韦凤年.甘肃:探索疏勒河流域水权改革[J].中国水利,2018

(19):58-60.

[52] 王合创,王玉福,王勇.甘肃省疏勒河流域水权试点改革的实践与思考[J].水利规划与设计,2019(02):14-16+23.

[53] 向旭华.甘肃省水权改革研究与探讨——以疏勒河流域为例[J].中国战略新兴产业,2018(28):93-94.

[54] 车小磊.广东:探索东江流域水权改革路径[J].中国水利,2018(19):61-63.

[55] 黄本胜,洪昌红,邱静,黄锋华,雷洪成,芦妍婷,赵璧奎.广东省水权制度研究与实践[J].广东水利水电,2018(11):11-15.

[56] 王慧.江西:南方丰水地区水权确权实践与经验[J].中国水利,2018(19):46-48.

[57] 董明锐.内蒙古:探索盟市间水权交易[J].中国水利,2018(19):52-54.

[58] 刘钢,王慧敏,徐立中.内蒙古黄河流域水权交易制度建设实践[J].中国水利,2018(19):39-42.

[59] 马如国,司建宁,暴路敏.宁夏水权试点的探索与实践[J].水利发展研究,2018,18(08):26-29.

[60] 崔新玲,张春玲,付意成.农业水价综合改革试点背景下成安县农业水权交易初探[J].中国水利,2019(08):11-13+62.

[61] 山西省清徐县.水权制度建设的探索与执行实践[J].中国水利,2018(19):66-67.

[62] 浙江省杭州市.东苕溪流域水权制度改革实践与经验[J].中国水利,2018(19):68-69.

[63] 王合创.疏勒河流域水权试点改革的实践与思考[J].中国水利,2019(05):41-43.

[64] 杨成财.疏勒河流域水权试点工作实践与探索[J].水利规划与设计,2018(03):14-16.

[65] 国务院发展研究中心——世界银行"中国水治理研究"课题组,谷树忠,李维明,李晶.我国水权改革进展与对策建议[J].发展研究,2018(06):4-8.

附件1 中国水权交易所水权交易案例

交易类型	序号	项目编号	买方	卖方	成交水量（万方）	成交日期
区域水权交易	1	CR21122300002	东营市湿地城市建设推进中心	广饶县水利局	500	2021/12/23
	2	CR21122300001	广饶县水利局	东营市湿地城市建设推进中心	500	2021/12/23
	3	CR20112700001	新密市水利局	平顶山市水利局	2 200	2020/11/27
	4	CR20092700002	乌海市人民政府	巴彦淖尔市人民政府	18 600	2020/9/27
	5	CR20092700001	阿拉善盟行政公署	巴彦淖尔市人民政府	8 217	2020/9/27
	6	CR18050900001	北京市水利局	大同市册田水库	4 190	2018/5/9
	7	CR17120800001	登封市人民政府	南阳市水利局	6 000	2017/12/8
	8	CR17110300001	北京市人民政府	张家口市响水堡水库、大同市册田水库	4 000	2017/11/3
	9	CR17030700001	新郑市人民政府	南阳市水利局	24 000	2017/3/7
	10	CR16101700001	北京市白河堡水库	河北省张家口市云州水库	1 300	2016/10/17
	11	CR16062800002	北京市水利局	张家口市友谊水库、张家口市响水堡水库、大同市册田水库	5 741	2016/6/28
	12	CR16062800001	新密市水务局	平顶山市水利局	2 400	2016/6/28
取水权交易（部分）	1	CW21123100002	凯发新泉自来水（德州）有限公司	夏津财金水务投资发展有限公司	300	2021/12/31
	2	CW21122800003	兰陵县天贯蔬菜食品有限公司	兰陵县龙铭蔬菜有限公司	0.8	2021/12/28
	3	CW21122700006	山东三箭房地产开发有限公司	山东鲁信龙山置业有限公司	3.5	2021/12/27
	4	CW21122300004	崇仁县康恒环保能源有限公司	崇仁县水库和砂石资源综合服务中心	141.4	2021/12/23
	5	CW21121700001	黎川县新泰自来水有限公司	黎川县水库服务中心	58	2021/12/17

续表

交易类型	序号	项目编号	买方	卖方	成交水量（万方）	成交日期
取水权交易（部分）	6	CW21213000001	江西省抚州荣织科技有限责任公司	江西省抚州市临川区官惠渠管理局	200	2021/12/13
	7	CW21125000003	蒙阴县自来水	山东新银麦啤酒有限公司	30	2021/11/25
	8	CW21113000002	光大绿色环保热电（宿迁）有限公司	宿迁市普惠水务服务有限公司	264	2021/11/13
	9	CW21113000001	宿迁市先进牛仔产业发展有限公司	宿迁市宿城区船行灌区管理处	331.5	2021/11/13
	10	CW21031000001	溧阳市水源保护服务中心	溧阳市天目湖水库管理中心	1 500	2021/10/31
	11	CW21014000001	南城县里塔廖坊自来水	南城县徐坊水库工程管理站	54.75	2021/10/14
	12	CW21013000001	江西省广昌润泉供水有限公司（双溪自来水厂）	头陂镇人民政府（石咀灌区）	64.34	2021/10/13
	13	CW21081000001	金塔县大庄子镇大庄子村村委会	金塔县大庄子镇牛头湾村村委会	4.36	2021/8/10
	14	CW21073100003	灵石县中煤九鑫焦化有限责任公司	灵石县水利局	1 200	2021/7/31
	15	CW21073100002	山西聚源煤化有限公司	灵石县水利局	1 900	2021/7/31
	16	CW21073100001	山西宏源富康新能源有限公司	灵石县水利局	500	2021/7/31
	17	CW21072600001	金塔县坤润矿业有限公司	酒泉万晟光电（集团）有限公司	6	2021/7/26
	18	CW21072200001	华能国际电力股份有限公司济宁电厂	华能济宁运河发电有限公司	150	2021/7/22
	19	CW21061000001	长沙高新区市政园林环卫有限公司	湖南南创环保工程有限公司	0.4	2021/6/10
	20	CW21060300002	内蒙古鄂尔多斯市新航能源有限公司	杭锦旗黄河灌排服务中心	10 332.25	2021/6/3
	21	CW21060300001	内蒙古鄂尔多斯市亿鼎生态农业开发有限公司	杭锦旗黄河灌排服务中心	11 752.5	2021/6/3
	22	CW20120700001	安徽明义旅游开发有限公司	安徽省六安市金安区毛坦厂镇人民政府	450	2020/12/7

附件 1

续表

交易类型	序号	项目编号	买方	卖方	成交水量（万方）	成交日期
取水权交易（部分）	23	CW20112000000001	贵州省遵义市正安德康生猪养殖有限公司	贵州省遵义市正安县水库管理服务中心	25.55	2020/11/20
	24	CW19093000000001	华润水泥（安顺）有限公司	贵州省安顺市猫猫洞水库管理所	150	2019/9/30
	25	CW19082300000001	中瑞（内蒙古）药业有限公司	内蒙古河套灌区管理总局（巴彦淖尔市水务局）	250	2019/8/23
	26	CW19061300000001	贵州港安水泥有限公司	关岭自治县鸡窝田煤道管理所	49.18	2019/6/13
	27	CW18060500000003	内蒙古君正能源化工集团股份有限公司	内蒙古河套灌区管理总局（巴彦淖尔市水务局）	16 450	2018/6/5
	28	CW17052200000002	国电建投内蒙古能源有限公司	内蒙古河套灌区管理总局（巴彦淖尔市水务局）	4 448.25	2017/5/22
	29	CW16102800000001	山西中设华营铸造有限公司	山西运城槐泉灌区	900	2016/10/28
	30	CW16062800000001	宁夏京能中宁电厂筹建处	中宁国有资本运营有限公司	3 285.3	2016/6/28
灌溉用水水权交易（部分）	1	MWE21091500000001	山西省太原市清徐县徐沟镇高花村续福堆	山西省太原市清徐县徐沟镇高花村李吉柱	1 666.0	2021/9/15
	2	MWE21071300000003	山西省太原市清徐县徐沟镇北宜武村委会高晶明	山西省太原市清徐县徐沟镇北宜武村委会	1 802.8	2021/7/13
	3	MWE21042100000001	山西省太原市清徐县徐沟镇高花村全虎	山西省太原市清徐县徐沟镇高花村武吉虎	1 785.0	2021/4/21
	4	MWE21102000000001	甘肃省武威市凉州区金丰灌区富康六组	甘肃省武威市凉州区金丰灌区富康三组	99 088.0	2021/10/20
	5	MWE21081300000001	甘肃省武威市古浪县大靖河系水利管理处	甘肃省武威市古浪县大靖河系水利管理处	500 000.0	2021/8/13
	6	MWE21073100000001	甘肃省武威市古浪县永丰滩镇政府	甘肃省武威市古浪县张万春农场	52 000.0	2021/7/31
	7	MWE21072200000002	甘肃省武威市古浪县土门镇大湾村郭东组	甘肃省武威市古浪县土门镇大湾村郭西组	63 000.0	2021/7/22
	8	MWE21072600000004	甘肃省武威市凉州区杂木灌区高坝镇王景寨村农民用水户协会	甘肃省武威市凉州区杂木灌区金河镇十三里村农民用水户协会	329 258.0	2021/7/26

343

续表

交易类型	序号	项目编号	买方	卖方	成交水量（万方）	成交日期
灌溉用水户水权交易（部分）	9	MWE21071200001	甘肃省武威市凉州区黄羊河集团公司用水户协会	甘肃省武威市凉州区金塔灌区高坝镇合庄村农民用水户协会	354 000.0	2021/7/12
	10	MWE21070800001	甘肃省武威市古浪县泗水镇三坝村宋庄组	甘肃省武威市古浪县泗水镇三坝村油房组	39 000.0	2021/7/8
	11	MWE21060400002	甘肃省武威市凉州区西营灌区五和乡下寨协会	甘肃省武威市凉州区柏树乡中畦村协会五组	90 000.0	2021/6/4
	12	MWE19090100001	甘肃省玉门市白石灌区何天祥	甘肃省玉门市白石灌区李建青	57 440.0	2019/9/1
	13	MWE19072300004	甘肃省武威市古浪县黄花滩镇旱石河台村三组（路南）	甘肃省武威市古浪县古浪镇小桥村上胡组	58 000.0	2019/7/23
	14	MWE21110900022	湖南省长沙县桐仁桥水库管理所	湖南省长沙县路口镇荆华村	296 037.0	2021/11/9
	15	MWE21110900014	湖南省长沙县桐仁桥水库管理所	湖南省长沙县路口镇上杉市村	423 421.5	2021/11/9
	16	MWE19073100018	湖南省长沙县桐仁桥水库管理所	湖南省长沙县路口镇龙泉社区	523 049.1	2019/7/31
	17	MWE21062400006	山东省德州市宁津县刘营伍乡刘营伍村委会于志远	山东省德州市宁津县刘营伍乡刘营伍村委会	1 466.6	2021/6/24
	18	MWE21062300014	山东省德州市宁津县刘营伍乡孙华门村委会孙孟来	山东省德州市宁津县刘营伍乡孙华门村委会	1 480.0	2021/6/23
	19	MWE21062000011	河北省石家庄市元氏县东张乡苗庄村赵夕林	河北省石家庄市元氏县东张乡苗庄村赵志洞	2 500.0	2021/6/20
	20	MWE21062000007	河北省石家庄市元氏县东张乡苗庄村赵亚生	河北省石家庄市元氏县东张乡苗庄村赵志洞	2 500.0	2021/6/20
	21	MWE19111500003	疏勒河双塔灌区南岔镇九北协会一组	疏勒河双塔灌区南岔镇九北协会七组	55 000.0	2019/11/15
	22	MWE19111300001	疏勒河双塔灌区南岔镇九南协会十组	疏勒河双塔灌区南岔镇九南协会九组	135 000.0	2019/11/13

续表

交易类型	序号	项目编号	买方	卖方	成交水量（万方）	成交日期
灌溉用水户水权交易（部分）	23	MWE18041000000001	宁夏蓝湾南美白对虾生态养殖有限公司	贺兰县常信乡于祥村农民用水者协会	400 000.0	2018/4/10
	24	WE17110100000005	宁夏杞爱原生黑果枸杞股份有限公司	利通区扁担沟扬水站	400 000.0	2017/11/1
	25	WE17110100000001	宁夏通威现代渔业科技有限公司	太子渠管理所	200 000.0	2017/11/1
	26	MWE17103100000001	呼图壁县五工台镇龙王庙村	呼图壁县五工台镇中渠村	3 217 040.0	2017/10/31
	27	MWE17110100000004	利通区五里坡万亩开发区农民用水者协会	利通区五里坡生态移民区农民用水者协会	1 200 000.0	2017/11/1
	28	MWE17110100000003	吴忠市月映山农作物种植专业合作社	金银滩镇兴民水利协会联合会	200 000.0	2017/11/1
	29	MWE17110100000002	权瑞福生态养殖有限公司	太子渠管理所	600 000.0	2017/11/1
	30	MWE17033100000002	成安县水利局	成安县王耳营村农民用水者协会	142 974.0	2017/3/31

附件1

345